団代数論の基礎

Fundamentals of Cluster Algebra Theory

NAKANISHI Tomoki

中西知樹

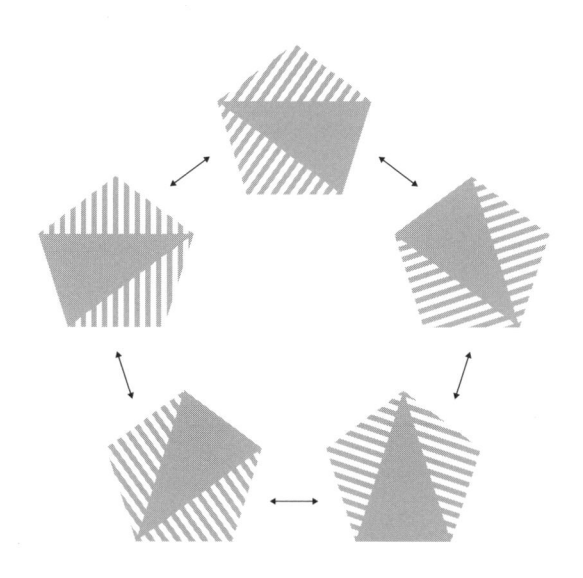

東京大学出版会

Fundamentals of Cluster Algebra Theory

Tomoki NAKANISHI

University of Tokyo Press, 2024
ISBN978-4-13-061318-7

はじめに

本書は団代数の基礎理論に関する包括的な教科書である.

団代数 (cluster algebra) は, Sergey Fomin (1958–) と Andrei Zelevinsky (1953–2013) により今世紀初頭に導入された代数的・組み合わせ論的構造である. 彼らは, リー理論における全正値性と双対標準基底の問題への応用を目指し, グラスマン多様体や二重ブリュア胞体などの座標環の関係式に共通に現れる「ローラン現象」を手がかりに団代数の概念に到達した. その後まもなくして, ルート系との対応, 多元環の表現論との類似性, 離散力学系（Y系）の周期性, タイヒミュラー空間への応用などが見出され, さらにつづいて, 整数論, 二重対数関数, ミラー対称性, 結び目理論, 完全 WKB 解析, 量子群の表現論など, さまざまな数学の分野との関連が見出され, 今日でも大変活発に研究されている.

本書は以下の二重の目標を持って執筆をした.

- 第一に, これから団代数の会得を志す初学者が, 団代数に関する基本的な概念と基礎的な事実をできるだけ短期間で習得できるように, まずは知っておくべき項目を厳選して簡明に提示する.

- 第二に, 団代数に関する簡潔な入門書を超えて, 文献に散在する団代数論の基礎的結果を専門的な観点から整理して「理論」として体系的に提示する.

二つの目標は相反するものではなく, それらが両立するように本書を構成した. 本書は二部からなる. 具体的な内容は以下の通りである.

第 I 部は団代数の入門編であり，団代数に興味を持つ学生，および団代数の基礎事項を手早く学びたいさまざまな分野の研究者を念頭に，初学者がまず学ぶべき最も基本的な概念と基礎的な結果を与える．これらは Fomin と Zelevinsky および共著者である Berenstein の「Cluster Algebras 四部作」[CA1]–[CA4] の内容のうちとくに基本的なものを最新の観点から集約したものであり，これだけで団代数のさまざまな分野への応用に関する文献を読むために必要な基礎知識をおおよそカバーしている．従来，これらを習得するには [CA1]–[CA4] の中から目的に応じて適宜拾い読みする必要があったが，初学者にとってはこれは必ずしも容易なことではなかった．

　第 II 部は団代数の中級編であり，団代数の理論的側面をより深く学びたい読者を念頭に，「C 行列の符号同一性」と「ローラン正値性」という二つの重要な性質を証明なしに認めて，そこから得られるいろいろな有用かつ強力な性質について述べる．具体的には，C 行列と G 行列の種々の双対性，脱トロピカル化，x 変数と y 変数の同期性などである．同時に，G 行列の定める扇（G 扇），変異の Fock-Goncharov 分解，二重対数関数によるハミルトン力学的描像など，団代数の背後にある幾何的・解析的構造を明らかにし，さらにこれらを統合して 2010 年代における団代数論の重要な進展である団散乱図の観点へと導く．最後に，団代数の応用においてよく用いられる団代数の量子化に関する基本事項を述べる．第 II 部の各章は互いに密接に関連するが，必ずしも全体を通して読む必要はなく，読者の興味や予備知識に応じて必要な部分を拾い読みしても得るところがあるであろう．

　以上が本書の内容であり，これらを通して団代数論の豊富さ，精妙さ，そして奥行きを感じていただければ幸いである．

　第 II 部の結果は，また，「C 行列の符号同一性」，「ローラン正値性」という二つの定理の団代数論における重要性を如実に示す．これらは団代数論の重要な未解決問題として長く予想にとどまっていたものを，Gross-Hacking-Keel-Kontsevich [20] がホモロジカルミラー対称性における散乱図の手法を用いて証明した．したがって，本来であれば上級編として第 III 部を加えてこれを述べるのが自然であるが，以下の二つの理由で断念した．第一に，これらを完全に記述するのは，本書に与えられた紙数を大きく超過すること，第

二に，著者はその目的のための英文専門書 [35] をすでに出版していて，大幅な内容の重複が避けられないことである．本書で興味を持たれた読者は，つづきとしてこちらをお読みいただけると幸いである．

　つづいて，本書執筆の動機についても簡単にふれておきたい．上で述べた散乱図の方法では，G 扇の描像において団代数の変異では到達できない「悪地」と呼ばれる領域を含めて考える点が本質的である．また，上の二つの定理の証明には相当の紙数と労力を要する．これらの事実は，種子の変異を出発点とした現在の団代数の定義が本質的に不十分であることの表れである，というのが著者の認識である．一方，種子の変異の代わりに団散乱図における「整合性」を出発点とするという観点は，[20] によりすでに確立されているともいえるが，悪地を含めた団散乱図の構造はほとんど未知である．この意味で，本書で提示した団代数論の姿は現時点での仮のものであり，今後大きく書き換えられていくべきものと信じる．それゆえに，現時点での姿をまとめた本書に，次のステップに向かうための「つなぎ」としての役目を託すというのが著者の思いである．また，冒頭に述べた団代数のさまざまな分野への応用や関連については，それぞれが一冊の本として著す価値があるものであり，散漫を避けるため本書ではあえてふれることをしなかった．今後多く現れるであろうこれらのテーマに関する本を読む，あるいは一歩進んで執筆するさいにも，本書がその礎としてわずかなりとも手助けとなることもあわせて願う．本書のタイトルにはそのような意味も込められている．

　以下，本書執筆において留意した事項を列挙する．

　1. 団代数はまだ若い分野であり，専門用語の日本語訳が定着していないものがほとんどである．本書では原語を尊重しつつ数学的な意味を内包した日本語訳をつけることに努めた．（それらの多くは，著者がすでに日本語の論説や講演で用いているものでもある．）たとえば，中心概念である cluster という単語は，本来英語の普通名詞であり group の同義語であるが，日本では主に技術用語，専門用語としての意味で用いられることが多い．近年あまりにも有名になった COVID-19 の「クラスター」（共通の感染源による感染者の集団）もその一つである．元来の意味は，『オックスフォード現代英英辞典』（第 6 版）によれば，「1. a group of things of the same type that grow

or appear close together, 2. a group of people, animals or things close together」とある．すなわち，「同種のもの・人が近接している状態」を意味し，ものの規模や形態に応じて，「群れ」，「集まり」，「集団」などと訳される．たとえば，a cluster of tourists（旅行者の一群），a cluster of buildings（建物の集まり）などである．このうち，「群」，「集まり」は確立された数学用語と重なるので，「団」と訳した．また，pattern という用語は，数学的な意味としては「配置 (configuration)」に近く，「模様」，「類型」では意味がずれるため，あえて「パターン」とした．

2. 全体を通して，予備知識として仮定するのは学部で学ぶ程度の群環体に関する基礎事項のみである．例外として，3.2 節で有限ルート系の分類，3.4 節でグラスマン多様体についての結果を用いた．

3. 外国人名の表記は，オイラー，ローラン多項式，グラスマン多様体など，歴史的あるいは数学的にすでにカタカナ表記が確立されているものについてはカタカナ表記として，それ以外のとくに団代数に関する文献における人名はアルファベット表記とした．

4. より深く学びたい読者のために，各章末に文献に関する簡単なノートを付した．幸いなことに，ほとんどの文献の著者最終稿は arXiv で入手可能であるので，arXiv のデータもあわせて記載した．また，背景や少し脇道にそれるが知っておくと役に立つと思われる情報を囲み記事として付した．

本書の第 I 部の多くの部分，および第 II 部の一部は団代数に関する基本的な事柄であり，著書 [35] ですでに書いた内容をあえて大きく変更することが難しく，結果としてかなりの部分重複せざるを得ないこととなった．このような形の出版をお認めいただいた日本数学会に深く感謝をする．また，本書執筆にあたり JSPS 科研費 JP23K22385 の助成を受けた．最後に，本書の企画段階からお世話になった東京大学出版会の丹内利香氏，原稿を丁寧に読み多くの誤りを指摘していただいた赤木亮太，雨谷網治，鈴木豪太各氏に深く感謝をする．

2024 年 9 月　中西　知樹

目 次

第 I 部

群代数の基本

第1章

さあ始めよう

　この章では，団代数に本格的に取りかかる前にあらかじめ知っておくと助けとなるいくつかの事項について説明する．

1.1　団代数の誕生

　「はじめに」で述べたように，団代数は Fomin と Zelevinsky により導入された代数的・組み合わせ論的構造である．「団代数 (cluster algebra)」という用語と概念が導入された記念すべき最初の論文 "Cluster algebras I: Foundations" [CA1] の arXiv への投稿の日付は 2001 年 4 月 13 日である（雑誌での出版は 2002 年）．したがって，団代数はまぎれもなく 21 世紀に生まれた数学であり，「今世紀の数学」という魅力的なキャッチコピーにも偽りはない．とはいえ，これは西暦の区切りによるある意味幸運な結果であり，実際は，数学の進歩の常として，それ以前の（すなわち「前世紀の」）進展の積み重ねの上に，彼らの深く独創的な洞察が加わって生まれたものである．この節では，その誕生の背景についてごく簡単に述べよう．なお，本節の内容の一部は 3.4 節で詳しく述べるので，それを学んだのちに振り返っていただくことにして，最初はさらりと読んで先に進まれるとよいであろう．

　Fomin と Zelevinsky は，ともにロシア出身の数学者で，ペレストロイカを機に 1990 年ごろにアメリカに渡った．Fomin はレニングラード大学（現

サンクト・ペテルブルク大学）で Vershik, Osipov のもとで，Zelevinsky は
モスクワ大学で Bernstein, Kirillov, Gelfand のもとで，それぞれ学位を得
た．ともに広い意味でリー理論・表現論の研究者であるが，Fomin は代数的
組み合わせ論の，Zelevinsky はより中核的な表現論の，それぞれ「超」エキ
スパートであり，両者の持ち味が重なりつつ少し異なることも，代数的・組
み合わせ論的構造である団代数の創出の大きな要因になったと考えられる．

　団代数は可換代数のあるクラスであり，**団**と呼ばれる有限集合に対して**変
異**と呼ばれる団の元の一つを入れ替える操作を繰り返し，団に属したことの
ある元をすべて集めることによって生成元が帰納的に与えられる，という点
にその特質がある．これは明らかに代数的な対象であるが，構成が「帰納的」
ということから組み合わせ論的な色彩を帯びることになる．変異において団
から出ていく元を x，入ってくる元を x' とすると，変異は以下の形の代数関
係式（**交換関係式**と呼ばれる）

$$xx' = M_1 + M_2 \tag{1.1}$$

で記述される．ここで，M_1，M_2 は，それぞれ x，x' 以外の団の元のある単
項式で，共通因子を持たない．関係式の右辺は正係数の二項式である，とい
う一見平凡な事実が重要となる．このような関係式には，以下の異なる二つ
の出所がある．

　(1) **リー理論**　最も簡単な例として，特殊線形群 $G = SL(2, \mathbb{C})$ を考える．
G の元は，

$$\begin{pmatrix} a & b \\ c & d \end{pmatrix} \quad (ad - bc = 1) \tag{1.2}$$

という形をしている．成分の関係式は

$$ad = 1 + bc \tag{1.3}$$

と表せるが，これは関係式 (1.1) の例である．つぎに，もう少し複雑な例と
して，**グラスマン多様体** $\mathrm{Gr}(2, n)$ を考える．この定義はのちに与えるが（定
義 3.24），今は詳細は気にせず述べると，$\mathrm{Gr}(2, n)$ は**プリュッカー座標**と呼

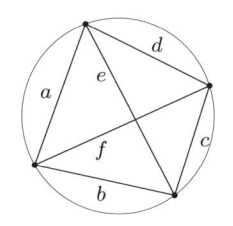

図 **1.1** トレミーの定理.

ばれる座標 p_{ij} $(1 \leq i < j \leq n)$ を持ち，それらは以下の関係式（**プリュッカー関係式**）をみたす.

$$p_{ik}p_{j\ell} = p_{ij}p_{k\ell} + p_{i\ell}p_{jk} \quad (1 \leq i < j < k < \ell \leq n). \tag{1.4}$$

これも関係式 (1.1) の例である.

(2) **平面幾何学**　円に内接する四角形（図 1.1）の辺と対角線に対して，等式

$$ef = ac + bd \tag{1.5}$$

が成り立つ．これを，**トレミーの定理** (Ptolemy's theorem) という．これは代数関係式 (1.1) が純粋に幾何的な文脈で現れる例である．ご存知の読者も多いと思うが，トレミー（プトレマイオス，83 年頃–168 年頃）は，エジプトの有名な天文・地理学者である．トレミーの定理は長方形の場合には三平方の定理になるから，それを含めるとこの関係式の起源はさらにピタゴラス（紀元前 582 年–紀元前 496 年）の時代までさかのぼる．より一般に，円に内接する多角形（n 角形）の三角形分割を考えると，トレミーの定理は多角形の辺と対角線の間のさまざまな代数関係式の族を与える．そして，この関係式の族は $\mathrm{Gr}(2,n)$ に対するプリュッカー関係式 (1.4) と同等となる.

　ここからはさらに詳細を省くが，グラスマン多様体 $\mathrm{Gr}(2,n)$ に対して以下の問題を考える．「すべてのプリュッカー座標が正の実数となる点全体のなす部分集合 $\mathrm{Gr}(2,n)_{>0}$ に対して，『良い』座標を与えよ．」このような問いを，**全正値性** (total positivity) の問題という．数学の問題でしばしばあるように，「良い」の意味は，答えが与えられて初めて明確になる．これに対して，プリュッカー関係式 (1.4) を用いることにより，以下のような答えが得られ

る．「プリュッカー座標の中から代数的独立なものをうまく選ぶと，すべてのプリュッカー座標はそれらのローラン多項式で表すことができる．これが $\mathrm{Gr}(2, n)_{>0}$ の良い座標を与える．」ここで，ローラン多項式とは負べきを含む単項式（ローラン単項式）の和のことであった．上の事実を，プリュッカー関係式に対する**ローラン現象** (Laurent phenomenon) という．

さて，いよいよここからが団代数誕生の話になる．1990 年代半ばに，Lusztig [30] は，実簡約群に対して全正値性の問題を定式化し，量子群における双対標準基底との関係を見出し，全正値性の理論を大きく進展させた．これを受けて，Fomin-Zelevinsky [11] は，複素半単純リー群に対して**二重ブリュア胞体** (double Bruhat cell) というものを導入して，それらについて全正値性を考察した．そして，全正値性の問題に対して，二重ブリュア胞体の適当な座標に対する (1.1) の形の関係式の族が，グラスマン多様体のプリュッカー座標に対するプリュッカー関係式と同じ役割を持つことに気づいた．そこで，もともとのリー理論や平面幾何学の文脈からいったん離れ，両者に共通するローラン現象が成立する原理を代数的問題として徹底的に追究した結果，団代数における変異の概念に到達したのであった．

このように，団代数がその出発点においてすでに代数と幾何の両方に立脚していたことは特筆すべきことである．また，原型であるグラスマン多様体と二重ブリュア胞体はルート系と密接な関係があり，それは団代数とルート系のより一般的な関係性を示唆する．そしてこれらが，「さまざまな分野において団代数構造が出現する」という事実に対する不十分ではあるがある程度の説明を与える．

ここで誤解を避けるために強調をしておきたいことは，Fomin-Zelevinsky は，昔から存在するものに単に「変異」や「団代数」という新しい名前をつけたのではなく，団代数構造を持つものは，そうでないものと比べて際立った特質を持つことを見抜いたのであった．そしてその後，Fomin-Zelevinsky およびそれにつづく多くの研究者たちの努力により団代数の理論が整備され，その有用性が確立され，高められてきたのである．本書で述べるのはこの部分である．

前置きはこれぐらいにして，本論に入ることにしよう．

1.2 はじめの一歩：五角周期性

まずは団代数構造の原型例に親しむことから始めよう．x_1, x_2 を変数として，離散時間 $t = 0, 1, 2, \ldots$ に対する以下のような離散力学系（あるいは漸化式）を考える．

- 初期条件：$x_1(0) = x_1$, $x_2(0) = x_2$.

- 時間発展：t が偶数のとき，

$$\begin{cases} x_1(t+1) = \dfrac{1}{x_1(t)}(x_2(t) + 1), \\ x_2(t+1) = x_2(t), \end{cases} \tag{1.6}$$

  t が奇数のとき，

$$\begin{cases} x_1(t+1) = x_1(t), \\ x_2(t+1) = \dfrac{1}{x_2(t)}(x_1(t) + 1). \end{cases} \tag{1.7}$$

定義にしたがって，$t = 5$ まで，順次 $x_i(t)$ を求めてみよう．

$$\begin{cases} x_1(1) = \dfrac{x_2 + 1}{x_1}, \\ x_2(1) = x_2, \end{cases} \tag{1.8}$$

$$\begin{cases} x_1(2) = \dfrac{x_2 + 1}{x_1}, \\ x_2(2) = \dfrac{1}{x_2}\dfrac{x_1 + x_2 + 1}{x_1} = \dfrac{x_1 + x_2 + 1}{x_1 x_2}. \end{cases} \tag{1.9}$$

ここまでのところは，特筆すべきことはおきていない．つづいて，

$$\begin{cases} x_1(3) = \dfrac{x_1}{x_2 + 1}\dfrac{x_1 x_2 + x_1 + x_2 + 1}{x_1 x_2} \overset{!}{=} \dfrac{x_1 + 1}{x_2}, \\ x_2(3) = \dfrac{x_1 + x_2 + 1}{x_1 x_2}. \end{cases} \tag{1.10}$$

「！」のついた等号のところで，初めての非自明な現象として，有理式の簡約がおこった．以下同様に，

$$\begin{cases} x_1(4) = \dfrac{x_1 + 1}{x_2}, \\ x_2(4) = \dfrac{x_1 x_2}{x_1 + x_2 + 1} \dfrac{x_1 + x_2 + 1}{x_2} \overset{!}{=} x_1, \end{cases} \tag{1.11}$$

$$\begin{cases} x_1(5) = \dfrac{x_2}{x_1 + 1}(x_1 + 1) \overset{!}{=} x_2, \\ x_2(5) = x_1 \end{cases} \tag{1.12}$$

となり，有理式の簡約がつづいておこり，$t = 5$ で著しく簡単な結果となった．

上の計算をより詳細に眺めると以下のことがわかる．

観察 1.1　　(1) 上の離散力学系は $t = 5$ を半周期に持つ．

(2) 有理式の簡約の結果，すべての変数 $x_i(t)$ は初期変数 x_1, x_2 のローラン多項式となる．（すなわち，分母には単項式しか現れない．）これを**ローラン現象**という．

(3) (2) において，ローラン多項式の係数はすべて正である．これを**ローラン正値性**という．漸化式 (1.6), (1.7) の係数は正であるから，$x_i(t)$ をつねに正係数の有理式で表すことができる．しかし，簡約の結果得られるローラン多項式の係数が正であるとはかぎらない．たとえば，$(x^3 + 1)/(x + 1) = x^2 - x + 1$ となる．したがって，これは非自明な事実である．

これらの現象の背後に何らかの精妙な構造や仕組みがあることが推測される．

つぎに，上の例と似ているが異なる離散力学系を考える．y_1, y_2 を変数とする．

- 初期条件：$y_1(0) = y_1$, $y_2(0) = y_2$.

- 時間発展：t が偶数のとき，

$$\begin{cases} y_1(t + 1) = \dfrac{1}{y_1(t)}, \\ y_2(t + 1) = y_2(t)(1 + y_1(t)), \end{cases} \tag{1.13}$$

t が奇数のとき，

$$
\begin{cases}
y_1(t+1) = y_1(t)(1 + y_2(t)), \\
y_2(t+1) = \dfrac{1}{y_2(t)}.
\end{cases}
\tag{1.14}
$$

前と同様に，非自明な簡約には「！」の記号をつけて，$t = 5$ まで計算をする．

$$
\begin{cases}
y_1(1) = \dfrac{1}{y_1}, \\
y_2(1) = y_2(1 + y_1),
\end{cases}
\tag{1.15}
$$

$$
\begin{cases}
y_1(2) = \dfrac{1 + y_2 + y_1 y_2}{y_1}, \\
y_2(2) = \dfrac{1}{y_2(1 + y_1)},
\end{cases}
\tag{1.16}
$$

$$
\begin{cases}
y_1(3) = \dfrac{y_1}{1 + y_2 + y_1 y_2}, \\
y_2(3) = \dfrac{1}{y_2(1 + y_1)} \dfrac{1 + y_1 + y_2 + y_1 y_2}{y_1} \overset{!}{=} \dfrac{1 + y_2}{y_1 y_2},
\end{cases}
\tag{1.17}
$$

$$
\begin{cases}
y_1(4) = \dfrac{y_1}{1 + y_2 + y_1 y_2} \dfrac{1 + y_2 + y_1 y_2}{y_1 y_2} \overset{!}{=} \dfrac{1}{y_2}, \\
y_2(4) = \dfrac{y_1 y_2}{1 + y_2},
\end{cases}
\tag{1.18}
$$

$$
\begin{cases}
y_1(5) = y_2, \\
y_2(5) = \dfrac{y_1 y_2}{1 + y_2} \dfrac{1 + y_2}{y_2} \overset{!}{=} y_1.
\end{cases}
\tag{1.19}
$$

先ほどと異なり，$y_i(t)$ は初期変数 y_1, y_2 のローラン多項式とはかぎらない．しかし，$x_i(t)$ と似たような簡約がつづけておこり，同じ半周期 $t = 5$ が現れる．このことから，二つの離散力学系には何らかの関係があることが推測される．

　種明かしをすると，ここで考えた $x_i(t)$ と $y_i(t)$ はこれから本書で学ぶ団代数の最も簡単な例である A_2 型団代数の**団変数**（x **変数**）と係数（y **変数**）というものであり，半周期 $t = 5$ は A_2 型団代数の**五角周期性**に他ならない．

1.3 半体

団代数においては，半体というあまりなじみのない代数構造が重要である．半体の定義は目的に応じていろいろあり得るが，ここでは [CA1] にしたがって以下のものを用いる．

定義 1.2（半体）　乗法的アーベル群 $\mathbb{P}$ が以下をみたす演算 $\oplus$ を持つとき，$\mathbb{P}$ を**半体** (semifield) という．任意の $a, b, c \in \mathbb{P}$ に対して，

$$a \oplus b = b \oplus a, \tag{1.20}$$

$$(a \oplus b) \oplus c = a \oplus (b \oplus c), \tag{1.21}$$

$$(a \oplus b)c = ac \oplus bc. \tag{1.22}$$

演算 $\oplus$ を $\mathbb{P}$ の**加法** (addition) という．

半体は（以下で述べる自明半体 $\mathbb{1} = \{1\}$ を除き）加法の単位元 0 を持たず，したがって引き算が定められていない点に注意する．

例 1.3　正の有理数全体の集合 $\mathbb{Q}_+$ は通常の積と和に関して半体となる．同様にして，正の実数全体の集合 $\mathbb{R}_+$ も半体となる．一方，非負の有理数全体の集合 $\mathbb{Q}_{\geq 0}$ は，積についてアーベル群にならないため半体ではない．

団代数においては，以下の三つの半体がとくに重要である．

例 1.4　(1) **普遍半体** (universal semifield) $\mathbb{Q}_{\mathrm{sf}}(\mathbf{u})$．$\mathbf{u} = (u_1, \ldots, u_n)$ を変数の組として，$\mathbb{Q}(\mathbf{u})$ を $\mathbf{u}$ の有理関数体とする．有理関数 $f(\mathbf{u}) \in \mathbb{Q}(\mathbf{u})$ が，ある非負係数の 0 でない多項式 $p(\mathbf{u})$, $q(\mathbf{u})$ により $f(\mathbf{u}) = p(\mathbf{u})/q(\mathbf{u})$ と表されるとき，これを $f(\mathbf{u})$ の**非負表示** (subtraction-free expression) という．たとえば，$f(\mathbf{u}) = u_1^2 - u_1 + 1$ はそれ自体は負の係数を持つが，$f(\mathbf{u}) = (u_1^3 + 1)/(u_1 + 1)$ という非負表示を持つ．非負表示を持つ $\mathbf{u}$ の有理関数全体の集合を $\mathbb{Q}_{\mathrm{sf}}(\mathbf{u})$ と表す．このとき，$\mathbb{Q}_{\mathrm{sf}}(\mathbf{u})$ は有理関数の通常の積と和により半体となる．

(2) **トロピカル半体** (tropical semifield) $\mathrm{Trop}(\mathbf{u})$．$\mathbf{u} = (u_1, \ldots, u_n)$ を変数の組として，$\mathrm{Trop}(\mathbf{u})$ を変数 $\mathbf{u}$ の係数が 1 のローラン単項式，すなわち

$\prod_{i=1}^n u_i^{a_i}$ $(a_i \in \mathbb{Z})$ であるもの全体の集合とすると，通常の積により乗法的アーベル群となる．これに対して，加法 $\oplus$ を

$$\prod_{i=1}^n u_i^{a_i} \oplus \prod_{i=1}^n u_i^{b_i} := \prod_{i=1}^n u_i^{\min(a_i,b_i)} \tag{1.23}$$

により定めると $\mathrm{Trop}(\mathbf{u})$ は半体となる．この加法を**トロピカル和** (tropical sum) という．

(3) **自明半体** (trivial semifield) $\mathbb{1}$．自明な乗法的アーベル群 $\mathbb{1} = \{1\}$ において，加法を $1 \oplus 1 = 1$ と定めると半体となる．

通常の環や体と同様に，半体 $\mathbb{P}$ の元 a と自然数 n に対して，$\mathbb{P}$ の元 na を

$$na := \underbrace{a \oplus \cdots \oplus a}_{n \text{ 個}} \tag{1.24}$$

と定める．また，とくに $\mathbb{P}$ の元 $n1$ を n と表す．

定義 1.5（半体準同型写像） 半体 $\mathbb{P}, \mathbb{P}'$ に対して，積と和を保つ $\mathbb{P}$ から $\mathbb{P}'$ への写像を**半体準同型写像** (semifield homomorphism) という．

例 1.6（自明化写像） 半体 $\mathbb{P}$ に対して，写像

$$\varphi_{\mathrm{triv}} \colon \mathbb{P} \to \mathbb{1}, \; a \mapsto 1 \tag{1.25}$$

は半体準同型写像である．これを**自明化写像** (trivialization homomorphism) という．

以下の命題により，普遍半体 $\mathbb{Q}_{\mathrm{sf}}(\mathbf{u})$ の名前が正当化される．

命題 1.7 $\mathbb{Q}_{\mathrm{sf}}(\mathbf{u})$ を変数の n 組 $\mathbf{u} = (u_1, \ldots, u_n)$ についての普遍半体とする．また，$\mathbb{P}$ を任意の半体として，$\mathbf{a} = (a_1, \ldots, a_n)$ を $\mathbb{P}$ の元の n 組とする．このとき，任意の i に対して $\pi(u_i) = a_i$ となる半体準同型写像 $\pi \colon \mathbb{Q}_{\mathrm{sf}}(\mathbf{u}) \to \mathbb{P}$ が一意的に存在する．

証明 条件をみたす写像 π を以下のように構成する．まず，準同型性の要請により，非負整数係数の 0 でない多項式 $p(\mathbf{u})$ の像 $\pi(p(\mathbf{u}))$ は，(1.24) の記号のもとで，$p(\mathbf{u})$ における u_i を a_i で，$+$ を $\oplus$ でそれぞれ置き換えたものとして一意的に定まる．また，$q(\mathbf{u})$ も非負整数係数の 0 でない多項式とすると，等式 $\pi(p(\mathbf{u}) + q(\mathbf{u})) = \pi(p(\mathbf{u})) \oplus \pi(q(\mathbf{u}))$ が成り立つ．さらに，分配則 (1.22) により，等式 $\pi(p(\mathbf{u})q(\mathbf{u})) = \pi(p(\mathbf{u}))\pi(q(\mathbf{u}))$ が成り立つ．つぎに，任意の $f(\mathbf{u}) \in \mathbb{Q}_{\mathrm{sf}}(\mathbf{u})$ に対して，非負表示 $f(\mathbf{u}) = p(\mathbf{u})/q(\mathbf{u})$ を任意に選び，像 $\pi(f(\mathbf{u}))$ を $\pi(p(\mathbf{u}))/\pi(q(\mathbf{u}))$ と定める．これは，非負表示のとり方によらない．実際，別の非負表示 $f(\mathbf{u}) = p'(\mathbf{u})/q'(\mathbf{u})$ を選ぶと，$p(\mathbf{u})q'(\mathbf{u}) = p'(\mathbf{u})q(\mathbf{u})$ であるので，$\pi(p(\mathbf{u}))\pi(q'(\mathbf{u})) = \pi(p'(\mathbf{u}))\pi(q(\mathbf{u}))$ となり，$\pi(p(\mathbf{u}))/\pi(q(\mathbf{u})) = \pi(p'(\mathbf{u}))/\pi(q'(\mathbf{u}))$ が得られる．π が半体準同型写像であることも，π が $p(\mathbf{u})$ と $q(\mathbf{u})$ の積と和を保つことから示される．■

定義 1.8（特殊化）　$\mathbb{Q}_{\mathrm{sf}}(\mathbf{u}), \mathbb{P}, \mathbf{a}, \pi$ を命題 1.7 のものとする．任意の $f(\mathbf{u}) \in$

✏ **トロピカル数学**

例 1.4 (2) において $n = 1$ として，トロピカル半体の元 u^a を整数 a と同一視すると，$\mathrm{Trop}(\mathbf{u}) \simeq \mathbb{Z}$ の積と和は，それぞれ

$$a \cdot b := a + b, \quad a \oplus b := \min(a, b)$$

と定められたものとなる．このような演算を持つ代数系は，ブラジル（生まれはハンガリー）の計算機科学者 Imre Simon (1943–2009) により導入され [46]，（実際には設定が少し異なり半環 (semiring) の構造を持つため）min-plus 半環と呼ばれる．Simon の先駆的研究に敬意を表して，フランスの計算機科学者 Dominique Perrin が，この半環を別名としてトロピカル半環 (tropical semiring) と名づけた [38]．このように，「トロピカル」という形容詞は単に研究者の出身地に由来するもので，数学的意味やニュアンスを伴わないという点で問題のある用語である．しかし，この演算が計算機科学にとどまらずさまざまな数学的対象の極限を記述することから，この用語が定着するとともに，現在では関連する数学は「トロピカル数学」と総称され広く研究されている．団代数もトロピカル数学の一つの重要な対象とみなすことができる．

$\mathbb{Q}_{sf}(\mathbf{u})$ に対して，像 $\pi(f(\mathbf{u}))$ を $f(\mathbf{u})$ の $\mathbf{a}$ における**特殊化** (specialization) といい，$f|_{\mathbb{P}}(\mathbf{a})$ と表す．

例 1.9（トロピカル化写像）　共通の変数 $\mathbf{u} = (u_1, \ldots, u_n)$ についての半体 $\mathbb{Q}_{sf}(\mathbf{u})$, $\mathrm{Trop}(\mathbf{u})$ を考える．命題 1.7 を $\mathbb{P} = \mathrm{Trop}(\mathbf{u})$, $\mathbf{a} = \mathbf{u}$ に対して適用して，任意の i に対して $\pi_{\mathrm{trop}}(u_i) = u_i$ となる半体準同型写像

$$\pi_{\mathrm{trop}} \colon \mathbb{Q}_{sf}(\mathbf{u}) \to \mathrm{Trop}(\mathbf{u}) \tag{1.26}$$

が一意的に定まる．これを**トロピカル化写像** (tropicalization homomorphism) という．たとえば，$\mathbf{u} = (u_1, u_2, u_3)$ とすると，

$$\pi_{\mathrm{trop}} \left(\frac{3u_1 u_2^2 u_3^2 + 2u_1^2 u_2 u_3}{3u_2^2 + u_1^2 u_2^2 + u_1 u_2^3 u_3} \right) = \frac{u_1 u_2 u_3}{u_2^2} = u_1 u_2^{-1} u_3 \tag{1.27}$$

となる．大雑把にいうと，これは有理関数 $f(\mathbf{u})$ の「主要ローラン単項式」を取り出す操作である．

半体 $\mathbb{P}$ は乗法的アーベル群であるので，$\mathbb{P}$ の群環 $\mathbb{Z}\mathbb{P}$ を考えることができる．群環 $\mathbb{Z}\mathbb{P}$ における和を通常通り $+$ で表す．これは，半体 $\mathbb{P}$ における和 $\oplus$ と厳密に区別されなければならない．

よく知られているように可換環 R から分数体を構成するためには，R は整域（すなわち 0 以外の零因子を持たない）でなければいけない．以下で示すように，群環 $\mathbb{Z}\mathbb{P}$ に対してはこの条件はつねにみたされる．

命題 1.10（[CA1]）　任意の半体 $\mathbb{P}$ に対して，以下が成り立つ．

(1) $\mathbb{P}$ は 1 以外のねじれ元を持たない．すなわち，$p \in \mathbb{P}$ に対して，ある自然数 n が存在して $p^n = 1$ ならば，$p = 1$ である．

(2) 群環 $\mathbb{Z}\mathbb{P}$ は整域である．

証明　(1) ある自然数 $n \geq 2$ に対して，$p^n = 1$ とする．このとき，

$$p = \frac{p \oplus p^2 \oplus \cdots \oplus p^n}{1 \oplus p \oplus \cdots \oplus p^{n-1}} = \frac{p \oplus p^2 \oplus \cdots \oplus 1}{1 \oplus p \oplus \cdots \oplus p^{n-1}} = 1. \tag{1.28}$$

(2) これは，(1) の結果と次の事実 [31] の帰結である．「乗法的アーベル群 G が 1 以外のねじれ元を持たないならば，群環 $\mathbb{Z}G$ は整域である．」以下で

はこの事実の証明を与えよう. $\mathbb{Z}G$ の 0 でない元 a, b を任意に選び, 有限和 $a = \sum_i m_i g_i, b = \sum_i m'_i g'_i$ $(g_i, g'_i \in G;\ m_i, m'_i \in \mathbb{Z})$ で表す. H を g_i, g'_i たちの生成する G の部分群とする. すると, H は有限生成であり, $a, b, ab \in \mathbb{Z}H$ である. 一方, 仮定より H は 1 以外のねじれ元を持たないので, 有限生成アーベル群の基本定理により, ある自然数 r に対して, $H \simeq \mathbb{Z}^r$ となる. そこで, H の元 $(a_1, \ldots, a_r)$ を r 変数 $\mathbf{x}$ のローラン単項式 $\prod_{i=1}^r x_i^{a_i}$ と同一視する. すると, 群環 $\mathbb{Z}H$ は $\mathbf{x}$ の整数係数ローラン多項式環と同型であり, とくに整域である. したがって, $ab \neq 0$ となる. ∎

命題 1.10 によって, 群環 $\mathbb{Z}\mathbb{P}$ の分数体が定まる. これを $\mathbb{Q}\mathbb{P}$ と表す.

1.4 行列と箙の変異

団代数に特有な概念である行列と箙 (えびら) の変異を導入する. 以下では自然数 n を固定する. これは, のちに団代数の**ランク**と呼ばれるものである.

定義 1.11 (反対称化可能行列) n 次正方整数行列 $B = (b_{ij})_{i,j=1}^n$ が**反対称化可能** (skew-symmetrizable) とは, 対角成分が正の有理数の n 次対角行列 $D = \mathrm{diag}(d_1, \ldots, d_n) := (d_i \delta_{ij})_{i,j=1}^n$ が存在して, DB が反対称である, すなわち,

---

✎ $a \oplus a = 2a = a + a$?

半体 $\mathbb{P}$ とその群環 $\mathbb{Z}\mathbb{P}$ (およびその分数体 $\mathbb{Q}\mathbb{P}$) の間には記号の重複の問題が生じる. すなわち, $a \in \mathbb{P}$ に対して, $2a$ は $a \oplus a \in \mathbb{P}$ および $a + a \in \mathbb{Z}\mathbb{P}$ の二通りの意味を持ち, もちろんこれらはまったく異なるものである. これを区別するには, 前者に対してたとえば $\hat{2}a$ などの別の記号を用意すればよいがそれはそれで煩わしい. 幸いにして, 本書においては, これらは $2a$ という形で単独に現れることはなく, 前者の場合は $1 \oplus 2a$, 後者の場合は $1 + 2a$ のように, つねに $\oplus$ または $+$ と一緒に現れ, 文脈でどちらの意味かを判断できるため, 実質的な問題は生じない.

$$d_i b_{ij} = -d_j b_{ji} \tag{1.29}$$

が成り立つことをいう．（ここで，δ_{ij} はクロネッカーのデルタである．）行列 D を B の**反対称化子** (skew-symmetrizer) という．反対称化子は一意的ではない．とくに，反対称整数行列は反対称化可能であり，反対称化子 $D = I$ を持つ．

行列 B の転置を B^T と表す．条件 (1.29) は，行列の記号を用いて

$$DB = -B^T D, \quad \text{あるいは} \quad DBD^{-1} = -B^T \tag{1.30}$$

とも表せる．条件 (1.29) より，以下が成り立つ．

$$b_{ii} = 0, \tag{1.31}$$

$$b_{ij} = 0 \quad \Longleftrightarrow \quad b_{ji} = 0, \tag{1.32}$$

$$b_{ij} > 0 \quad \Longleftrightarrow \quad b_{ji} < 0. \tag{1.33}$$

例 1.12 2 次反対称化可能行列は以下のもので尽くされる．

$$\begin{pmatrix} 0 & 0 \\ 0 & 0 \end{pmatrix}, \quad \begin{pmatrix} 0 & \mp b \\ \pm a & 0 \end{pmatrix} \quad (a, b \in \mathbb{Z}_{>0}). \tag{1.34}$$

前者の場合，反対称化子は成分が正の有理数である任意の 2 次対角行列により与えられる．後者の場合，反対称化子は以下の行列の正の有理数倍で与えられる．

$$D = \begin{pmatrix} a & 0 \\ 0 & b \end{pmatrix}. \tag{1.35}$$

任意の整数 a に対して，

$$[a]_+ := \max(a, 0) \tag{1.36}$$

と定める．以下の有用な恒等式が成り立つ．

$$a = [a]_+ - [-a]_+, \tag{1.37}$$

$$a[b]_+ + [-a]_+ b = a[-b]_+ + [a]_+ b. \tag{1.38}$$

等式 (1.38) は，両辺の差を考えると，(1.37) よりただちに得られる．

定義 1.13（行列の変異）　n 次反対称化可能行列 $B = (b_{ij})$ と $k = 1, \ldots, n$ に対して，新しい n 次正方整数行列 $B' = \mu_k(B) = (b'_{ij})$ を以下で定める．

$$b'_{ij} = \begin{cases} -b_{ij} & (i = k \text{ または } j = k), \\ b_{ij} + b_{ik}[b_{kj}]_+ + [-b_{ik}]_+ b_{kj} & (i, j \neq k). \end{cases} \tag{1.39}$$

行列 $\mu_k(B)$ を B の k 方向の**変異** (mutation in direction k) という．

恒等式 (1.38) により，(1.39) の第二の場合は

$$b'_{ij} = b_{ij} + b_{ik}[-b_{kj}]_+ + [b_{ik}]_+ b_{kj} \quad (i, j \neq k) \tag{1.40}$$

とも表せる．

変異 (1.39) を，B から B' への行列の基本変形の合成として以下のように記述することができる．

- B に対して，各 $j \neq k$ について，第 k 列を $[b_{kj}]_+$ 倍して第 j 列に足す．つぎに，得られた行列に対して，各 $i \neq k$ について，第 k 行を $[-b_{ik}]_+$ 倍して第 i 行に足す．（$b_{kk} = 0$ のため，この操作は B に対して「同時に」行っても同じ結果となる．）

- 上で得られた行列の第 k 列と第 k 行にそれぞれ -1 をかける．（$b_{kk} = 0$ のため，対角成分の符号は気にしなくてよい．）

正方行列 A の行列式を $|A|$ と表す．

命題 1.14　上の B と B' に対して，以下が成り立つ．

(1) B の反対称化子 D は，B' の反対称化子である．したがって，B' も反対称化可能である．

(2) $|B| = |B'|$ である．とくに，B が正則ならば，B' も正則である．

(3) $B = \mu_k(B')$ である．すなわち，変異 μ_k は**対合的** (involutive) である．

証明 (1) $i = k$ または $j = k$ に対して,

$$d_i b'_{ij} = -d_i b_{ij} = d_j b_{ji} = -d_j b'_{ji} \tag{1.41}$$

となる. また, $i, j \neq k$ に対して, $d_i > 0$ に注意すると,

$$\begin{aligned}
d_i b'_{ij} &= d_i(b_{ij} + b_{ik}[b_{kj}]_+ + [-b_{ik}]_+ b_{kj}) \\
&= -d_j b_{ji} - d_k b_{ki}[b_{kj}]_+ + [d_k b_{ki}]_+ b_{kj} \\
&= -d_j(b_{ji} + b_{ki}[-b_{jk}]_+ + [b_{ki}]_+ b_{jk}) = -d_j b'_{ji}
\end{aligned}$$

となる.

(2) 変異を行列の基本変形で表したものは, 行列式を保つ.

(3) $B'' = \mu_k(B')$ とおく. $i = k$ または $j = k$ に対して,

$$b''_{ij} = -b'_{ij} = b_{ij} \tag{1.42}$$

となる. また, $i, j \neq k$ に対して,

$$\begin{aligned}
b''_{ij} &= b'_{ij} + b'_{ik}[b'_{kj}]_+ + [-b'_{ik}]_+ b'_{kj} \\
&= (b_{ij} + b_{ik}[b_{kj}]_+ + [-b_{ik}]_+ b_{kj}) - b_{ik}[-b_{kj}]_+ - [b_{ik}]_+ b_{kj} = b_{ij}
\end{aligned}$$

となる. ここで, 最後の等式で (1.38) を用いた. ∎

例 1.15 行列の変異の例を一つあげる.

$$B = \begin{pmatrix} 0 & 6 & -3 \\ -12 & 0 & 6 \\ 2 & -2 & 0 \end{pmatrix}, \quad B' = \mu_1(B) = \begin{pmatrix} 0 & -6 & 3 \\ 12 & 0 & -30 \\ -2 & 10 & 0 \end{pmatrix}. \tag{1.43}$$

B と B' に共通の反対称化子は以下で与えられる.

$$D = \begin{pmatrix} 2 & 0 & 0 \\ 0 & 1 & 0 \\ 0 & 0 & 3 \end{pmatrix}. \tag{1.44}$$

行列の変異は，行列の符号を変える操作および転置と両立する.

命題 1.16 行列の変異 $B' = \mu_k(B)$ に対して，以下が成り立つ.

$$-B' = \mu_k(-B), \tag{1.45}$$

$$(B')^T = \mu_k(B^T). \tag{1.46}$$

また，D を B の反対称化子とすると，D, D^{-1} はそれぞれ $-B, B^T$ の反対称化子となる.

証明 (1.39) において，$i, j \neq k$ の場合のみを考えれば十分である. (1.40) の両辺に負号をつけると (1.45) が得られる. また，(1.40) の i と j を入れ替えると，

$$b'_{ji} = b_{ji} + b_{ki}[b_{jk}]_+ + [-b_{ki}]_+ b_{jk} \tag{1.47}$$

となり，(1.46) を得る. D が $-B$ の反対称化子であるのは明らかである. また，(1.30) の第二式の転置をとると，D^{-1} が B^T の反対称化子であることがわかる. ∎

行列の変異は，行列の直和分解と両立する.

命題 1.17 n 次反対称化可能行列 B が行列の直和

$$B = \begin{pmatrix} B_1 & O \\ O & B_2 \end{pmatrix} \tag{1.48}$$

に分解されるとする. ここで，B_1 と B_2 はそれぞれ n_1 次および n_2 次正方行列とする. このとき，以下が成り立つ.

$$\mu_k(B) = \begin{cases} \begin{pmatrix} \mu_k(B_1) & O \\ O & B_2 \end{pmatrix} & (k = 1, \dots, n_1), \\ \begin{pmatrix} B_1 & O \\ O & \mu_k(B_2) \end{pmatrix} & (k = n_1 + 1, \dots, n). \end{cases} \tag{1.49}$$

ただし，B_2 の行と列の添字を $n_1 + 1, \dots, n$ とした.

証明 変異を行列の基本変形で表したものからただちに示される. ∎

反対称整数行列は，箙を用いて表すことができる.

定義 1.18（箙） 有限有向グラフを**箙** (quiver) という．すなわち，箙は有限個の **頂点** (vertex) と，頂点の間の有限個の**矢** (arrow) からなる．以下の矢および矢のペアを，それぞれ**ループ** (loop)，**2 サイクル** (2-cycle) という.

以下では，n 個の頂点を持つ箙は，頂点が 1 から n の数字で重複なくラベル付けされているとする．また，反対称行列という場合はつねに整数行列を考える.

n 次反対称行列 $B = (b_{ij})$ に対して，n 個の頂点を持ち，ループと 2 サイクルを持たない箙 $Q(B)$ を以下の規則により得ることができる.

- 各 (i, j) に対して，行列要素 b_{ij} が正のとき，またそのときにかぎり，$Q(B)$ は頂点 i から頂点 j への b_{ij} 本の矢を持つ．簡単のため，これを

$$\underset{i}{\circ} \xrightarrow{\;\;b_{ij}\;\;} \underset{j}{\circ}$$

と表す.

実際，$b_{ii} = 0$ より，$Q(B)$ はループを持たず，また，$b_{ji} = -b_{ij}$ より，2 サイクルも持たない.

逆に，ループと 2 サイクルを持たない箙 Q に対して，上の規則を逆に適用することにより，反対称行列 $B(Q)$ が得られる．これは上の対応の逆写像であることから，B と Q の対応が 1 対 1 対応であることがわかる.

以上の対応のもとで，行列の変異は以下のように箙の変異に翻訳される.

定義 1.19（箙の変異） ループと 2 サイクルを持たない箙 Q と $k = 1, \dots, n$ に対して，新しい箙 $Q' = \mu_k(Q)$ を以下の操作で定める.

- $i \neq j$ と $i, j \neq k$ をみたす各ペア (i,j) に対して，もし頂点 i から頂点 k へ p 本 $(p > 0)$ の矢があり，かつ頂点 k から頂点 j へ q 本 $(q > 0)$ の矢があるならば，頂点 i から頂点 j へ pq 本の矢を加える．

- 上の結果 2 サイクルが生じた場合は，それらをとり除く．ただし，2 サイクルをなす矢のペアのとり方は任意でよい．

- 頂点 k に出入りするすべての矢の向きを逆にする．

籡 Q' を Q の頂点 k における**変異** (mutation at the vertex k) という．

行列の変異 (1.39) との同値性を見るために，(1.39) の第二の場合を以下のように書き直す．$i, j \neq k$ に対して，

$$
b'_{ij} = \begin{cases} b_{ij} + b_{ik}b_{kj} & (b_{ik}, b_{kj} > 0), \\ b_{ij} - b_{ik}b_{kj} & (b_{ik}, b_{kj} < 0), \\ b_{ij} & (\text{それ以外}). \end{cases} \tag{1.50}
$$

すると，定義 1.19 の最初の二つの操作が (1.50) に対応し，最後の操作が (1.39) の第一の場合に対応することがわかる．

例 1.20 以下の反対称行列 B と対応する籡 $Q(B)$ の例を考える．

$$
B = \begin{pmatrix} 0 & 3 & -2 & 2 \\ -3 & 0 & 4 & 0 \\ 2 & -4 & 0 & 1 \\ -2 & 0 & -1 & 0 \end{pmatrix}, \quad Q(B) = \begin{array}{c} 1 \xrightarrow{\ 3\ } 2 \\ \end{array} \ .
$$

> ✍ **籡の効用**
>
> 本書では籡を用いるのは 3.4 節のみであるが，籡 $Q(B)$ を考えることで半対称行列 B の構造が視覚的に明瞭になったり，グラフによる特徴づけを与えることができる，などの利点がある．しかしより重要なのは，籡を通して多元環（道代数）の表現論と団代数が結びつくことである．多元環の表現論と団代数の関係は，団代数の導入以来，団代数論における一大テーマであり，数多くの研究がなされている．簡潔な概説論文として [40] をあげておく．

$Q(B)$ の頂点 1 における変異は以下で与えられる.

これを行列に戻すと以下が得られる.

$$\mu_1(B) = \begin{pmatrix} 0 & -3 & 2 & -2 \\ 3 & 0 & -2 & 0 \\ -2 & 2 & 0 & 5 \\ 2 & 0 & -5 & 0 \end{pmatrix}. \tag{1.51}$$

文献ノート

　本章の内容のほとんどは，[CA1] によるか，あるいはその簡単な帰結もしくは詳細である．反対称行列とその変異の箙による言い換えは [3] による．1.1 節でふれた団代数導入の背景については，[13] に詳細な説明がある.

第**2**章

基本概念

この章では，団代数に関する基本概念を導入し，またランク 2 の例を詳しく調べる．

2.1 種子と変異

団代数における最も基本的な概念である種子とその変異を導入する．

1.3 節で定めたように，半体 $\mathbb{P}$ に対して，$\mathbb{Z}\mathbb{P}$ を $\mathbb{P}$ の群環，$\mathbb{Q}\mathbb{P}$ を $\mathbb{Z}\mathbb{P}$ の分数体とする．まず，種子の定義を与える．

定義 2.1（種子，団変数，係数）　n を任意の自然数，$\mathbb{P}$ を任意の半体として，$\mathcal{F}$ を $\mathbb{Q}\mathbb{P}$ 係数の n 変数有理関数体と同型な体とする．

- 以下の三つ組 $\Sigma = (\mathbf{x}, \mathbf{y}, B)$ を，$\mathbb{P}$ 係数の（**ラベル付き**）**種子** ((labeled) seed with coefficients in $\mathbb{P}$)，あるいは $\mathcal{F}$ の**種子** (seed in $\mathcal{F}$) という．

  - $\mathbf{x} = (x_1, \ldots, x_n)$ は，$\mathbb{Q}\mathbb{P}$ 上代数的独立な $\mathcal{F}$ の元の n 組であり，$\mathcal{F}$ を生成する．

  - $\mathbf{y} = (y_1, \ldots, y_n)$ は $\mathbb{P}$ の元の n 組である．

  - $B = (b_{ij})_{i,j=1}^n$ は n 次反対称化可能（整数）行列である．

- $\mathbf{x}, \mathbf{y}, B$ を，それぞれ種子 Σ の団 (cluster)，係数組 (coefficient tuple)，交換行列 (exchange matrix) という．また，各元 x_i, y_i を，それぞれ種子 Σ の団変数 (cluster variable)，係数 (coefficient) という．

- $n, \mathbb{P}, \mathcal{F}$ を，それぞれ種子 Σ の（および後に導入する団パターンや団代数などの）ランク (rank)，係数半体 (coefficient semifield)，周囲体 (ambient field) という．

本書では，団変数 x_i，係数 y_i を，それぞれより簡単に，x 変数 (x-variable)，y 変数 (y-variable)，あるいは，変数 x_i，変数 y_i ということもある．また，ことわらないかぎり，n は種子や団パターンのランクを表す．

定義 2.1 に関連する概念をさらに導入する．

定義 2.2（無係数種子，Y 種子，$\hat{y}$ 変数）

- 係数半体 $\mathbb{P}$ としてとくに自明半体 $\mathbb{1}$（例 1.4 (3)）をとるとき，すべての係数 y_i は 1 となり，種子 $(\mathbf{x}, \mathbf{y}, B)$ は対 $(\mathbf{x}, B)$ に省略できる．これを無係数種子 (seed without coefficients) という．

- $\mathbb{P}$ 係数の種子 $(\mathbf{x}, \mathbf{y}, B)$ において $\mathbf{x}$ を忘れて対 $\Upsilon = (\mathbf{y}, B)$ を考えるとき，これを $\mathbb{P}$ の Y 種子 (Y-seed in $\mathbb{P}$) という．

- 任意の種子 $\Sigma = (\mathbf{x}, \mathbf{y}, B)$ に対して，$\mathcal{F}$ の元の n 組 $\hat{\mathbf{y}} = (\hat{y}_1, \ldots, \hat{y}_n)$ を

$$\hat{y}_i = y_i \prod_{j=1}^{n} x_j^{b_{ji}} \tag{2.1}$$

と定める．$\hat{y}_i$ を $\hat{y}$ 変数 ($\hat{y}$-variable) という．

つぎに，種子の変異を定める．

定義 2.3（種子の変異）　周囲体 $\mathcal{F}$ の任意の種子 $\Sigma = (\mathbf{x}, \mathbf{y}, B)$ と $k = 1, \ldots, n$ に対して，新しい $\mathcal{F}$ の種子 $\Sigma' = (\mathbf{x}', \mathbf{y}', B')$ を以下により定める．

$$x_i' = \begin{cases} x_k^{-1} \left(\prod_{j=1}^{n} x_j^{[-b_{jk}]_+} \right) \dfrac{1 + \hat{y}_k}{1 \oplus y_k} & (i = k), \\ x_i & (i \neq k), \end{cases} \tag{2.2}$$

$$y_i' = \begin{cases} y_k^{-1} & (i = k), \\ y_i y_k^{[b_{ki}]_+} (1 \oplus y_k)^{-b_{ki}} & (i \neq k), \end{cases} \tag{2.3}$$

$$b_{ij}' = \begin{cases} -b_{ij} & (i = k \text{ または } j = k), \\ b_{ij} + b_{ik}[b_{kj}]_+ + [-b_{ik}]_+ b_{kj} & (i,\, j \neq k). \end{cases} \tag{2.4}$$

ここで，(2.2) の $\hat{y}_k$ は (2.1) で定めた $\hat{y}$ 変数である．Σ' を Σ の k 方向の**変異**といい，$\mu_k(\Sigma) = \mu_k(\mathbf{x}, \mathbf{y}, B)$ と表す．無係数種子 $(\mathbf{x}, B)$ および Y 種子 $(\mathbf{y}, B)$ の変異も同じ式で定められる．

恒等式 (1.37) により，(2.2) の第一の場合は以下のようにも表せる．

$$x_k' = x_k^{-1} \left(\frac{y_k}{1 \oplus y_k} \prod_{j=1}^{n} x_j^{[b_{jk}]_+} + \frac{1}{1 \oplus y_k} \prod_{j=1}^{n} x_j^{[-b_{jk}]_+} \right). \tag{2.5}$$

これを，x 変数の**交換関係式** (exchange relation) という．実は，こちらの方が変異の定義として文献でよく現れる形であるが，(2.2) の形は (2.3) との類似性（双対性）がより明白であり，本書では (2.2) の表示を重視する．また，(2.2) と関連して，$\hat{y}_i$ の定義 (2.1) から得られる以下の等式に注意する．

> ### ✍ Quiver Mutation
>
> 種子や箙の変異を計算機上で簡便に計算するアプリケーション Quiver Mutation [24] は，「団代数用の電卓」として団代数の研究者によく用いられ，また，このアプリケーションをきっかけに団代数に興味を持つ人も多い．種子や箙の変異をいろいろ自分で試してみることにより，読者もさまざまな発見が得られるであろう．作者の Bernhard Keller 氏は三角圏の理論の第一人者であり，団代数の圏化 (categorification) に関して多大な貢献がある．

$$\frac{1 + \hat{y}_k^{-1}}{1 \oplus y_k^{-1}} = \frac{1 + \hat{y}_k}{1 \oplus y_k} \prod_{j=1}^{n} x_j^{-b_{jk}}. \tag{2.6}$$

さて，定義 2.3 における Σ' が実際に $\mathcal{F}$ の種子であることを確かめる必要がある．まず，B の変異 (2.4) はすでに述べた行列の変異（定義 1.13）に他ならない．よって，命題 1.14 (1) により，B' は確かに反対称化可能行列である．また，係数組 $\mathbf{y}'$ については，とくにみたすべき条件はない．したがって，$\mathbf{x}'$ に関する条件のみを示せばよい．

命題 2.4 ([CA1])　(1) 変異 μ_k は対合的である．すなわち，$\Sigma' = \mu_k(\Sigma)$ に対して，$\mu_k(\Sigma') = \Sigma$ となる．

(2) $x_1', \ldots, x_n'$ は $\mathbb{QP}$ 上代数的独立であり，$\mathcal{F}$ を生成する．

証明　(1) 定義 2.3 の $(\mathbf{x}', \mathbf{y}', B')$ に対して，$(\mathbf{x}'', \mathbf{y}'', B'') = \mu_k(\mathbf{x}', \mathbf{y}', B')$ とおく．$B'' = B$ はすでに命題 1.14 (3) で示されている．$\mathbf{x}'' = \mathbf{x}$ を示すには，$x_k'' = x_k$ のみを示せばよい．$b_{kk} = 0$ に注意すると，

$$\hat{y}_k' = y_k' \prod_{j=1}^{n} x_j'^{\,b_{jk}'} = y_k^{-1} \prod_{j=1}^{n} x_j^{-b_{jk}} = \hat{y}_k^{-1} \tag{2.7}$$

となる．したがって，(2.6) と (1.37) より，

$$x_k'' = x_k'^{\,-1} \left(\prod_{j=1}^{n} x_j^{[-b_{jk}']_+} \right) \frac{1 + \hat{y}_k'}{1 \oplus y_k'} = x_k'^{\,-1} \left(\prod_{j=1}^{n} x_j^{[b_{jk}]_+} \right) \frac{1 + \hat{y}_k^{-1}}{1 \oplus y_k^{-1}}$$

$$= x_k'^{\,-1} \left(\prod_{j=1}^{n} x_j^{[-b_{jk}]_+} \right) \frac{1 + \hat{y}_k}{1 \oplus y_k} = x_k$$

となる．つぎに，$\mathbf{y}'' = \mathbf{y}$ を示す．まず，$y_k'' = y_k'^{\,-1} = y_k$ である．また，$i \neq k$ に対して，

$$y_i'' = y_i' y_k'^{\,[b_{ki}']_+} (1 \oplus y_k')^{-b_{ki}'}$$
$$= (y_i y_k^{[b_{ki}]_+} (1 \oplus y_k)^{-b_{ki}}) y_k^{-[-b_{ki}]_+} (1 \oplus y_k^{-1})^{b_{ki}} = y_i$$

となる．

(2) (1) より，$x_1, \ldots, x_n$ は，それぞれ $x'_1, \ldots, x'_n$ の QP 係数の有理関数として表される．したがって，$x'_1, \ldots, x'_n$ は $\mathcal{F}$ を生成する．すると，それらはまた QP 上代数的独立となる．実際，そうでないとすると，$x'_1, \ldots, x'_n$ の中から代数的独立な元で最大個数となるものを選ぶとそれらは $\mathcal{F}$ の超越基底となり，$\mathcal{F}$ の超越次元が n であることと矛盾する． ∎

(2.7) では $b_{kk} = 0$ という事実が重要であったが，今後の同様の計算においてはこのことをいちいち注意せずに用いる．

以下は，x 変数と y 変数の密接な関連（**双対性** (duality)）の初めての現れである．

命題 2.5 ([CA4])　　$\hat{y}$ 変数 (2.1) は，周囲体 $\mathcal{F}$ において，以下の変異にしたがう．

$$
\hat{y}'_i = \begin{cases} \hat{y}_k^{-1} & (i = k), \\ \hat{y}_i \hat{y}_k^{[b_{ki}]_+} (1 + \hat{y}_k)^{-b_{ki}} & (i \neq k). \end{cases} \tag{2.8}
$$

すなわち，係数（y 変数）と形式的に同じ規則で変異する．

証明　　$i = k$ に対しては，すでに (2.7) で示した．$i \neq k$ に対しては，

$$
\begin{aligned}
\hat{y}'_i &= y'_i \prod_{j=1}^{n} {x'_j}^{b'_{ji}} \\
&= y_i y_k^{[b_{ki}]_+} (1 \oplus y_k)^{-b_{ki}} \left(\prod_{\substack{j=1 \\ j \neq k}}^{n} x_j^{b_{ji} + b_{jk}[b_{ki}]_+ + [-b_{jk}]_+ b_{ki}} \right) \\
&\quad \times \left(x_k^{-1} \left(\prod_{j=1}^{n} x_j^{[-b_{jk}]_+} \right) \frac{1 + \hat{y}_k}{1 \oplus y_k} \right)^{-b_{ki}} \\
&= \hat{y}_i \hat{y}_k^{[b_{ki}]_+} (1 + \hat{y}_k)^{-b_{ki}}
\end{aligned}
$$

となる． ∎

定義 2.3 および命題 2.5 の変異公式の表示にはある符号の自由度がある．以下の表示を，種子の変異の **ε 表示** (ε-expression) という．

命題 2.6 (ε 表示) 以下の表式の右辺は $\varepsilon \in \{1, -1\}$ のとり方によらない.

$$x_i' = \begin{cases} x_k^{-1} \left(\displaystyle\prod_{j=1}^{n} x_j^{[-\varepsilon b_{jk}]_+} \right) \dfrac{1 + \hat{y}_k^\varepsilon}{1 \oplus y_k^\varepsilon} & (i = k), \\ x_i & (i \neq k), \end{cases} \tag{2.9}$$

$$y_i' = \begin{cases} y_k^{-1} & (i = k), \\ y_i y_k^{[\varepsilon b_{ki}]_+} (1 \oplus y_k^\varepsilon)^{-b_{ki}} & (i \neq k), \end{cases} \tag{2.10}$$

$$b_{ij}' = \begin{cases} -b_{ij} & (i = k \text{ または } j = k), \\ b_{ij} + b_{ik}[\varepsilon b_{kj}]_+ + [-\varepsilon b_{ik}]_+ b_{kj} & (i, j \neq k), \end{cases} \tag{2.11}$$

$$\hat{y}_i' = \begin{cases} \hat{y}_k^{-1} & (i = k), \\ \hat{y}_i \hat{y}_k^{[\varepsilon b_{ki}]_+} (1 + \hat{y}_k^\varepsilon)^{-b_{ki}} & (i \neq k). \end{cases} \tag{2.12}$$

証明 (2.11) については, すでに (1.40) で確かめている. (2.9) と (2.10) については, (1.37) を用いて以下のように示される.

$$\left(\prod_{j=1}^{n} \frac{x_j^{[-b_{jk}]_+}}{x_j^{[b_{jk}]_+}} \right) \frac{1 + \hat{y}_k}{1 + \hat{y}_k^{-1}} \frac{1 \oplus y_k^{-1}}{1 \oplus y_k} = \left(\prod_{j=1}^{n} x_j^{-b_{jk}} \right) \hat{y}_k y_k^{-1} = 1, \tag{2.13}$$

$$\frac{y_k^{[b_{ki}]_+}}{y_k^{[-b_{ki}]_+}} \frac{(1 \oplus y_k)^{-b_{ki}}}{(1 \oplus y_k^{-1})^{-b_{ki}}} = y_k^{b_{ki}} y_k^{-b_{ki}} = 1. \tag{2.14}$$

(2.12) についても, (2.14) と同様である. ∎

ひきつづき, 種子に関連する概念を導入する. S_n を n 次対称群とする.

定義 2.7 (S_n 作用, ラベルなし種子)

- $\mathcal{F}$ の種子 $\Sigma = (\mathbf{x}, \mathbf{y}, B)$ と置換 $\nu \in S_n$ に対して, ν の Σ への作用 $\nu\Sigma = (\nu\mathbf{x}, \nu\mathbf{y}, \nu B) = (\mathbf{x}', \mathbf{y}', B')$ を以下で定める.

$$x_i' = x_{\nu^{-1}(i)}, \quad y_i' = y_{\nu^{-1}(i)}, \quad b_{ij}' = b_{\nu^{-1}(i)\nu^{-1}(j)}. \tag{2.15}$$

このとき $\nu\Sigma$ は $\mathcal{F}$ の種子であり, $\tau(\nu\Sigma) = (\tau\nu)\Sigma$ $(\nu, \tau \in S_n)$ となる. すなわち, S_n の $\mathcal{F}$ 種子全体の集合上への左作用が定まる. また, $\hat{y}$ 変数への ν の作用 $\nu\hat{\mathbf{y}} = \hat{\mathbf{y}}'$ が以下のように誘導される.

$$\hat{y}'_i := y'_i \prod_{j=1}^{n} x'^{b'_{ji}}_j = y_{\nu^{-1}(i)} \prod_{j=1}^{n} x^{b_{\nu^{-1}(j)\nu^{-1}(i)}}_{\nu^{-1}(j)} = \hat{y}_{\nu^{-1}(i)}. \tag{2.16}$$

- Y 種子 $\Upsilon = (\mathbf{y}, B)$ についても，同様に置換 $\nu \in S_n$ の作用を $\nu\Upsilon = (\nu\mathbf{y}, \nu B)$ により定める.

- $\mathcal{F}$ の（ラベル付き）種子 Σ と Σ' に対して，ある置換 $\nu \in S_n$ が存在して $\Sigma' = \nu\Sigma$ となるとき $\Sigma' \sim \Sigma$ と定めると，$\mathcal{F}$ の種子全体の集合の同値関係となる. このとき，同値類 $[\Sigma]$ を $\mathcal{F}$ のラベルなし種子 (unlabeled seed) という.

変異と S_n の作用は，以下の意味で両立する.

命題 2.8 以下が成り立つ.

$$\mu_{\nu(k)}(\nu\Sigma) = \nu(\mu_k(\Sigma)). \tag{2.17}$$

あるいは，可換図式で表すと，

✍ 変異の正体は？

変異の定義 (2.2)–(2.4) が団代数の出発点であり，本書で最も大事な式である. 種子と変異の概念は，団代数の記念すべき最初の論文 [CA1] で導入された. 1.1 節で述べたように，Fomin-Zelevinsky は，グラスマン多様体のプリュッカー関係式やトレミーの定理などを手がかりに，ローラン現象を指導原理として変異の定義に到達した. 一方，本書で明らかになるように，変異はローラン現象以外にもさまざまの良い性質を持ち，上記の発見法はそれらすべてを根本的に説明するものではない. したがって，変異のより内在的な理解と定式化，すなわち変異の正体を明らかにすることが重要であるが，現時点ではまだそこには至っていないと著者は考える. 一方，多元環の表現による圏化や散乱図の方法などにより変異の理解は深まっていて，より本質的な（団代数と）変異の定式化が得られる日はそう遠くないことを期待する.

$$\begin{array}{ccc} \Sigma & \overset{k}{\mapsto} & \Sigma' \\ \nu \downarrow & & \downarrow \nu \\ \nu\Sigma & \overset{\nu(k)}{\mapsto} & \nu\Sigma' \end{array} \tag{2.18}$$

となる. ただし, 簡単のため, 変異 μ_k の作用を $\overset{k}{\mapsto}$ と表した.

証明 $\nu\Sigma = (\mathbf{x}', \mathbf{y}', B')$ とおき, また (2.17) の左辺を $(\mathbf{x}'', \mathbf{y}'', B'')$ とおくと, たとえば x 変数について以下のようになる.

$$
x_i'' = \begin{cases}
{x'_{\nu(k)}}^{-1} \left(\displaystyle\prod_{j=1}^{n} {x'_j}^{[-b'_{j\nu(k)}]_+} \right) \dfrac{1 + \hat{y}'_{\nu(k)}}{1 \oplus y'_{\nu(k)}} & (i = \nu(k)), \\[3ex]
x'_i & (i \neq \nu(k))
\end{cases}
$$

$$
= \begin{cases}
x_k^{-1} \left(\displaystyle\prod_{j=1}^{n} x_{\nu^{-1}(j)}^{[-b_{\nu^{-1}(j)k}]_+} \right) \dfrac{1 + \hat{y}_k}{1 \oplus y_k} & (i = \nu(k)), \\[3ex]
x_{\nu^{-1}(i)} & (i \neq \nu(k)).
\end{cases} \tag{2.19}
$$

同様に, 記号が重複するが, $\mu_k(\Sigma) = (\mathbf{x}', \mathbf{y}', B')$ とおき, (2.17) の右辺を $(\mathbf{x}'', \mathbf{y}'', B'')$ とおくと,

$$
x_i'' = x'_{\nu^{-1}(i)}
$$

$$
= \begin{cases}
x_k^{-1} \left(\displaystyle\prod_{j=1}^{n} x_j^{[-b_{jk}]_+} \right) \dfrac{1 + \hat{y}_k}{1 \oplus y_k} & (\nu^{-1}(i) = k), \\[3ex]
x_{\nu^{-1}(i)} & (\nu^{-1}(i) \neq k).
\end{cases} \tag{2.20}
$$

(2.19) と (2.20) の右辺同士は一致する. よって, 等式 (2.17) が成り立つ. 他の等式についても同様である. ∎

　二つの変異は一般に可換ではないが, 以下の条件のもとで可換となる.

命題 2.9 種子 $\Sigma = (\mathbf{x}, \mathbf{y}, B)$ とペア k, ℓ $(k \neq \ell)$ に対して,

$$
b_{k\ell} = b_{\ell k} = 0 \tag{2.21}
$$

が成り立つとする. このとき, 以下の同値な等式が成り立つ.

$$\mu_k \mu_\ell(\Sigma) = \mu_\ell \mu_k(\Sigma), \tag{2.22}$$

$$\mu_\ell \mu_k \mu_\ell \mu_k(\Sigma) = \Sigma. \tag{2.23}$$

証明 $\Sigma' = \mu_k(\Sigma)$, $\Sigma'' = \mu_\ell(\Sigma')$ とおく. Σ'' が k と ℓ について対称であることを示せばよい. 仮定 (2.21) より,

$$x'_i = \begin{cases} x_k^{-1} \left(\displaystyle\prod_{j=1}^{n} x_j^{[-b_{jk}]_+} \right) \dfrac{1 + \hat{y}_k}{1 \oplus y_k} & (i = k), \\ x_i & (i \neq k), \end{cases} \tag{2.24}$$

$$y'_i = \begin{cases} y_k^{-1} & (i = k), \\ y_\ell & (i = \ell), \\ y_i y_k^{[b_{ki}]_+} (1 \oplus y_k)^{-b_{ki}} & (i \neq k, \ell), \end{cases} \tag{2.25}$$

$$b'_{ij} = \begin{cases} -b_{ij} & (i = k \ \text{または} \ j = k), \\ b_{ij} & (i = \ell \ \text{または} \ j = \ell), \\ b_{ij} + b_{ik}[b_{kj}]_+ + [-b_{ik}]_+ b_{kj} & (\text{それ以外}) \end{cases} \tag{2.26}$$

となる. $\hat{y}'_\ell = \hat{y}_\ell$ に注意して, これをさらに ℓ 方向に変異させると,

$$x''_i = \begin{cases} x_k^{-1} \left(\displaystyle\prod_{j=1}^{n} x_j^{[-b_{jk}]_+} \right) \dfrac{1 + \hat{y}_k}{1 \oplus y_k} & (i = k), \\ x_\ell^{-1} \left(\displaystyle\prod_{j=1}^{n} x_j^{[-b_{j\ell}]_+} \right) \dfrac{1 + \hat{y}_\ell}{1 \oplus y_\ell} & (i = \ell), \\ x_i & (i \neq k, \ell), \end{cases} \tag{2.27}$$

$$y''_i = \begin{cases} y_k^{-1} & (i = k), \\ y_\ell^{-1} & (i = \ell), \\ y_i y_k^{[b_{ki}]_+} y_\ell^{[b_{\ell i}]_+} (1 \oplus y_k)^{-b_{ki}} (1 \oplus y_\ell)^{-b_{\ell i}} & (i \neq k, \ell), \end{cases} \tag{2.28}$$

$$b''_{ij} = \begin{cases} -b_{ij} & (i = k \text{ または } j = k), \\ -b_{ij} & (i = \ell \text{ または } j = \ell), \\ b_{ij} + b_{ik}[b_{kj}]_+ + [-b_{ik}]_+ b_{kj} & \\ \quad + b_{i\ell}[b_{\ell j}]_+ + [-b_{i\ell}]_+ b_{\ell j} & (\text{それ以外}) \end{cases} \tag{2.29}$$

となり，k と ℓ について対称となる． ∎

2.2 団パターンと団代数

本節では，団代数論の主要対象である団パターンと団代数を導入する．

定義 2.10 (n 正則木)

- 各頂点からちょうど n 本の辺が出ている連結な木グラフ（サイクルを持たないグラフ）を n **正則木** (n-regular tree) といい，$\mathbb{T}_n$ と表す．各頂点から出ている n 本の辺は 1 から n の数字により重複なくラベル付けされているものとする．記号を濫用して，グラフ $\mathbb{T}_n$ の頂点の集合も $\mathbb{T}_n$ と表すことにする．

- $\mathbb{T}_n$ の頂点 t, t' がラベル k の辺で結ばれているとき，t と t' は k **隣接** (k-adjacent) する，あるいは t' は t と k 隣接するという．

✍ x, y と A, X

団変数 x_i および係数 y_i の記号と名称は Fomin と Zelevinsky による [CA1, CA4]．一方，Fock と Goncharov は，ほぼ時期を同じくして，団代数の理論を主に幾何学的な観点から独自に展開した [7]．そこでは，x_i, y_i の代わりに A_i, X_i の記号が用いられ，それらは A 座標（A 変数），X 座標（X 変数）と呼ばれている．このため，団代数の文献においても，x, y 変数と A, X 変数の二つの流儀が混在する状況になっていて，団代数の研究者のコミュニティーにおいて「靴の中の小石」のように無視できない悩みとなっている．また，Fock-Goncharov の流儀では交換行列 B が Fomin-Zelevinsky の流儀（本書で用いているもの）の転置 B^T である点も注意を要する．

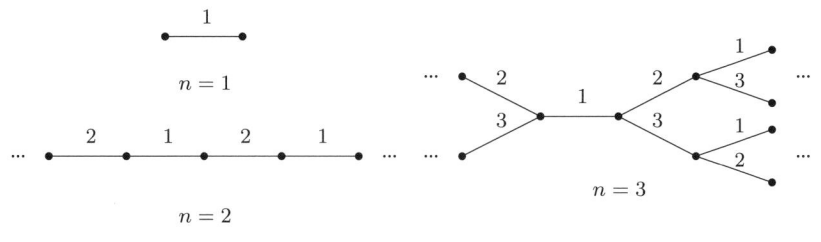

図 **2.1**　$n = 1, 2, 3$ に対する正則木グラフ $\mathbb{T}_n$.

- $\mathbb{T}_n$ の頂点 t, t' の間にある辺の数を $d(t, t')$ と表し，t と t' の**距離** (distance) という．

グラフ $\mathbb{T}_n$ は，$n = 1$ のとき有限で，それ以外は無限グラフとなる．たとえば，$n = 1, 2, 3$ の場合の $\mathbb{T}_n$ は図 2.1 で与えられる．

定義 2.11 (団パターン，Y パターン，B パターン)

- $\mathbb{T}_n$ を添字集合に持つ $\mathbb{P}$ 係数の種子の族 $\boldsymbol{\Sigma} = \{\Sigma_t = (\mathbf{x}_t, \mathbf{y}_t, B_t)\}_{t \in \mathbb{T}_n}$ に対して，任意の k 隣接ペア $t, t' \in \mathbb{T}_n$ に対して $\Sigma_{t'} = \mu_k(\Sigma_t)$ となるとき，$\boldsymbol{\Sigma}$ を $\mathbb{P}$ **係数団パターン** (cluster pattern with coefficients in $\mathbb{P}$) という．団パターンを**種子パターン** (seed pattern) ということもある．

- 上の $\boldsymbol{\Sigma}$ を無係数種子の族 $\boldsymbol{\Sigma} = \{\Sigma_t = (\mathbf{x}_t, B_t)\}_{t \in \mathbb{T}_n}$ で置き換えたものを，**無係数団パターン** (cluster pattern without coefficients) という．

- 上の $\boldsymbol{\Sigma}$ を $\mathbb{P}$ の Y 種子の族 $\boldsymbol{\Upsilon} = \{\Upsilon_t = (\mathbf{y}_t, B_t)\}_{t \in \mathbb{T}_n}$ で置き換えたものを，$\mathbb{P}$ の Y **パターン** (Y-pattern in $\mathbb{P}$) という．

- 上の $\boldsymbol{\Sigma}$ を交換行列の族 $\mathbf{B} = \{B_t\}_{t \in \mathbb{T}_n}$ で置き換えたものを，B **パターン** (B-pattern) という．とくに，任意の t に対して B_t が反対称であるとき，$\mathbf{B}$ は**反対称** (skew-symmetric) であるという．また，任意の t に対して B_t が正則であるとき，$\mathbf{B}$ は**正則** (nonsingular) であるという．命題1.14 より，それぞれの条件はある t に対して成り立てば十分である．

- 誤解がないときは，添字集合 $\mathbb{T}_n$ を省略して，$\boldsymbol{\Sigma} = \{\Sigma_t\}$, $\boldsymbol{\Upsilon} = \{\Upsilon_t\}$, $\mathbf{B} = \{B_t\}$ と表す．

$t_0 \in \mathbb{T}_n$ を一つ任意に選び，**初期頂点** (initial vertex) と呼ぶことにする．団パターン $\boldsymbol{\Sigma}$ の初期頂点 t_0 における種子 Σ_{t_0} を**初期種子** (initial seed) という．$\boldsymbol{\Sigma}$ は Σ_{t_0} から変異により一意的に定まるので，$\boldsymbol{\Sigma}$ を $\boldsymbol{\Sigma}(\Sigma_{t_0})$ と表すこともある．団パターン $\boldsymbol{\Sigma}$ の種子 $\Sigma_t = (\mathbf{x}_t, \mathbf{y}_t, B_t)$ に対して，以下の記号を用いる．

$$\mathbf{x}_t = (x_{1;t}, \ldots, x_{n;t}), \quad \mathbf{y}_t = (y_{1;t}, \ldots, y_{n;t}), \quad B_t = (b_{ij;t})_{i,j=1}^n. \quad (2.30)$$

とくに初期種子については，添字 t_0 をしばしば省略して

$$\mathbf{x}_{t_0} = \mathbf{x} = (x_1, \ldots, x_n), \quad \mathbf{y}_{t_0} = \mathbf{y} = (y_1, \ldots, y_n), \quad B_{t_0} = B = (b_{ij})_{i,j=1}^n \quad (2.31)$$

と表す．付随する $\hat{y}$ 変数についても，同様にして以下の記号を用いる．

$$\hat{\mathbf{y}}_t = (\hat{y}_{1;t}, \ldots, \hat{y}_{n;t}), \quad \hat{\mathbf{y}}_{t_0} = \hat{\mathbf{y}} = (\hat{y}_1, \ldots, \hat{y}_n). \quad (2.32)$$

例 2.12（カイラル双対 [CA4]）　$\mathbb{P}$ 係数団パターン $\boldsymbol{\Sigma} = \{\Sigma_t = (\mathbf{x}_t, \mathbf{y}_t, B_t)\}$ に対して，$\boldsymbol{\Sigma}' = \{\Sigma'_t = (\mathbf{x}'_t, \mathbf{y}'_t, B'_t)\}$ を

$$x'_{i;t} = x_{i;t}, \quad y'_{i;t} = y_{i;t}^{-1}, \quad B'_t = -B_t \quad (2.33)$$

と定めると，$\boldsymbol{\Sigma}'$ は $\mathbb{P}$ 係数の団パターンとなる．これを，$\boldsymbol{\Sigma}$ の**カイラル双対** (chiral dual) という．実際，B'_t の変異については，命題 1.16 ですでにわかっている．また，$\mathbf{x}'_t$ と $\mathbf{y}'_t$ の変異については，ε 表示（命題 2.6）よりただちにわかる．とくに，無係数団パターンに対しては，初期団変数を変えずに初期交換行列 B を $-B$ に取り替えても団変数 $x_{i;t}$ は不変である．

　変異 (2.2) は，負の係数を含まない．よって，変異 (2.2) を繰り返し適用することにより，各団変数 $x_{i;t}$ を初期団変数 $\mathbf{x}$ の（$\mathbb{QP}$ 係数の）非負表示を持つ有理関数とみなすことができる．また，(2.3) も（半体の定義により）負の係数を含まない．よって，各係数 $y_{i;t}$ を，形式的に半体 $\mathbb{P}$ の積と和 $\oplus$ に関する非負表示を持つ初期係数 $\mathbf{y}$ の有理関数とみなすことができる．

　以上で，団代数の定義を与える準備が整った．

定義 2.13（団代数）　任意の $\mathbb{P}$ 係数団パターン $\mathbf{\Sigma}$ に対して，$\mathbf{\Sigma}$ の団変数 $x_{i;t}$ 全体の集合を $\mathcal{X}(\mathbf{\Sigma})$ とする．このとき，$\mathcal{X}(\mathbf{\Sigma})$ が生成する周囲体 $\mathcal{F}$ の $\mathbb{ZP}$ 部分代数 $\mathcal{A} = \mathcal{A}(\mathbf{\Sigma})$ を $\mathbf{\Sigma}$ に付随する**団代数** (cluster algebra) という．すなわち，$\mathcal{A}$ の元は，団変数の $\mathbb{ZP}$ 係数多項式で与えられる．

例 2.14（A_1 型）　最も簡単な例として，ランク $n = 1$ の場合を考える．団パターン $\mathbf{\Sigma}$ は以下の配置で与えられる．

$$\Sigma_{t_0} \overset{1}{\longrule} \Sigma_{t_1}. \tag{2.34}$$

交換行列は

$$B_{t_0} = B_{t_1} = (0) \tag{2.35}$$

となる．t_0 を初期頂点として，$x_{1;t_0} = x_1$, $y_{1;t_0} = y_1$ を初期変数とする．このとき，$\hat{y}_{1;t_0} = \hat{y}_1 = y_1$ であり，

$$x_{1;t_1} = x_1^{-1}\frac{1 + y_1}{1 \oplus y_1}, \quad y_{1;t_1} = y_1^{-1} \tag{2.36}$$

となる．したがって，付随する団代数 $\mathcal{A}(\mathbf{\Sigma})$ は，団変数

$$x_1, \quad x_1^{-1}\frac{1 + y_1}{1 \oplus y_1} \tag{2.37}$$

で生成される $\mathbb{ZP}$ 代数となる．これを A_1 型の団代数という．

　以下は，命題 1.17 の帰結である．

命題 2.15（[CA1]）　$\mathbf{\Sigma} = \mathbf{\Sigma}(\Sigma_{t_0})$ を初期種子 $\Sigma_{t_0} = (\mathbf{x}, \mathbf{y}, B)$ を持つランク n の団パターンとする．初期交換行列 $B_{t_0} = B$ は直和分解

$$B = \begin{pmatrix} B' & O \\ O & B'' \end{pmatrix} \tag{2.38}$$

を持つとする．また，B' と B'' の次数を，それぞれ n', n'' $(n' + n'' = n)$ とする．$\mathbf{\Sigma}'$ と $\mathbf{\Sigma}''$ を，それぞれ初期種子

$$\Sigma'_{t_0} = ((x_i)_{i=1}^{n'}, (y_i)_{i=1}^{n'}, B'), \quad \Sigma''_{t_0} = ((x_i)_{i=n'+1}^{n}, (y_i)_{i=n'+1}^{n}, B'') \quad (2.39)$$

を持つランク n', n'' の団パターンとする.このとき,$\mathbb{ZP}$ 代数の同型

$$\mathcal{A}(\boldsymbol{\Sigma}) \simeq \mathcal{A}(\boldsymbol{\Sigma}') \otimes_{\mathbb{ZP}} \mathcal{A}(\boldsymbol{\Sigma}'') \quad (2.40)$$

が成り立つ.

証明 命題 1.17 より,任意の $t \in \mathbb{T}_n$ に対して,交換行列 B_t は同じ形の直和分解

$$B_t = \begin{pmatrix} B'_t & O \\ O & B''_t \end{pmatrix} \quad (2.41)$$

を持つ.$\boldsymbol{\Sigma}$ の種子 $\Sigma_t = (\mathbf{x}_t, \mathbf{y}_t, B_t)$ に対して,$k \leq n'$ 方向の変異を考える.すると,$i \leq n'$ に対して,$x_{i;t}$ と $y_{i;t}$ の変異は部分行列 B'_t による変異と一致し,一方,$i > n'$ に対しては,$x_{i;t}$ と $y_{i;t}$ は変化しない.他の場合 $k > n'$ も同様である.これより,$\mathcal{X}(\boldsymbol{\Sigma}) = \mathcal{X}(\boldsymbol{\Sigma}') \sqcup \mathcal{X}(\boldsymbol{\Sigma}'')$ であることがわかる.また,$\boldsymbol{\Sigma}'$ と $\boldsymbol{\Sigma}''$ の団変数は,それぞれの初期変数のみの有理関数で表され,それらの間には非自明な代数関係が存在しない.したがって,$\mathcal{A}(\boldsymbol{\Sigma}') \otimes_{\mathbb{ZP}} \mathcal{A}(\boldsymbol{\Sigma}'')$ と $\mathcal{A}(\boldsymbol{\Sigma})$ は,対応 $z \otimes_{\mathbb{ZP}} z' \mapsto zz'$ のもとで同型となる. ■

一般に,正方行列 M に対して,同じ添字の置換により M の行と列を同時に入れ替えた行列 M' が二つの正方行列の直和に分解するとき,**分解可能** (decomposable) といい,そうでないとき,**分解不能** (indecomposable) という.命題 2.15 により,団パターンおよび団代数を調べるには,分解不能な交換行列を持つものを考えれば十分であることがわかった.

例 2.16 ($A_1 \times A_1$ 型) ランク 2 で,初期行列

$$B_{t_0} = \begin{pmatrix} 0 & 0 \\ 0 & 0 \end{pmatrix} \quad (2.42)$$

を持つ団パターン $\boldsymbol{\Sigma}$ を考える.$\mathcal{A}'$ を A_1 型の団代数(例 2.14)とすると,命題 2.15 によって,$\boldsymbol{\Sigma}$ に付随する団代数 $\mathcal{A}(\boldsymbol{\Sigma})$ に対して,$\mathcal{A}(\boldsymbol{\Sigma}) \simeq \mathcal{A}' \otimes_{\mathbb{ZP}} \mathcal{A}'$ となる.このことより,$\mathcal{A}(\boldsymbol{\Sigma})$ を $A_1 \times A_1$ 型の団代数という.

団代数のいろいろな分野への応用を考える場合に，実際は団代数そのものではなく，その基盤構造である団パターンのみが用いられる場合も多い．したがって，本書では，種子や変異，そして団パターンなど，団代数の関わる概念を緩やかに総称して**団構造** (cluster structure) と呼ぶことにする.

2.3　ランク 2 の周期性

　この節では，ランク 2 の団パターンを詳しく調べる.
　2 正則木 $\mathbb{T}_2$ 上の以下のような団パターンの配置を考える.

$$\cdots \; \frac{2}{} \; \Sigma_{t_{-2}} \; \frac{1}{} \; \Sigma_{t_{-1}} \; \frac{2}{} \; \Sigma_{t_0} \; \frac{1}{} \; \Sigma_{t_1} \; \frac{2}{} \; \Sigma_{t_2} \; \frac{1}{} \; \cdots . \tag{2.43}$$

記号を簡単にするため，$\Sigma_{t_s} = \Sigma_s$, $B_{t_s} = B_s$, $\mathbf{x}_{t_s} = \mathbf{x}_s$, $\mathbf{y}_{t_s} = \mathbf{y}_s$, $\hat{\mathbf{y}}_{t_s} = \hat{\mathbf{y}}_s$ とおく．また，t_0 を初期頂点として，初期変数を $\mathbf{x}_0 = \mathbf{x}$, $\mathbf{y}_0 = \mathbf{y}$ とおく.
　ランク 2 の反対称化可能行列は，例 1.12 であげたものであり，また，$B = O$ の場合は，例 2.16 で調べた．したがって，以下の初期行列を考えればよい.

$$B_0 = B = \begin{pmatrix} 0 & -b \\ a & 0 \end{pmatrix} \quad (a, b > 0). \tag{2.44}$$

反符号の場合は，添字とラベルの入れ替え $1 \leftrightarrow 2$，および頂点の入れ替え $t_s \leftrightarrow t_{-s}$ を行えばよい．行列の変異 (2.4) により，交換行列は以下のように周期 2 を持つ.

> ✍ **変異の奇跡**
>
> 　団代数の会得を志す読者は，本節の三つの例 2.17–2.19 の計算を自分自身で行い，そこでおこる系統的な有理関数の簡約（奇跡）を体験する必要がある．この計算には数時間と十分な計算用紙が必要なので，準備と覚悟をして深呼吸をしてから始めよう！

$$B_s = \begin{cases} B & (s : 偶数), \\ -B & (s : 奇数). \end{cases} \tag{2.45}$$

したがって，s が偶数のとき，

$$\hat{y}_{1;s} = y_{1;s} x_{2;s}^{a}, \quad \hat{y}_{2;s} = y_{2;s} x_{1;s}^{-b}, \tag{2.46}$$

$$\begin{cases} x_{1;s+1} = x_{1;s}^{-1} \dfrac{1 + \hat{y}_{1;s}}{1 \oplus y_{1;s}}, \\ x_{2;s+1} = x_{2;s}, \end{cases} \qquad \begin{cases} y_{1;s+1} = y_{1;s}^{-1}, \\ y_{2;s+1} = y_{2;s}(1 \oplus y_{1;s})^{b}, \end{cases} \tag{2.47}$$

また，s が奇数のとき，

$$\hat{y}_{1;s} = y_{1;s} x_{2;s}^{-a}, \quad \hat{y}_{2;s} = y_{2;s} x_{1;s}^{b}, \tag{2.48}$$

$$\begin{cases} x_{1;s+1} = x_{1;s}, \\ x_{2;s+1} = x_{2;s}^{-1} \dfrac{1 + \hat{y}_{2;s}}{1 \oplus y_{2;s}}, \end{cases} \qquad \begin{cases} y_{1;s+1} = y_{1;s}(1 \oplus y_{2;s})^{a}, \\ y_{2;s+1} = y_{2;s}^{-1} \end{cases} \tag{2.49}$$

となる．以下では $ab \leq 3$ の場合を考える．また，$a \geq b$，すなわち，$b = 1$，$a = 1, 2, 3$ とする．$a < b$ の場合は，前述のラベルの取り替えとカイラル双対（例 2.12）を組み合わせると以下の場合に帰着される．

例 2.17 (A_2 型)　$a = 1$，すなわち，

$$B_0 = B = \begin{pmatrix} 0 & -1 \\ 1 & 0 \end{pmatrix} \tag{2.50}$$

とする．3.2 節で述べるように，ルート系の分類と対応させて，これを初期行列に持つ団パターンおよび団代数を A_2 型という．このとき，初期 $\hat{y}$ 変数は

$$\hat{y}_1 = y_1 x_2, \quad \hat{y}_2 = y_2 x_1^{-1} \tag{2.51}$$

となる．以下では，$t = 1, \dots, 5$ における団変数 $x_{i;t}$ と係数 $y_{i;t}$ を求める．計算のポイントは，

- 各 t に対して，まず係数 $y_{i;t}$ から計算する．

- 命題 2.5 により，（団変数の変異の計算に必要となる）$\hat{y}$ 変数 $\hat{y}_{i;t}$ の初期 $\hat{y}$ 変数による表示は，係数 $y_{i;t}$ に対する結果をそのまま用いればよい．

- 団変数を最終的に初期 $\hat{y}$ 変数の多項式で表す．そのさいに出てくる $\hat{y}_i$ の負べきと y_i の同じ負べきを (2.51) を用いてキャンセルさせる．

の三点である．これらに留意して，以下の結果が得られる．

$$
\begin{cases} x_{1;1} = x_1^{-1} \dfrac{1+\hat{y}_1}{1 \oplus y_1}, \\ x_{2;1} = x_2, \end{cases}
\qquad
\begin{cases} y_{1;1} = y_1^{-1}, \\ y_{2;1} = y_2(1 \oplus y_1), \end{cases}
\tag{2.52}
$$

$$
\begin{cases} x_{1;2} = x_1^{-1} \dfrac{1+\hat{y}_1}{1 \oplus y_1}, \\ x_{2;2} = x_2^{-1} \dfrac{1+\hat{y}_2+\hat{y}_1\hat{y}_2}{1 \oplus y_2 \oplus y_1 y_2}, \end{cases}
\qquad
\begin{cases} y_{1;2} = y_1^{-1}(1 \oplus y_2 \oplus y_1 y_2), \\ y_{2;2} = y_2^{-1}(1 \oplus y_1)^{-1}, \end{cases}
\tag{2.53}
$$

$$
\begin{cases} x_{1;3} = x_1 x_2^{-1} \dfrac{1+\hat{y}_2}{1 \oplus y_2}, \\ x_{2;3} = x_2^{-1} \dfrac{1+\hat{y}_2+\hat{y}_1\hat{y}_2}{1 \oplus y_2 \oplus y_1 y_2}, \end{cases}
\qquad
\begin{cases} y_{1;3} = y_1(1 \oplus y_2 \oplus y_1 y_2)^{-1}, \\ y_{2;3} = y_1^{-1} y_2^{-1}(1 \oplus y_2), \end{cases}
\tag{2.54}
$$

$$
\begin{cases} x_{1;4} = x_1 x_2^{-1} \dfrac{1+\hat{y}_2}{1 \oplus y_2}, \\ x_{2;4} = x_1, \end{cases}
\qquad
\begin{cases} y_{1;4} = y_2^{-1}, \\ y_{2;4} = y_1 y_2(1 \oplus y_2)^{-1}, \end{cases}
\tag{2.55}
$$

$$
\begin{cases} x_{1;5} = x_2, \\ x_{2;5} = x_1, \end{cases}
\qquad
\begin{cases} y_{1;5} = y_2, \\ y_{2;5} = y_1. \end{cases}
\tag{2.56}
$$

すでにお気づきの通り，1.2 節の変数 $y_i(t)$ は係数 $y_{i;t}$ と，また，変数 $x_i(t)$ は無係数団変数 $x_{i;t}$ と同一視できる．以前の観察 1.1 をより精密化しよう．

(1) **周期性・有限性** 係数の存在があっても，依然として，1.2 節と同様の団変数の周期性が成り立つ．また，$B_{s+5} = -B_s$ に注意する．すると，これらをまとめて，種子の周期性

$$
\Sigma_{s+5} = \tau_{12}\Sigma_s
\tag{2.57}
$$

が得られる．ここで，τ_{12} は 1 と 2 の置換であり，作用は (2.15) で定められたものである．この周期性を**五角周期性** (pentagon periodicity) という．と

くに, $\boldsymbol{\Sigma}$ は有限個の種子しか持たず, 団変数は以下の五つで尽くされる.

$$x_1, \quad x_2, \quad x_1^{-1}\frac{1+\hat{y}_1}{1\oplus y_1}, \quad x_2^{-1}\frac{1+\hat{y}_2+\hat{y}_1\hat{y}_2}{1\oplus y_2 \oplus y_1 y_2}, \quad x_1 x_2^{-1}\frac{1+\hat{y}_2}{1\oplus y_2}. \tag{2.58}$$

付随する団代数 $\mathcal{A}(\boldsymbol{\Sigma})$ はこれらで生成される有限生成代数である.

(2) **ローラン現象** (2.51) の団変数は以下の $\mathbf{x}$ のローラン多項式で表される.

$$x_1, \quad x_2, \quad x_1^{-1}\frac{1+y_1 x_2}{1\oplus y_1}, \quad x_1^{-1}x_2^{-1}\frac{x_1+y_2+y_1 y_2 x_2}{1\oplus y_2 \oplus y_1 y_2}, \quad x_2^{-1}\frac{x_1+y_2}{1\oplus y_2}. \tag{2.59}$$

すなわち, 任意の団変数 $x_{i;t}$ は, 初期団変数 $\mathbf{x}$ の $\mathbb{ZP}$ 係数ローラン多項式で表される.

(3) **ローラン正値性** 上のローラン多項式の係数は $\mathbb{ZP}$ 上非負である.

(4) **F 多項式** (2) と (3) の性質を, より精密に述べる. 任意の団変数 $x_{i;t}$ は, 以下の形に表される.

$$x_{i;t} = \left(\prod_{j=1}^{2} x_j^{g_{ji;t}}\right)\frac{F_{i;t}(\hat{\mathbf{y}})}{F_{i;t}|_{\mathbb{P}}(\mathbf{y})}. \tag{2.60}$$

ここで, $F_{i;t}(\mathbf{u})$ は変数 $\mathbf{u}=(u_1,u_2)$ の非負整数係数多項式であり, $F_{i;t}|_{\mathbb{P}}(\mathbf{y})$ は $F_{i;t}(\mathbf{u})$ の初期係数 $\mathbf{y}_{t_0}=\mathbf{y}$ への特殊化 (定義 1.8) である. 多項式 $F_{i;t}(\mathbf{u})$ は $x_{i;t}$ の F 多項式と呼ばれる.

(5) **単位定数性** 各 F 多項式 $F_{i;t}(\mathbf{u})$ の定数項は 1 である.

(6) **双対性** 係数 $y_{i;t}$ に対しても, 現れ方が異なるが同じ F 多項式が現れる. すなわち, 団変数と係数は, 何らかの構造を共有していると思われる.

(7) **符号同一性** この場合に非自明なのは $y_{2;3}=y_{2;4}^{-1}$ に関してのみであるが, 各係数 $y_{i;t}$ において F 多項式の前にある単項式のべきの指数に正負が混在しない. (以下の例ではこの性質がもう少し顕著に観察される.)

例 2.18 (B_2 型) $a=2$ の場合は,

$$B_0 = B = \begin{pmatrix} 0 & -1 \\ 2 & 0 \end{pmatrix}, \quad D = \begin{pmatrix} 2 & 0 \\ 0 & 1 \end{pmatrix} \tag{2.61}$$

であり，これを初期行列に持つ団パターンおよび団代数を B_2 型という．初期 $\hat{y}$ 変数は，

$$\hat{y}_1 = y_1 x_2^2, \quad \hat{y}_2 = y_2 x_1^{-1} \tag{2.62}$$

となる．A_2 型と同様の計算を行うと，相当の時間と労力を費やして以下を得る．

$$\begin{cases} x_{1;1} = x_1^{-1} \dfrac{1 + \hat{y}_1}{1 \oplus y_1}, \\ x_{2;1} = x_2, \end{cases} \qquad \begin{cases} y_{1;1} = y_1^{-1}, \\ y_{2;1} = y_2(1 \oplus y_1), \end{cases} \tag{2.63}$$

$$\begin{cases} x_{1;2} = x_1^{-1} \dfrac{1 + \hat{y}_1}{1 \oplus y_1}, \\ x_{2;2} = x_2^{-1} \dfrac{1 + \hat{y}_2 + \hat{y}_1\hat{y}_2}{1 \oplus y_2 \oplus y_1 y_2}, \end{cases} \qquad \begin{cases} y_{1;2} = y_1^{-1}(1 \oplus y_2 \oplus y_1 y_2)^2, \\ y_{2;2} = y_2^{-1}(1 \oplus y_1)^{-1}, \end{cases} \tag{2.64}$$

$$\begin{cases} x_{1;3} = x_1 x_2^{-2} \dfrac{1 + 2\hat{y}_2 + \hat{y}_2^2 + \hat{y}_1\hat{y}_2^2}{1 \oplus 2y_2 \oplus y_2^2 \oplus y_1 y_2^2}, \\ x_{2;3} = x_2^{-1} \dfrac{1 + \hat{y}_2 + \hat{y}_1\hat{y}_2}{1 \oplus y_2 \oplus y_1 y_2}, \end{cases} \tag{2.65}$$

$$\begin{cases} y_{1;3} = y_1(1 \oplus y_2 \oplus y_1 y_2)^{-2}, \\ y_{2;3} = y_1^{-1} y_2^{-1}(1 \oplus 2y_2 \oplus y_2^2 \oplus y_1 y_2^2), \end{cases} \tag{2.66}$$

$$\begin{cases} x_{1;4} = x_1 x_2^{-2} \dfrac{1 + 2\hat{y}_2 + \hat{y}_2^2 + \hat{y}_1\hat{y}_2^2}{1 \oplus 2y_2 \oplus y_2^2 \oplus y_1 y_2^2}, \\ x_{2;4} = x_1 x_2^{-1} \dfrac{1 + \hat{y}_2}{1 \oplus y_2}, \end{cases} \tag{2.67}$$

$$\begin{cases} y_{1;4} = y_1^{-1} y_2^{-2}(1 \oplus y_2)^2, \\ y_{2;4} = y_1 y_2(1 \oplus 2y_2 \oplus y_2^2 \oplus y_1 y_2^2)^{-1}, \end{cases} \tag{2.68}$$

$$\begin{cases} x_{1;5} = x_1, \\ x_{2;5} = x_1 x_2^{-1} \dfrac{1 + \hat{y}_2}{1 \oplus y_2}, \end{cases} \qquad \begin{cases} y_{1;5} = y_1 y_2^2(1 \oplus y_2)^{-2}, \\ y_{2;5} = y_2^{-1}, \end{cases} \tag{2.69}$$

$$\begin{cases} x_{1;6} = x_1, \\ x_{2;6} = x_2, \end{cases} \qquad \begin{cases} y_{1;6} = y_1, \\ y_{2;6} = y_2. \end{cases} \tag{2.70}$$

途中計算において，以下の恒等式を用いる．

$$y_1 + (1 + y_2 + y_1y_2)^2 = (1 + y_1)(1 + 2y_2 + y_2^2 + y_1y_2^2), \tag{2.71}$$

$$y_1y_2 + (1 + 2y_2 + y_2^2 + y_1y_2^2) = (1 + y_2 + y_1y_2)(1 + y_2). \tag{2.72}$$

上の結果，以下の種子の周期性が得られる．

$$\Sigma_{s+6} = \Sigma_s. \tag{2.73}$$

とくに，$\boldsymbol{\Sigma}$ の団変数は以下で尽くされる．

$$x_1, \quad x_2, \quad x_1^{-1}\frac{1 + \hat{y}_1}{1 \oplus y_1}, \quad x_2^{-1}\frac{1 + \hat{y}_2 + \hat{y}_1\hat{y}_2}{1 \oplus y_2 \oplus y_1y_2},$$
$$x_1x_2^{-2}\frac{1 + 2\hat{y}_2 + \hat{y}_2^2 + \hat{y}_1\hat{y}_2^2}{1 \oplus 2y_2 \oplus y_2^2 \oplus y_1y_2^2}, \quad x_1x_2^{-1}\frac{1 + \hat{y}_2}{1 \oplus y_2}. \tag{2.74}$$

これらはまた，以下の $\mathbf{x}$ のローラン多項式で表される．

$$x_1, \quad x_2, \quad x_1^{-1}\frac{1 + y_1x_2^2}{1 \oplus y_1}, \quad x_1^{-1}x_2^{-1}\frac{x_1 + y_2 + y_1y_2x_2^2}{1 \oplus y_2 \oplus y_1y_2},$$
$$x_1^{-1}x_2^{-2}\frac{x_1^2 + 2y_2x_1 + y_2^2 + y_1y_2^2x_2^2}{1 \oplus 2y_2 \oplus y_2^2 \oplus y_1y_2^2}, \quad x_2^{-1}\frac{x_1 + y_2}{1 \oplus y_2}. \tag{2.75}$$

A_2 型で観察された他の現象がここでもすべて当てはまる．

例 2.19 (G_2 型)　$a = 3$ の場合は，

$$B_0 = B = \begin{pmatrix} 0 & -1 \\ 3 & 0 \end{pmatrix}, \quad D = \begin{pmatrix} 3 & 0 \\ 0 & 1 \end{pmatrix} \tag{2.76}$$

であり，これを初期行列に持つ団パターンおよび団代数を G_2 型という．初期 $\hat{y}$ 変数は，

$$\hat{y}_1 = y_1x_2^3, \quad \hat{y}_2 = y_2x_1^{-1} \tag{2.77}$$

となる．B_2 型よりさらに相当の時間と労力を費やして計算すると，以下を得る．

$$\begin{cases} x_{1;1} = x_1^{-1}\dfrac{1 + \hat{y}_1}{1 \oplus y_1}, \\ x_{2;1} = x_2, \end{cases} \quad \begin{cases} y_{1;1} = y_1^{-1}, \\ y_{2;1} = y_2(1 \oplus y_1), \end{cases} \tag{2.78}$$

$$\begin{cases} x_{1;2} = x_1^{-1}\dfrac{1+\hat{y}_1}{1\oplus y_1}, \\ x_{2;2} = x_2^{-1}\dfrac{1+\hat{y}_2+\hat{y}_1\hat{y}_2}{1\oplus y_2\oplus y_1 y_2}, \end{cases} \qquad \begin{cases} y_{1;2} = y_1^{-1}(1\oplus y_2\oplus y_1 y_2)^3, \\ y_{2;2} = y_2^{-1}(1\oplus y_1)^{-1}, \end{cases} \tag{2.79}$$

$$\begin{cases} x_{1;3} = x_1 x_2^{-3}\dfrac{1+3\hat{y}_2+3\hat{y}_2^2+\hat{y}_2^3+3\hat{y}_1\hat{y}_2^2+2\hat{y}_1\hat{y}_2^3+\hat{y}_1^2\hat{y}_2^3}{1\oplus 3y_2\oplus 3y_2^2\oplus y_2^3\oplus 3y_1 y_2^2\oplus 2y_1 y_2^3\oplus y_1^2 y_2^3}, \\ x_{2;3} = x_2^{-1}\dfrac{1+\hat{y}_2+\hat{y}_1\hat{y}_2}{1\oplus y_2\oplus y_1 y_2}, \end{cases} \tag{2.80}$$

$$\begin{cases} y_{1;3} = y_1(1\oplus y_2\oplus y_1 y_2)^{-3}, \\ y_{2;3} = y_1^{-1}y_2^{-1}(1\oplus 3y_2\oplus 3y_2^2\oplus y_2^3\oplus 3y_1 y_2^2\oplus 2y_1 y_2^3\oplus y_1^2 y_2^3), \end{cases} \tag{2.81}$$

$$\begin{cases} x_{1;4} = x_1 x_2^{-3}\dfrac{1+3\hat{y}_2+3\hat{y}_2^2+\hat{y}_2^3+3\hat{y}_1\hat{y}_2^2+2\hat{y}_1\hat{y}_2^3+\hat{y}_1^2\hat{y}_2^3}{1\oplus 3y_2\oplus 3y_2^2\oplus y_2^3\oplus 3y_1 y_2^2\oplus 2y_1 y_2^3\oplus y_1^2 y_2^3}, \\ x_{2;4} = x_1 x_2^{-2}\dfrac{1+2\hat{y}_2+\hat{y}_2^2+\hat{y}_1\hat{y}_2^2}{1\oplus 2y_2\oplus y_2^2\oplus y_1 y_2^2}, \end{cases} \tag{2.82}$$

$$\begin{cases} y_{1;4} = y_1^{-2}y_2^{-3}(1\oplus 2y_2\oplus y_2^2\oplus y_1 y_2^2)^3, \\ y_{2;4} = y_1 y_2(1\oplus 3y_2\oplus 3y_2^2\oplus y_2^3\oplus 3y_1 y_2^2\oplus 2y_1 y_2^3\oplus y_1^2 y_2^3)^{-1}, \end{cases} \tag{2.83}$$

$$\begin{cases} x_{1;5} = x_1^2 x_2^{-3}\dfrac{1+3\hat{y}_2+3\hat{y}_2^2+\hat{y}_2^3+\hat{y}_1\hat{y}_2^3}{1\oplus 3y_2\oplus 3y_2^2\oplus y_2^3\oplus y_1 y_2^3}, \\ x_{2;5} = x_1 x_2^{-2}\dfrac{1+2\hat{y}_2+\hat{y}_2^2+\hat{y}_1\hat{y}_2^2}{1\oplus 2y_2\oplus y_2^2\oplus y_1 y_2^2}, \end{cases} \tag{2.84}$$

$$\begin{cases} y_{1;5} = y_1^2 y_2^3(1\oplus 2y_2\oplus y_2^2\oplus y_1 y_2^2)^{-3}, \\ y_{2;5} = y_1^{-1}y_2^{-2}(1\oplus 3y_2\oplus 3y_2^2\oplus y_2^3\oplus y_1 y_2^3), \end{cases} \tag{2.85}$$

$$\begin{cases} x_{1;6} = x_1^2 x_2^{-3}\dfrac{1+3\hat{y}_2+3\hat{y}_2^2+\hat{y}_2^3+\hat{y}_1\hat{y}_2^3}{1\oplus 3y_2\oplus 3y_2^2\oplus y_2^3\oplus y_1 y_2^3}, \\ x_{2;6} = x_1 x_2^{-1}\dfrac{1+\hat{y}_2}{1\oplus y_2}, \end{cases} \tag{2.86}$$

$$\begin{cases} y_{1;6} = y_1^{-1}y_2^{-3}(1\oplus y_2)^3, \\ y_{2;6} = y_1 y_2^2(1\oplus 3y_2\oplus 3y_2^2\oplus y_2^3\oplus y_1 y_2^3)^{-1}, \end{cases} \tag{2.87}$$

$$\begin{cases} x_{1;7} = x_1, \\ x_{2;7} = x_1 x_2^{-1} \dfrac{1+\hat{y}_2}{1 \oplus y_2}, \end{cases} \qquad \begin{cases} y_{1;7} = y_1 y_2^3 (1 \oplus y_2)^{-3}, \\ y_{2;7} = y_2^{-1}, \end{cases} \tag{2.88}$$

$$\begin{cases} x_{1;8} = x_1, \\ x_{2;8} = x_2, \end{cases} \qquad \begin{cases} y_{1;8} = y_1, \\ y_{2;8} = y_2. \end{cases} \tag{2.89}$$

途中計算において，以下の恒等式を用いる．

$$\begin{aligned} y_1 &+ (1 + y_2 + y_1 y_2)^3 \\ &= (1 + y_1)(1 + 3y_2 + 3y_2^2 + y_2^3 + 3y_1 y_2^2 + 2y_1 y_2^3 + y_1^2 y_2^3), \end{aligned} \tag{2.90}$$

$$\begin{aligned} y_1 y_2 &+ (1 + 3y_2 + 3y_2^2 + y_2^3 + 3y_1 y_2^2 + 2y_1 y_2^3 + y_1^2 y_2^3) \\ &= (1 + y_2 + y_1 y_2)(1 + 2y_2 + y_2^2 + y_1 y_2^2), \end{aligned} \tag{2.91}$$

$$\begin{aligned} y_1^2 y_2^3 &+ (1 + 2y_2 + y_2^2 + y_1 y_2^2)^3 \\ &= (1 + 3y_2 + 3y_2^2 + y_2^3 + 3y_1 y_2^2 + 2y_1 y_2^3 + y_1^2 y_2^3) \\ &\quad \times (1 + 3y_2 + 3y_2^2 + y_2^3 + y_1 y_2^3), \end{aligned} \tag{2.92}$$

$$\begin{aligned} y_1 y_2^2 &+ (1 + 3y_2 + 3y_2^2 + y_2^3 + y_1 y_2^3) \\ &= (1 + 2y_2 + y_2^2 + y_1 y_2^2)(1 + y_2). \end{aligned} \tag{2.93}$$

最も複雑な恒等式 (2.92) は，計算機で確かめるのが簡単である．上の結果，以下の種子の周期性が得られる．

$$\Sigma_{s+8} = \Sigma_s. \tag{2.94}$$

とくに，$\boldsymbol{\Sigma}$ の団変数は以下で尽くされる．

$$\begin{aligned} & x_1, \quad x_2, \quad x_1^{-1} \frac{1+\hat{y}_1}{1 \oplus y_1}, \quad x_2^{-1} \frac{1+\hat{y}_2+\hat{y}_1\hat{y}_2}{1 \oplus y_2 \oplus y_1 y_2}, \\ & x_1 x_2^{-3} \frac{1 + 3\hat{y}_2 + 3\hat{y}_2^2 + \hat{y}_2^3 + 3\hat{y}_1\hat{y}_2^2 + 2\hat{y}_1\hat{y}_2^3 + \hat{y}_1^2\hat{y}_2^3}{1 \oplus 3y_2 \oplus 3y_2^2 \oplus y_2^3 \oplus 3y_1 y_2^2 \oplus 2y_1 y_2^3 \oplus y_1^2 y_2^3}, \\ & x_1 x_2^{-2} \frac{1 + 2\hat{y}_2 + \hat{y}_2^2 + \hat{y}_1\hat{y}_2^2}{1 \oplus 2y_2 \oplus y_2^2 \oplus y_1 y_2^2}, \end{aligned} \tag{2.95}$$

$$x_1^2 x_2^{-3} \frac{1 + 3\hat{y}_2 + 3\hat{y}_2^2 + \hat{y}_2^3 + \hat{y}_1\hat{y}_2^3}{1 \oplus 3y_2 \oplus 3y_2^2 \oplus y_2^3 \oplus y_1 y_2^3}, \quad x_1 x_2^{-1} \frac{1 + \hat{y}_2}{1 \oplus y_2}.$$

これらはまた，以下の $\mathbf{x}$ のローラン多項式で表される．

$$x_1, \quad x_2, \quad x_1^{-1} \frac{1 + y_1 x_2^3}{1 \oplus y_1}, \quad x_1^{-1} x_2^{-1} \frac{x_1 + y_2 + y_1 y_2 x_2^3}{1 \oplus y_2 \oplus y_1 y_2},$$

$$x_1^{-2} x_2^{-3} \frac{x_1^3 + 3y_2 x_1^2 + 3y_2^2 x_1 + y_2^3 + 3y_1 y_2^2 x_1 x_2^3 + 2y_1 y_2^3 x_2^3 + y_1^2 y_2^3 x_2^6}{1 \oplus 3y_2 \oplus 3y_2^2 \oplus y_2^3 \oplus 3y_1 y_2^2 \oplus 2y_1 y_2^3 \oplus y_1^2 y_2^3},$$

$$x_1^{-1} x_2^{-2} \frac{x_1^2 + 2y_2 x_1 + y_2^2 + y_1 y_2^2 x_2^3}{1 \oplus 2y_2 \oplus y_2^2 \oplus y_1 y_2^2}, \tag{2.96}$$

$$x_1^{-1} x_2^{-3} \frac{x_1^3 + 3y_2 x_1^2 + 3y_2^2 x_1 + y_2^3 + y_1 y_2^3 x_2^3}{1 \oplus 3y_2 \oplus 3y_2^2 \oplus y_2^3 \oplus y_1 y_2^3}, \quad x_2^{-1} \frac{x_1 + y_2}{1 \oplus y_2}.$$

A_2 型で観察された他の現象がここでもすべて当てはまる．

初期行列 (2.44) に対して $ab \geq 4$ となる場合は，上の例とは対照的に周期性は生じず，無限個の種子と団変数を持つことが知られている．したがって，団代数 $\mathcal{A}$ はこれら無限個の団変数から生成されるが，$\mathcal{A}$ が有限生成である可能性を否定するものではない．5 章でこの問題を論じる．

2.4 自由係数

団代数の理論において重要な自由係数の概念を導入する．

定義 2.20（自由係数）　ランク n の団パターン $\mathbf{\Sigma}$ の係数が以下の性質を持

✎ 周期の正体

例 2.17–2.19 に現れる周期 5, 6, 8 は，A_2, B_2, G_2 のルート系のコクセター数と呼ばれる数 $h = 3, 4, 6$ に 2 を足したものである．なぜルート系やコクセター数が関係し，なぜ 2 を足すのかという理由は Fomin-Zelevinsky [12] により明らかにされている．これらはまた数理物理における Y 系 (Y-system) の周期性とも関連している．

つとき，**自由係数** (free coefficients) といい，$t_0 \in \mathbb{T}_n$ をその**基点** (base point) という．

- Σ の係数半体 $\mathbb{P}$ は，ある変数 $\mathbf{u} = (u_1, \ldots, u_n)$ についての普遍半体 $\mathbb{Q}_{\mathrm{sf}}(\mathbf{u})$ である．

- t_0 における係数組 $\mathbf{y}_{t_0}$ は上の $\mathbf{u}$ と一致する．（したがって，はじめから $\mathbb{P} = \mathbb{Q}_{\mathrm{sf}}(\mathbf{y}_{t_0})$ とおいてもよい．）

また，Σ を基点 t_0 の**自由係数団パターン** (cluster pattern with free coefficients) といい，自由係数のなす Y パターン Υ を，基点 t_0 の**自由 Y パターン** (free Y-pattern) という．

注意 2.21　　自由係数に関して，いくつかの注意を与える．

(1) 任意の頂点 $t \in \mathbb{T}_n$ に対して，係数 $y_{1;t}, \ldots, y_{n;t}$ は $\mathbf{y}$ の $\mathbb{Q}$ 係数有理関数として代数的独立である．証明は命題 2.4 と同じである．同様にして，$\hat{y}$ 変数 $\hat{y}_{1;t}, \ldots, \hat{y}_{n;t}$ も周囲体 $\mathcal{F}$ において代数的独立となる．

(2) 自由係数の基点 t_0 は必ずしも初期頂点と同一である必要はないが，異なる点にとる理由がなければ同一にとるのが便利である．その場合は，(2.31) の記号を用いて $\mathbb{P} = \mathbb{Q}_{\mathrm{sf}}(\mathbf{y})$ としてよい．

(3) 任意の頂点 $t \in \mathbb{T}_n$ に対して，$y_{i;t}$ を $\mathbf{y}_{t_0}$ の非負表示で表すことにより半体の同型 $\mathbb{Q}_{\mathrm{sf}}(\mathbf{y}_{t_0}) \simeq \mathbb{Q}_{\mathrm{sf}}(\mathbf{y}_t)$ が定まる．これにより，自由係数の基点を t に移動することができる．よって，基点の選び方は本質的ではない．

命題 1.7 における $\mathbb{Q}_{\mathrm{sf}}(\mathbf{y})$ の普遍性を思い出そう．そこにおける特殊化 $\pi \colon \mathbb{Q}_{\mathrm{sf}}(\mathbf{y}) \to \mathbb{P}$ を，$\mathbb{Q}_{\mathrm{sf}}(\mathbf{y})$ と $\mathbb{P}$ を係数半体に持ち，共通の B パターンを持つ二つの団パターンの団変数の間の写像に拡張したい．しかし，これには注意が必要である．

議論の便宜のため，$\mathbb{ZP}$ の分数体 $\mathbb{QP}$ をここでは $\mathbb{Q}(\mathbb{P})$ と表す．一般に，半体の準同型写像 $\varphi \colon \mathbb{P} \to \mathbb{P}'$ に対して，環準同型写像 $\varphi_1 \colon \mathbb{ZP} \to \mathbb{ZP}'$ への拡張が一意的に存在する．しかし，それがさらに体準同型写像 $\varphi_2 \colon \mathbb{Q}(\mathbb{P}) \to \mathbb{Q}(\mathbb{P}')$ へ一意的に拡張されるためには φ は単射でなければならない．実際，φ が単射でないとすると，φ_1 も単射ではない．（たとえば，$p_1 \neq p_2$ に対して

$\varphi(p_1) = \varphi(p_2) = p'$ とすると，$\varphi(p_1 - p_2) = p' - p' = 0$ となる．）すると，分母が $\mathrm{Ker}\, \varphi_1$ の元であるような $\mathbb{Z}\mathbb{P}$ の分数元の φ_2 による像が定義できないからである．とくに，特殊化 π は一般に単射でないので，上の体準同型写像に拡張できない．一方，$\mathbb{Q}(\mathbb{P})$ の元のうち非負表示（0 でない $\mathbb{Z}\mathbb{P}$ の元で非負係数を持つものの比）を持つもの全体のなす半体 $\mathbb{Q}_{\mathrm{sf}}(\mathbb{P})$ を考えると，単射でない φ に対しても，φ_1 の拡張である半体準同型写像 $\tilde{\varphi} \colon \mathbb{Q}_{\mathrm{sf}}(\mathbb{P}) \to \mathbb{Q}_{\mathrm{sf}}(\mathbb{P}')$ が一意的に定まる．なぜなら，非負表示の分母の φ_1 による像は，上の例のような $\mathbb{Z}\mathbb{P}$ における $\mathbb{Z}$ 係数のキャンセルがおこらず，0 とならないからである．

　以上を踏まえて，自由係数団パターンの特殊化を定式化する．

命題 2.22　$\boldsymbol{\Sigma}$ を基点 t_0 の自由係数団パターンとする．また，$\boldsymbol{\Sigma}'$ を $\boldsymbol{\Sigma}$ と共通の B パターンを持つ $\mathbb{P}$ 係数団パターンとする．

(1) 半体の特殊化

$$\begin{array}{cccc} \pi \colon & \mathbb{Q}_{\mathrm{sf}}(\mathbf{y}) & \to & \mathbb{P} \\ & y_i = y_{i;t_0} & \mapsto & y'_{i;t_0} \end{array} \tag{2.97}$$

に対して，以下が成り立つ．

$$\pi(y_{i;t}) = y'_{i;t}. \tag{2.98}$$

(2) (1) の π に対して，一意的に定まる半体準同型写像への拡張を

$$\tilde{\pi} \colon \mathbb{Q}_{\mathrm{sf}}(\mathbb{Q}_{\mathrm{sf}}(\mathbf{y})) \to \mathbb{Q}_{\mathrm{sf}}(\mathbb{P}) \tag{2.99}$$

とする．写像

$$\varphi \colon \mathcal{X}(\boldsymbol{\Sigma}) \to \mathbb{Q}(\mathbb{P})(\mathbf{x}'_{t_0}) \tag{2.100}$$

を，団変数 $x_{i;t} \in \mathcal{X}(\boldsymbol{\Sigma})$ に対して，有理関数 $x_{i;t} \in \mathbb{Q}(\mathbb{Q}_{\mathrm{sf}}(\mathbf{y}))(\mathbf{x}_{t_0})$ の非負表示を一つ選び，各係数 $a \in \mathbb{Q}_{\mathrm{sf}}(\mathbb{Q}_{\mathrm{sf}}(\mathbf{y}))$ を $\tilde{\pi}(a) \in \mathbb{Q}_{\mathrm{sf}}(\mathbb{P})$ で置き換え，$x_{i;t_0}$ を $x'_{i;t_0}$ で置き換えたもので定める．このとき，以下が成り立つ．

$$\varphi(x_{i;t}) = x'_{i;t}. \tag{2.101}$$

証明　(1) 係数の変異 (2.3) は準同型写像 π と可換であるので, (2.98) を得る.

(2) 団変数の変異 (2.5) は写像 φ と可換であるので, (2.101) を得る.　■

以上の結果をより平易に述べれば, 任意の係数を持つ団変数は, 自由係数を持つ団変数の係数の特殊化によって得ることができる. たとえば, (2.52)–(2.56) の結果を, 自由係数を持つ団変数と係数に対する結果だとみなすことができる一方で, 任意の係数半体と初期係数に対する結果と思うこともできる. 前者を後者のようにみなすことが上の命題の π と φ による特殊化に他ならない.

文献ノート

§2.1, §2.2：種子, 変異, 団パターン, 団代数などの基本概念は [CA1] で導入された. ただし, [CA1] ではラベルなし種子のみを扱っている. ここでは, それらを整理した [CA4] の用語と記法に基づいた. §2.3：ランク 2 の周期性も [CA1] で与えられた. §2.4：自由係数は [CA4] における一般の係数の特別な場合であるが, その重要性にもかかわらず文献ではとくに名称がない. これは不便であるので, [35] において自由係数という用語を導入した. 係数が普遍半体に属することから普遍係数 (universal coefficients) という用語がより自然であるが, これは [CA4] において別の意味で用いられているため用いなかった.

第**3**章
基本的な結果

この章では団代数論における最も基本的ないくつかの結果と例を与える.

3.1 ローラン現象

2.3 節のランク 2 の例で観察された団変数のローラン現象は，任意の団パターンに対して成り立つ．これは団代数における最も基本的な事実である．

定理 3.1（ローラン現象 [CA1]）　$\mathbb{P}$ を任意の半体として，Σ を任意の $\mathbb{P}$ 係数団パターンとする．t_0, t を $\mathbb{T}_n$ の頂点とする．このとき，t における任意の団変数 $x_{i;t}$ は t_0 における団 $\mathbf{x}_{t_0} = \mathbf{x}$ の $\mathbb{ZP}$ 係数ローラン多項式で表される．

以下の証明の流れは [CA1] にしたがう．

定義 3.2（互いに素）　$\mathbb{ZP}$ 係数の $\mathbf{x}$ の二つのローラン多項式が，$\mathbb{ZP}^\times = \{\pm 1\}\mathbb{P}$ 係数のローラン単項式以外の共通因子を持たないとき，**互いに素** (coprime) という．

命題 2.22 により，Σ は基点 t_0 の自由係数を持つと仮定してもかまわない．なぜなら，自由係数の団変数のローラン多項式表示の特殊化（命題 2.22 (2)）により，任意の係数の団変数のローラン多項式表示が得られるからである．したがって，以下この節の最後まで $\mathbb{P} = \mathbb{Q}_{\mathrm{sf}}(\mathbf{y})$，$\mathbf{y} = \mathbf{y}_{t_0}$ とする．定理 3.1 の証明においては，以下の補題が本質的である．

補題 3.3　　$\mathbb{T}_n$ の頂点 t_1, t_2, t_3 を以下のように隣接するものとして，$k \neq \ell$ とする.

$$\begin{array}{ccccccc}
& k & & \ell & & k & \\
\bullet & & \bullet & & \bullet & & \bullet \\
t_0 & & t_1 & & t_2 & & t_3
\end{array} \tag{3.1}$$

このとき，以下が成り立つ.

(1) 団変数 $x_{k;t_3}$ は，団 $\mathbf{x} = \mathbf{x}_{t_0}$ の $\mathbb{ZP}$ 係数ローラン多項式として表される.

(2) ローラン多項式環 $\mathbb{ZP}[\mathbf{x}^{\pm 1}]$ において，$x_{k;t_1}$ と $x_{k;t_3}$ は互いに素であり，また，$x_{k;t_1}$ と $x_{\ell;t_3}$ は互いに素である.

証明　　以下では，団変数を $\mathbb{QP}(\mathbf{x})$ の元とみなす.　$a, b \in \mathbb{QP}(\mathbf{x})$ に対して，$\mathbf{x}$ のある $\mathbb{ZP}^\times$ 係数ローラン単項式 m が存在して $a = mb$ となるとき，$a \sim b$ と表す.

(1) まず，

$$x_{k;t_1} = x_{k;t_0}^{-1} \left(\prod_{j=1}^{n} x_{j;t_0}^{[-b_{jk;t_0}]_+} \right) \frac{1 + \hat{y}_{k;t_0}}{1 \oplus y_{k;t_0}} \tag{3.2}$$

より，

$$x_{k;t_1} \sim 1 + \hat{y}_{k;t_0} \tag{3.3}$$

であることがわかる.　つぎに，命題 2.6 における ε 表示を用いて $x_{k;t_3}$ を表すと，

$$x_{k;t_3} = x_{k;t_2}^{-1} \left(\prod_{j=1}^{n} x_{j;t_2}^{[-\varepsilon b_{jk;t_2}]_+} \right) \frac{1 + \hat{y}_{k;t_2}^\varepsilon}{1 \oplus y_{k;t_2}^\varepsilon} \tag{3.4}$$

となる.　ここで，$x_{k;t_2} = x_{k;t_1}$ および $x_{i;t_2} = x_{i;t_0}$ $(i \neq k, \ell)$ に注意する.　0 でない整数 a に対して，$\mathrm{sgn}(a) = \pm 1$ を a の符号とする.　上の ε 表示における符号 $\varepsilon = \pm 1$ を，$b_{\ell k;t_0} \neq 0$ のときは

$$\varepsilon = \mathrm{sgn}(b_{\ell k;t_0}) = -\mathrm{sgn}(b_{\ell k;t_1}) = \mathrm{sgn}(b_{\ell k;t_2}) \tag{3.5}$$

と定め，$b_{\ell k;t_0} = 0$ のときは任意に定める．すると，$[-\varepsilon b_{\ell k;t_2}]_+ = 0$ であるので，

$$x_{k;t_3} \sim x_{\ell;t_2}^{[-\varepsilon b_{\ell k;t_2}]_+} \frac{1 + \hat{y}_{k;t_2}^{\varepsilon}}{x_{k;t_1}} \sim \frac{1 + \hat{y}_{k;t_2}^{\varepsilon}}{1 + \hat{y}_{k;t_0}} \tag{3.6}$$

となる．以下では，この式の右辺が $\mathbf{x}$ のローラン多項式であることを示す．再び命題 2.6 により，上と同じ符号 ε に対して，

$$\hat{y}_{\ell;t_1} = \hat{y}_{\ell;t_0} \hat{y}_{k;t_0}^{[\varepsilon b_{k\ell;t_0}]_+} (1 + \hat{y}_{k;t_0}^{\varepsilon})^{-b_{k\ell;t_0}} = \hat{y}_{\ell;t_0}(1 + \hat{y}_{k;t_0}^{\varepsilon})^{-b_{k\ell;t_0}}, \tag{3.7}$$

$$\hat{y}_{k;t_2} = \hat{y}_{k;t_1} \hat{y}_{\ell;t_1}^{[\varepsilon b_{\ell k;t_1}]_+} (1 + \hat{y}_{\ell;t_1}^{\varepsilon})^{-b_{\ell k;t_1}} = \hat{y}_{k;t_1}^{-1}(1 + \hat{y}_{\ell;t_1}^{\varepsilon})^{-b_{\ell k;t_1}} \tag{3.8}$$

となる．これより，$\hat{y}_{\ell;t_1}^{\varepsilon}, \hat{y}_{k;t_2}^{\varepsilon} \in \mathbb{ZP}[\mathbf{x}^{\pm 1}]$ であり，よって $1 + \hat{y}_{k;t_2}^{\varepsilon} \in \mathbb{ZP}[\mathbf{x}^{\pm 1}]$ であることがわかる．したがって，$\mathbb{ZP}[\mathbf{x}^{\pm 1}]$ において，$1 + \hat{y}_{k;t_2}^{\varepsilon}$ が $1 + \hat{y}_{k;t_0}$ によって割り切れることを示せばよい．$b_{\ell k;t_0} = 0$ のときは，(3.8) より $\hat{y}_{k;t_2}^{\varepsilon} = \hat{y}_{k;t_0}^{-\varepsilon}$ であるので主張は成り立つ．つぎに，$b_{\ell k;t_0} \neq 0$ とする．$1 + \hat{y}_{k;t_0}$ により生成される $\mathbb{ZP}[\mathbf{x}^{\pm 1}]$ のイデアルを I とおく．このとき，$1 + \hat{y}_{k;t_0}^{\pm \varepsilon} \in I$ に注意する．(3.7) より，$\hat{y}_{\ell;t_1}^{\varepsilon} \equiv 0 \mod I$ である．よって，(3.8) より，$\hat{y}_{k;t_2}^{\varepsilon} \equiv \hat{y}_{k;t_0}^{-\varepsilon} \mod I$ となる．したがって，

$$1 + \hat{y}_{k;t_2}^{\varepsilon} \equiv 1 + \hat{y}_{k;t_0}^{-\varepsilon} \equiv 0 \mod I \tag{3.9}$$

が得られる．

(2) ひきつづき，ε を (3.5) で定めた符号とする．このとき，

$$x_{\ell;t_3} = x_{\ell;t_2} \sim x_{k;t_1}^{[-\varepsilon b_{k\ell;t_1}]_+}(1 + \hat{y}_{\ell;t_1}^{\varepsilon}) = 1 + \hat{y}_{\ell;t_1}^{\varepsilon} \tag{3.10}$$

である．自由係数の仮定により，$y_{\ell;t_0} = y_\ell$ と $y_{k;t_0} = y_k$ は代数的独立であることに注意する．(3.7) と (3.8) より，以下が成り立つ．

(i) $1 + \hat{y}_{k;t_0}$ は，y_ℓ^{ε} に関して定数である．

(ii) $1 + \hat{y}_{\ell;t_1}^{\varepsilon}$ は y_ℓ^{ε} に関する二項式であり，定数項は 1 である．

(iii) $1 + \hat{y}_{k;t_2}^{\varepsilon}$ は y_ℓ^{ε} に関する多項式であり，定数項は $1 + \hat{y}_{k;t_0}^{-\varepsilon}$ である．

(i) と (ii) より, $x_{k;t_1} \sim 1 + \hat{y}_{k;t_0}$ と $x_{\ell;t_3} \sim 1 + \hat{y}^{\varepsilon}_{\ell;t_1}$ は $\mathbb{ZP}[\mathbf{x}^{\pm 1}]$ において互いに素である. また, $(1 + \hat{y}^{\varepsilon}_{k;t_2})/(1 + \hat{y}_{k;t_0})$ は (1) の証明より $\mathbb{ZP}[\mathbf{x}^{\pm 1}]$ の元であるが, さらに (i) と (iii) より, y^{ε}_{ℓ} の多項式となり, その定数項は $\varepsilon = 1$ のとき $\hat{y}^{-1}_{k;t_0}$ であり, また $\varepsilon = -1$ のとき 1 となる. これと (i) より, $x_{k;t_3} \sim (1 + \hat{y}^{\varepsilon}_{k;t_2})/(1 + \hat{y}_{k;t_0})$ と $x_{k;t_1} \sim 1 + \hat{y}_{k;t_0}$ は, $\mathbb{ZP}[\mathbf{x}^{\pm 1}]$ において互いに素である. ∎

上の補題を用いて, 定理 3.1 を証明する.

定理 3.1 の証明 $d = d(t_0, t)$ とおく. t_1, t_2, t_3 を (3.1) のものとする. まず, $d = 1$ のとき, $i \neq k$ に対して, $x_{i;t_1} = x_{i;t_0}$ であり, また,

$$x_{k;t_1} = x^{-1}_{k;t_0} \left(\prod_{j=1}^{n} x^{[-b_{jk;t_0}]_+}_{j;t_0} \right) \frac{1 + \hat{y}_{k;t_0}}{1 \oplus y_{k;t_0}} \tag{3.11}$$

であるので, これらは確かに $\mathbf{x}$ のローラン多項式である. $d = 2$ のときは, $x_{\ell;t_2}$ のみ考えればよく, 上と同様に確かめられる. $d = 3$ のときは, $x_{k;t_3}$ のみ考えればよく, これは補題 3.3 (1) で示されている. 以下では, 主張を $d \geq 3$ についての帰納法で示す. ただし, t は固定して t_0 を動かす. 主張が d まで正しいと仮定する. 以下のようなグラフを考える. ここで, $d(t_1, t) = d(t_3, t) = d$, $d(t_0, t) = d + 1$ とする.

$$\tag{3.12}$$

帰納法の仮定により, $x_{i;t}$ は $\mathbf{x}_{t_1}$ のローラン多項式として

$$x_{i;t} = x^{-a}_{k;t_1} f(\mathbf{x}_{t_1}) \quad (f(\mathbf{x}_{t_1}) \in \mathbb{ZP}[\mathbf{x}^{\pm 1}_{t_1}]) \tag{3.13}$$

と表せる. ただし, $a \geq 0$ は十分大きな整数で, $f(\mathbf{x}_{t_1})$ は $x_{k;t_1}$ の負べきを含まないとする. $x_{k;t_1}$ の表式 (3.11) を $f(\mathbf{x}_{t_1})$ に代入して,

$$x_{i;t} = x^{-a}_{k;t_1} \tilde{f}(\mathbf{x}) \quad (\tilde{f}(\mathbf{x}) \in \mathbb{ZP}[\mathbf{x}^{\pm 1}]) \tag{3.14}$$

を得る．一方，$x_{i;t}$ は $\mathbf{x}_{t_3}$ のローラン多項式として

$$x_{i;t} = x_{k;t_3}^{-b} x_{\ell;t_3}^{-c} g(\mathbf{x}_{t_3}) \quad (g(\mathbf{x}_{t_3}) \in \mathbb{ZP}[\mathbf{x}_{t_3}^{\pm 1}]) \tag{3.15}$$

と表せる．ただし，$b, c \geq 0$ は十分大きな整数で，$g(\mathbf{x}_{t_3})$ は $x_{k;t_3}$ と $x_{\ell;t_3}$ の負べきを含まないとする．$x_{k;t_3}$ と $x_{\ell;t_3}$ はそれぞれ $\mathbf{x}$ のローラン多項式として表されるので，それらを $g(\mathbf{x}_{t_3})$ に代入して，

$$x_{i;t} = x_{k;t_3}^{-b} x_{\ell;t_3}^{-c} \tilde{g}(\mathbf{x}) \quad (\tilde{g}(\mathbf{x}) \in \mathbb{ZP}[\mathbf{x}^{\pm 1}]) \tag{3.16}$$

を得る．(3.14) と (3.16) を比べて，$\mathbb{ZP}[\mathbf{x}^{\pm 1}]$ における等式

$$x_{k;t_3}^{b} x_{\ell;t_3}^{c} \tilde{f}(\mathbf{x}) = x_{k;t_1}^{a} \tilde{g}(\mathbf{x}) \tag{3.17}$$

が得られる．すると，補題 3.3 (2) により，$\mathbb{ZP}[\mathbf{x}^{\pm 1}]$ において，$\tilde{f}(\mathbf{x})$ は $x_{k;t_1}^{a}$ で割り切れる．したがって，(3.14) により，$x_{i;t} \in \mathbb{ZP}[\mathbf{x}^{\pm 1}]$ となる．　■

3.2　有限型の分類

　この節では，[CA2] で与えられた有限型団代数・団パターンの分類を証明なしに述べる．リー理論（リー代数やリー群に関する理論）やルート系になじみのない読者は詳細は気にせずに読み進めていただきたい．

　まず，リー理論の用語を導入する．以下の定義は定義 1.11 のリー理論における対応物である．（もちろん，こちらが先である．）

定義 3.4 (対称化可能行列)　　n 次正方整数行列 $A = (a_{ij})_{i,j=1}^{n}$ が**対称化可能** (symmetrizable) とは，対角成分が正の有理数の n 次対角行列 $D = \mathrm{diag}(d_1, \ldots, d_n)$ が存在して，DA が対称である，すなわち，

$$d_i a_{ij} = d_j a_{ji} \tag{3.18}$$

が成り立つことをいう．行列 D を A の**対称化子** (symmetrizer) という．対称化子は一意的ではない．とくに，整数対称行列は対称化可能であり，対称化子 $D = I$ を持つ．

定義 3.5（カルタン行列）　n 次正方整数行列 $A = (a_{ij})_{i,j=1}^n$ が以下をみた
すとき，**（一般）カルタン行列** ((generalized) Cartan matrix) という．

- 任意の i に対して，$a_{ii} = 2$ である．

- 任意の i, j $(i \neq j)$ に対して，$a_{ij} \leq 0$ であり，さらに，

$$a_{ij} < 0 \quad \Longleftrightarrow \quad a_{ji} < 0 \tag{3.19}$$

　が成り立つ．

　反対称化可能行列から対称化可能カルタン行列への多対 1 の対応を以下の
ように定める．

定義 3.6（対応するカルタン行列）　任意の反対称化可能行列 $B = (b_{ij})_{i,j=1}^n$
に対して，付随する対称化可能カルタン行列 $A = A(B)$ を

$$a_{ij} = \begin{cases} 2 & (i = j), \\ -|b_{ij}| & (i \neq j) \end{cases} \tag{3.20}$$

と定める．行列 $A(B)$ を B に**対応するカルタン行列** (Cartan counterpart)
という．このとき，B の反対称化子は $A(B)$ の対称化子となる．

例 3.7　2.3 節における A_2, B_2, G_2 型の初期交換行列 B_0 に対応するカル
タン行列 $A(B_0)$ はそれぞれ以下で与えられる．

$$\begin{pmatrix} 2 & -1 \\ -1 & 2 \end{pmatrix}, \quad \begin{pmatrix} 2 & -1 \\ -2 & 2 \end{pmatrix}, \quad \begin{pmatrix} 2 & -1 \\ -3 & 2 \end{pmatrix}. \tag{3.21}$$

これらは，以下で述べる A_2, B_2, G_2 型のカルタン行列と呼ばれるもので
ある．

　以下の図形は，半単純リー代数や結晶的ルート系の分類に現れる [2, 21].
頂点の番号のつけ方は [23] にしたがう．

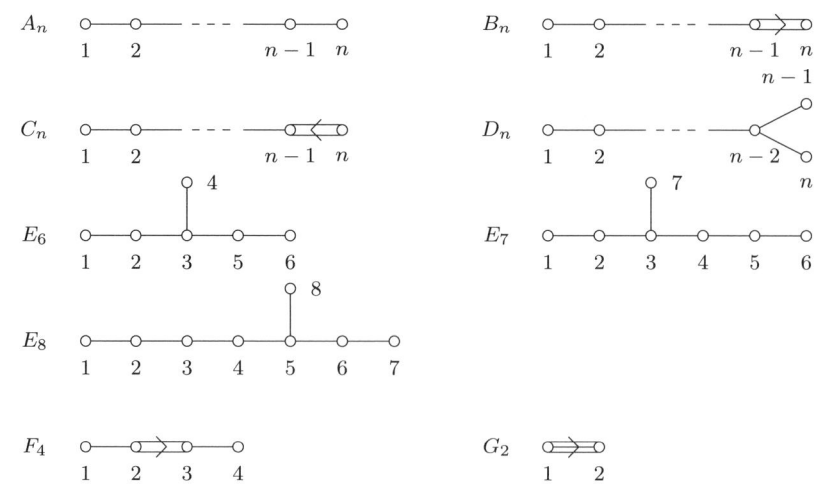

図 **3.1** 有限型ディンキン図.

定義 3.8（有限型ディンキン図） 図 3.1 で与えられるグラフを**有限型ディ****ンキン図** (Dynkin diagram of finite type) という．ここで，A_n $(n \geq 1)$，B_n $(n \geq 2)$，C_n $(n \geq 2)$，D_n $(n \geq 4)$ であり，B_2 と C_2 は頂点の番号の取り替えのもとで同一視する．$A_n, \ldots, G_2$ をディンキン図の**型** (type) といい，頂点の数 n を**ランク** (rank) という．

図 3.1 の X_n 型ディンキン図に対して，n 次正方整数行列 $A = A(X_n)$ を，対角成分 a_{ii} は 2，非対角成分は以下の規則で定める．

$$\begin{cases} a_{ij} = a_{ji} = 0 & (\ \underset{i}{\circ} \quad \underset{j}{\circ}\ ), \\ a_{ij} = a_{ji} = -1 & (\ \underset{i}{\circ}\!\!-\!\!\underset{j}{\circ}\ ), \\ a_{ij} = -1,\ a_{ji} = -2 & (\ \underset{i}{\overset{\Rightarrow}{\circ}}\,\underset{j}{\circ}\ ), \\ a_{ij} = -1,\ a_{ji} = -3 & (\ \underset{i}{\overset{\Rrightarrow}{\circ}}\,\underset{j}{\circ}\ ). \end{cases} \tag{3.22}$$

すると，行列 A は対称化可能カルタン行列になる．行列 A からさらに行と列の同時置換により得られる行列を含めて**有限型（X_n 型）カルタン行列**という．なお，これは [23] による流儀で，[2] では A はこの転置で定められる．

例 3.9 A_3, B_3, C_3 型のカルタン行列は（行と列の同時置換を除き）以下で与えられる.

$$\begin{pmatrix} 2 & -1 & 0 \\ -1 & 2 & -1 \\ 0 & -1 & 2 \end{pmatrix}, \quad \begin{pmatrix} 2 & -1 & 0 \\ -1 & 2 & -1 \\ 0 & -2 & 2 \end{pmatrix}, \quad \begin{pmatrix} 2 & -1 & 0 \\ -1 & 2 & -2 \\ 0 & -1 & 2 \end{pmatrix}. \quad (3.23)$$

分解不能な対称化可能カルタン行列 A に対して，以下の有限性条件はすべて同値であることが知られている [23].

(i) A は有限型である.

(ii) A に付随するカッツ・ムーディー代数は有限次元である.

(iii) A に付随するルート系は有限集合である.

(iv) A に付随するワイル群（コクセター群）は有限群である.

さらに，上のカッツ・ムーディー代数，ルート系，ワイル群の同型類はそれぞれ有限型ディンキン図で分類される．また，上の有限性の条件はつぎの条件とも同値である [23].

(v) A のすべての主小行列式が正である.

以下では，団代数・団パターンにおける有限性が，やはり同様に有限型ディンキン図で分類されることを説明する.

定義 3.10（有限型団パターン・団代数） 団パターン Σ の異なる種子が有限個であるとき，Σ および付随する団代数 $\mathcal{A}(\Sigma)$ は**有限型** (finite type) であるという.

注意 3.11 団パターン Σ が有限型であることと，Σ の異なる団が有限個であること（あるいは Σ の異なる団変数は有限個であること）は同値であることをのちに示す（定理 9.22）．必要性は明らかであるが，十分性は自明ではない.

以下の事実が知られている.

定理 3.12 ([CA2])　　団パターンが有限型であるための必要十分条件は，任意の $t \in \mathbb{T}_n$ とペア $i \neq j$ に対して $|b_{ij;t} b_{ji;t}| \leq 3$ となることである.

とくに，団パターンの有限性は，係数によらず B パターンのみで定まる.

定義 3.13 (強同型)　　$\mathbf{\Sigma}$ と $\mathbf{\Sigma}'$ は，共通のランク n と係数半体 $\mathbb{P}$ を持つ団パターンとする.

- $\mathbf{\Sigma}$ と $\mathbf{\Sigma}'$ に対して，ある $t, t' \in \mathbb{T}_n$ と置換 $\nu \in S_n$ が存在して，$(\mathbf{y}'_{t'}, B'_{t'}) = \nu(\mathbf{y}_t, B_t)$ となるとき，$\mathbf{\Sigma}$ と $\mathbf{\Sigma}'$ は**同型** (isomorphic) であるという.（団 $\mathbf{x}_t, \mathbf{x}'_{t'}$ に関する条件は含まれていないことに注意する.）

- $\mathbf{\Sigma}$ と $\mathbf{\Sigma}'$ が同型であるとき，団代数 $\mathcal{A}(\mathbf{\Sigma})$ と $\mathcal{A}(\mathbf{\Sigma}')$ は**強同型** (strongly isomorphic) であるという.

強同型という用語は，通常の $\mathbb{ZP}$ 代数としての同型と区別するためのものである. 実際，以下が成り立つ.

命題 3.14 ([CA2])　　$\mathcal{A}(\mathbf{\Sigma})$ と $\mathcal{A}(\mathbf{\Sigma}')$ が強同型であるならば，$\mathbb{ZP}$ 代数として同型である.

証明　　仮定により，ある $t_0, t_1 \in \mathbb{T}_n$ と置換 $\nu \in S_n$ が存在して，$(\mathbf{y}'_{t_1}, B'_{t_1}) = \nu(\mathbf{y}_{t_0}, B_{t_0})$ となる. ここで，団パターン $\nu \mathbf{\Sigma} = \{\nu \Sigma_t\}$ を考える. すると，対応 $\mathbf{x}'_{t_1} \mapsto \nu \mathbf{x}_{t_0}$ は $\mathbb{ZP}$ 代数の同型 $\mathcal{A}(\mathbf{\Sigma}') \simeq \mathcal{A}(\nu \mathbf{\Sigma})$ を誘導する. 一方，命題 2.8 により，$\nu \mathbf{\Sigma}$ の団変数の集合 $\mathcal{X}(\nu \mathbf{\Sigma})$ は $\mathcal{X}(\mathbf{\Sigma})$ と等しいので，$\mathcal{A}(\nu \mathbf{\Sigma}) = \mathcal{A}(\mathbf{\Sigma})$ である. よって，$\mathcal{A}(\mathbf{\Sigma}')$ と $\mathcal{A}(\mathbf{\Sigma})$ は同型である. ■

以上を踏まえて，有限型団パターン・団代数の分類について述べる. 命題 2.15 より，交換行列が分解不能な場合を考えれば十分である.

定理 3.15 (有限型団パターン・団代数の分類 [CA2])　　交換行列が分解不能である団パターンに対して，以下が成り立つ.

(1) 団パターン $\mathbf{\Sigma}$ が有限型であるための必要十分条件は，ある $t \in \mathbb{T}_n$ が存在して B_t に対応するカルタン行列 $A(B_t)$ が有限型となることである.

(2) (1) において，$A(B_t)$ の型は t のとり方によらない. すなわち，異なる t, t' に対して異なる型の有限型カルタン行列が対応することはない.

上の定理により，有限型団パターンの同型類および有限型団代数の強同型に関する同型類に対して，(1) のカルタン行列の型が一意的に定まることがわかる．これを，それぞれの同型類の**ディンキン型** (Dynkin type) という．2.2 節および 2.3 節で，すでにこの型を用いた．

一方，同じディンキン型を持つ二つの有限型団パターンは，一般には同型ではない．なぜなら，係数半体 $\mathbb{P}$ と係数 $\mathbf{y}_t$ のとり方による違いがあるからである．しかし，これらは同じディンキン型の自由係数団パターンから命題 2.22 における特殊化により得られる一つの族をなす．この意味で，有限型団パターンは有限型ディンキン図により分類される．

以下では，上の分類と関連する有限型団代数とルート系の関係について証明をせずにふれておく．

定義 3.16（分母ベクトル，非初期団変数）　Σ を t_0 を初期頂点に持つ団パターンとする．

- 任意の団変数 $x_{i;t}$ に対して，$x_{i;t}$ の初期変数 $\mathbf{x}_{t_0}$ によるローラン多項式表示における変数 $x_{j;t_0}$ に関する最小次数を $-d_{ji;t}$ とおく．これにより定まる整数ベクトル $\mathbf{d}_{i;t} = (d_{ji;t})_{j=1}^n$ を $x_{i;t}$ の**分母ベクトル** (denominator vector)，あるいは，d**ベクトル** (d-vector) という．とくに，初期変数 $x_{i;t_0}$ に対して，$\mathbf{d}_{i;t_0} = -\mathbf{e}_i$ である．ただし，$\mathbf{e}_i$ は第 i 単位ベクトルである．

- 団変数 $x_{i;t}$ が初期変数 $x_{1;t_0}, \ldots, x_{n;t_0}$ のどれとも一致しないとき，$x_{i;t}$ は**非初期団変数** (non-initial cluster variable) という．$t \neq t_0$ であっても非初期とはかぎらないことに注意する．

例 3.17　2.3 節の例において，非初期団変数の分母ベクトルは以下で尽くされる．

$$(A_2) : (1,0), (1,1), (0,1), \tag{3.24}$$

$$(B_2) : (1,0), (1,1), (1,2), (0,1), \tag{3.25}$$

$$(G_2) : (1,0), (1,1), (1,2), (1,3), (2,3), (0,1). \tag{3.26}$$

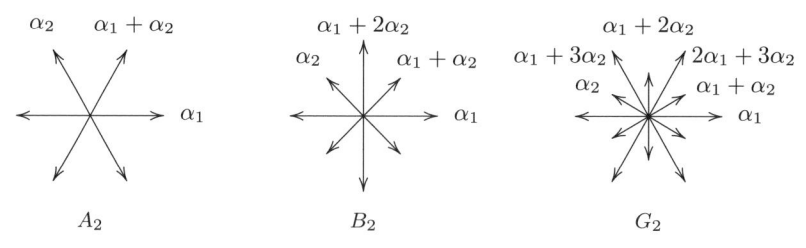

図 3.2 ランク 2 のルート系. α_1, α_2 は単純ルートであり, 正ルートは単純ルートの正整数係数の線形結合で表される.

これらは, 対応するルート系の正ルートと対応 $\mathbf{d} \mapsto \alpha = d_1\alpha_1 + d_2\alpha_2$ により 1 対 1 に対応する (図 3.2 参照).

上の現象は任意の有限型団パターンに対して一般化される.

定理 3.18 ([CA2]) $\boldsymbol{\Sigma}$ を有限型の団パターンとして, 初期頂点 t_0 を交換行列 B_{t_0} に対応するカルタン行列 $A(B_{t_0})$ が有限型であるように選ぶ. このとき, 任意の非初期団変数の分母ベクトルは, $\boldsymbol{\Sigma}$ のディンキン型に対応するルート系の正ベクトルと 1 対 1 に対応する.

3.3 幾何型団代数

この節では, 係数半体がトロピカル半体であるような団パターン・団代数について考える. これは団代数の種々の応用において重要となる.

$\mathrm{Trop}(\mathbf{u})$ を例 1.4 におけるトロピカル半体とする.

✍ **分母ベクトルは本当に分母か？**

分母ベクトルという名前は, これらが非初期団変数のローラン多項式表示の分母の指数であることを想定してつけられた [13]. すなわち, 分母ベクトルの各成分は非負整数であることが当初より期待された. 実際, 定理 3.18 により有限型団パターンに対してはこれは正しい. 一方, 一般の団パターンに対しては長らく未解決問題であったが, Cao-Li [5] により解決された.

定義 3.19 (幾何型団パターン・団代数・係数)　　団パターン $\boldsymbol{\Sigma}$ の係数半体がトロピカル半体 $\mathrm{Trop}(\mathbf{u})$ であるとき，$\boldsymbol{\Sigma}$ および付随する団代数 $\mathcal{A}(\boldsymbol{\Sigma})$ は**幾何型** (geometric type) であるという．ただし，変数 $\mathbf{u} = (u_1, \ldots, u_m)$ の数 m と団パターン・団代数のランク n は一致する必要はない．また，$\boldsymbol{\Sigma}$ の係数を**幾何型係数** (coefficients of geometric type) という．

　$\boldsymbol{\Sigma}$ を幾何型団パターンとする．$\mathrm{Trop}(\mathbf{u})$ の元は，$\mathbf{u}$ の係数 1 のローラン単項式であった．したがって，$\boldsymbol{\Sigma}$ の $t \in \mathbb{T}_n$ における係数 $y_{i;t}$ は

$$y_{i;t} = \prod_{j=1}^{m} u_j^{\tilde{c}_{ji;t}} \quad (i = 1, \ldots, n) \tag{3.27}$$

と表される．これにより，各 $t \in \mathbb{T}_n$ に対して $m \times n$ 整数行列 $\tilde{C}_t = (\tilde{c}_{ij;t})$ が定まり，係数組 $\mathbf{y}_t$ と行列 $\tilde{C}_t$ を同一視できる．($\tilde{C}_t$ という記号を用いたのは，のちに現れる C 行列 C_t（定義 4.3）と区別するためである．C_t は $\tilde{C}_t$ の特別な場合である．）このとき，係数の変異 (2.3) は以下のように翻訳される．

命題 3.20　　k 隣接の頂点 $t, t' \in \mathbb{T}_n$ に対して，以下の変異式が成り立つ．

$$\tilde{c}_{ij;t'} = \begin{cases} -\tilde{c}_{ik;t} & (j = k), \\ \tilde{c}_{ij;t} + \tilde{c}_{ik;t}[b_{kj;t}]_+ + [-\tilde{c}_{ik;t}]_+ b_{kj;t} & (j \neq k). \end{cases} \tag{3.28}$$

証明　任意の整数 a に対して，

$$\min(0, a) = -[-a]_+ \tag{3.29}$$

が成り立つ．よって，トロピカル和 (1.23) の定義により，

$$1 \oplus y_{k;t} = \prod_{i=1}^{m} u_i^{-[-\tilde{c}_{ik;t}]_+} \tag{3.30}$$

となる．(2.3) の添字 i を j に置き換え，(3.30) を代入して，u_i の指数を比較すると (3.28) が得られる．　　　　　　　　　　　　　　　　　■

　公式 (3.28) は，交換行列 B_t の変異 (2.4) と類似していることに注目する．そこで，$(n + m) \times n$ 行列

$$\tilde{B}_t = \begin{pmatrix} B_t \\ \tilde{C}_t \end{pmatrix} \tag{3.31}$$

を導入し, これを Σ の**拡大交換行列** (extended exchange matrix) という. 記号の濫用になるが, 行列 $\tilde{B}_t$ の (i, j) 成分を b_{ij} と表す. すると, 変異式 (2.4) と (3.28) をまとめて, 単一の行列 $\tilde{B}_t$ の変異として以下のように記述することができる.

$$b_{ij;t'} = \begin{cases} -b_{ij;t} & (i = k \text{ または } j = k), \\ b_{ij;t} + b_{ik;t}[b_{kj;t}]_+ + [-b_{ik;t}]_+ b_{kj;t} & (i, j \neq k). \end{cases} \tag{3.32}$$

ただし, $i \in \{1, \ldots, n+m\}$, $j, k \in \{1, \ldots, n\}$ である.

つぎに, 団変数の変異を見てみよう. (3.30) により,

$$\frac{y_{k;t}}{1 \oplus y_{k;t}} = \prod_{j=1}^{m} u_j^{[\tilde{c}_{jk;t}]_+}, \quad \frac{1}{1 \oplus y_{k;t}} = \prod_{j=1}^{m} u_j^{[-\tilde{c}_{jk;t}]_+} \tag{3.33}$$

となる. よって, (2.5) を書き直して

$$x_{i;t'} = \begin{cases} \dfrac{1}{x_{k;t}} \left(\prod_{j=1}^{m} u_j^{[\tilde{c}_{jk;t}]_+} \prod_{j=1}^{n} x_{j;t}^{[b_{jk;t}]_+} + \prod_{j=1}^{m} u_j^{[-\tilde{c}_{jk;t}]_+} \prod_{j=1}^{n} x_{j;t}^{[-b_{jk;t}]_+} \right) & \\ & (i = k), \\ x_{i;t} \quad (i \neq k) \end{cases} \tag{3.34}$$

> ✍ **幾何型の名前の由来は?**
>
> 幾何型という用語は [CA1] で導入された. この用語の由来について, 以前 Zelevinsky 氏に直接尋ねたところ, 「この種の団代数は, しばしば何らかの代数多様体の座標環として現れ, これを団代数の幾何実現 (geometric realization) と呼ぶことに対応している」という答えであった. ただし, 任意の幾何型団代数が幾何実現を持つことが示されているわけではなく, また期待されているわけでもない.

となる. 以上より, 幾何型係数 $\mathbf{y}_t$ の情報は拡大交換行列 $\tilde{B}_t$ の下部 $\tilde{C}_t$ に完全に置き換えることができた. さらに, この観点をより完全にするため, **拡大団** (extended cluster)

$$\tilde{\mathbf{x}}_t = (x_{1;t}, \ldots, x_{n+m;t}) := (x_{1;t}, \ldots, x_{n;t}, u_1, \ldots, u_m) \tag{3.35}$$

を導入する. すると, $k = 1, \ldots, n$ に対して, 変異 (3.34) は,

$$x_{i;t'} = \begin{cases} \dfrac{1}{x_{k;t}} \left(\displaystyle\prod_{j=1}^{n+m} x_{j;t}^{[b_{jk;t}]_+} + \prod_{j=1}^{n+m} x_{j;t}^{[-b_{jk;t}]_+} \right) & (i = k), \\ x_{i;t} & (i \neq k) \end{cases} \tag{3.36}$$

と表せる. これは, 無係数団変数の変異と形式的に一致する.

以上をもとに, 幾何型団パターン $\boldsymbol{\Sigma}$ をランク $n+m$ の無係数団パターンの一部として再定式化する. まず, 初期拡大交換行列 $\tilde{B}_{t_0}$ を $n+m$ 次反対称化可能行列へとさらに拡大する. そのような拡大は反対称化子のとり方に依存するので一意的ではないが, 以下に一つの例を与える. D を B_{t_0} の任意の整数反対称化子として, d を D の対角成分の最小公倍数とする. このとき, 行列

$$\overline{B}_{t_0} = \begin{pmatrix} B_{t_0} & -D^{-1} d \tilde{C}_{t_0}^T \\ \tilde{C}_{t_0} & O \end{pmatrix} \tag{3.37}$$

は反対称化可能行列であり, 反対称化子は $\overline{D} = D \oplus dI_m$ で与えられる. (因子 d は, 行列 $\overline{B}_{t_0}$ が整数行列であることを保証する.) $\mathbb{T}_{n+m}$ の初期頂点 t_0 を任意に定め, $\mathbb{T}_n$ を t_0 を含み, t_0 とラベルが $1, \ldots, n$ の辺で次々とつながっている頂点全体のなす $\mathbb{T}_{n+m}$ の部分木と同一視する. すると, 幾何型団パターン $\boldsymbol{\Sigma}$ は, $(\tilde{\mathbf{x}}_{t_0}, \overline{B}_{t_0})$ を初期種子に持つ $\mathbb{T}_{n+m}$ 上の無係数団パターンを部分木 $\mathbb{T}_n$ に制限したものと等価となる. このとき, 変異を受けない変数 $x_{n+1;t} = x_{n+1}, \ldots, x_{n+m;t} = x_{n+m}$ を**凍結変数** (frozen variables) という. $\mathbb{T}_n$ に制限された団パターンのランクは n と定める. また, 行列 $\overline{B}_t$ の右半分は (3.32) と (3.36) の変異のいずれにも影響しないので, 種子 $(\tilde{\mathbf{x}}_t, \overline{B}_t)$ を $(\tilde{\mathbf{x}}_t, \tilde{B}_t)$ に置き換えても情報は失われない. 文脈に応じて, $(\tilde{\mathbf{x}}_t, \tilde{B}_t)$ または $(\tilde{\mathbf{x}}_t, \overline{B}_t)$ を**拡大種子** (extended seed) という.

以上の結果を命題としてまとめる.

命題 3.21 幾何型団パターンは以下の二つの等価な実現を持つ.

- $\mathrm{Trop}(\mathbf{u})$ 係数の種子 $(\mathbf{x}_t, \mathbf{y}_t, B_t)$ からなる団パターン（もともとの定義）.

- 凍結変数 $x_{n+1}, \ldots, x_{n+m}$ を持つ拡大種子 $(\tilde{\mathbf{x}}_t, \tilde{B}_t)$ または $(\tilde{\mathbf{x}}_t, \overline{B}_t)$ からなる団パターン（団変数の変異は (3.36) で与えられる）.

少し細かい点になるが，この二つの実現は団パターンとしては等価であるが，係数半体が異なることから，対応する団代数には差異が出てくる．はじめに，半体 $\mathbb{P} = \mathrm{Trop}(\mathbf{u})$ に対して，群環 $\mathbb{Z}\mathbb{P}$ はローラン多項式環 $\mathbb{Z}[\mathbf{u}^{\pm 1}]$ と同一視されることに注意をする．すると，前者の実現においては，対応する団代数は

$$\mathcal{A} = \mathbb{Z}[\mathbf{u}^{\pm 1}][\mathbf{x}_t \mid t \in \mathbb{T}_n] = \mathbb{Z}[\mathbf{x}_t, \mathbf{u}^{\pm 1} \mid t \in \mathbb{T}_n] \tag{3.38}$$

となる．一方，後者の実現においては，凍結変数も団変数と対等とみなすのが自然であり，対応する団代数は

$$\mathcal{A} = \mathbb{Z}[\tilde{\mathbf{x}}_t \mid t \in \mathbb{T}_n] = \mathbb{Z}[\mathbf{x}_t, \mathbf{u} \mid t \in \mathbb{T}_n] \tag{3.39}$$

となる．したがって，団代数を論じる場合はどの意味で考えるかに注意をする必要がある．

幾何型団パターンに対して，定理 3.1 の主張は

$$x_{i;t} \in \mathbb{Z}[\mathbf{u}^{\pm 1}][\mathbf{x}_{t_0}^{\pm 1}] = \mathbb{Z}[\mathbf{x}_{t_0}^{\pm 1}, \mathbf{u}^{\pm 1}] \tag{3.40}$$

となる．実際には，以下のより強い形のローラン現象が成り立つ.

定理 3.22 ([CA2])　任意の幾何型団パターンに対して，

$$x_{i;t} \in \mathbb{Z}[\mathbf{x}_{t_0}^{\pm 1}, \mathbf{u}] \tag{3.41}$$

が成り立つ.

証明　以下のより強い主張を示せば十分である.

主張 各 j に対して，団変数 $x_{i;t}$ は u_j に関する多項式であり，その定数項は $\mathbf{x}_{t_0}^{\pm 1}$ および u_j 以外の $\mathbf{u}$ の変数の非負表示を持つ 0 でない多項式である．

　この主張を，$\mathbb{T}_n$ における距離 $d = d(t_0, t)$ に関する帰納法で示す．$d = 0$ のときは，$x_{i;t} = x_i$ であり，主張は成り立つ．主張が $d = d(t_0, t)$ で成り立つとする．$t' \in \mathbb{T}_n$ を t と k 隣接である頂点とするとき，主張を $x_{k;t'}$ に対して示せばよい．各 j に対して，$[\tilde{c}_{jk;t}]_+$ または $[-\tilde{c}_{jk;t}]_+$ の少なくとも一つは 0 である．したがって，帰納法の仮定により，(3.34) の第一の場合における分子は u_j についての多項式であり，その定数項は $\mathbf{x}_{t_0}^{\pm 1}$ および u_j 以外の $\mathbf{u}$ の変数の非負表示を持つ 0 でない多項式である．（$\tilde{c}_{jk;t} = 0$ の場合でも，非負表示の仮定より，それぞれの定数がキャンセルして 0 となることはない，というのが議論のポイントである．）また，同じ式の分母 $x_{k;t}$ も同じ性質を持つ．定理 3.1 より，すでに $x_{k;t'} \in \mathbb{Z}[\mathbf{x}_{t_0}^{\pm 1}, \mathbf{u}^{\pm 1}]$ であることを知っているので，分母は分子を割り切り，$x_{k;t'}$ は主張をみたすことがわかる． ■

注意 3.23　　上の証明の主張は，$x_{i;t}$ の $\mathbf{u}$ に関する定数項が非負表示を持つことは意味しない．たとえば，$u_1 + u_2$ は，各 u_i については定数項は非負表示を持つが，$\mathbf{u}$ に関する定数項は 0 である．

3.4　グラスマン多様体 $\mathrm{Gr}(2,5)$

　（幾何型）団代数がリー理論において自然に現れる最も簡単な例を見てみよう．この例は，同時に団代数の曲面の三角形分割による実現の最も簡単な例でもあり，すでに見た A_2 型団代数の五角周期の「五角形による」幾何的な解釈を与える．

　まず，グラスマン多様体の特別な場合である $\mathrm{Gr}(2,5)$ に関する基本的な事項を簡潔にまとめる．詳細については，たとえば [15] を参考にされたい．

定義 3.24（グラスマン多様体 $\mathrm{Gr}(2,5)$）

- 手短に言えば，**グラスマン多様体** (Grassmannian) $\mathrm{Gr}(2,5)$ とは，体 $\mathbb{C}$ 上の 5 次元ベクトル空間 V の 2 次元部分空間全体のなす複素射影多

様体である．（同様にして，$k \leq n$ に対して，一般のグラスマン多様体 $\mathrm{Gr}(k, n)$ が定まる．）

- $\mathrm{Gr}(2, 5)$ の元である 2 次元部分空間は，その基底を並べて得られるランク 2 の 2×5 複素行列 $M = (m_{ij})$ の $GL(2, \mathbb{C})$ の左からの積による作用による軌道と同一視される．ここで，$GL(2, \mathbb{C})$ は，2 次複素正則行列のなす群（一般線形群）である．これより，$\dim \mathrm{Gr}(2, 5) = 10 - 4 = 6$ であることがわかる．

- 上の行列 M とペア (i, j) $(1 \leq i < j \leq 5)$ に対して，

$$p_{ij} = p_{ij}(M) := \begin{vmatrix} m_{1i} & m_{1j} \\ m_{2i} & m_{2j} \end{vmatrix} \tag{3.42}$$

とおき，写像 $\eta \colon \mathrm{Gr}(2, 5) \to \mathbb{CP}^9$ を

$$\eta \colon M \mapsto [p_{12} : p_{13} : \cdots : p_{45}] \tag{3.43}$$

と定める．ここで，$[z_1 : \cdots : z_{10}]$ は複素射影空間 $\mathbb{CP}^9$ の斉次（同次）座標である．写像 η は単射となる．これを $\mathrm{Gr}(2, 5)$ の $\mathbb{CP}^9$ への**プリュッカー埋込み** (Plücker embedding) という．また，p_{ij} を**プリュッカー座標** (Plücker coordinates) という．

- $1 \leq i < j < k < \ell \leq 5$ に対して，プリュッカー座標は関係式

$$R_{ijk\ell} \colon \ p_{ij} p_{k\ell} - p_{ik} p_{j\ell} + p_{i\ell} p_{jk} = 0 \tag{3.44}$$

をみたす．これを**プリュッカー関係式** (Plücker relation) という．合わせて五つのプリュッカー関係式 $R_{1234}, R_{1235}, R_{1245}, R_{1345}, R_{2345}$ が得られる．

- $\mathrm{Gr}(2, 5)$ の斉次座標環は

$$\mathbb{C}[\mathrm{Gr}(2, 5)] = \mathbb{C}[\mathbf{P}]/I_R, \quad \mathbf{P} = (p_{ij})_{1 \leq i < j \leq 5} \tag{3.45}$$

で与えられる. ここで, I_R はプリュッカー関係式たちで生成される斉次イデアルである. このとき, I_R は素イデアルである. したがって, $\mathrm{Gr}(2,5)$ は $\mathbb{CP}^9$ における射影多様体となる.

- 代わりに, $\mathrm{Gr}(2,5)$ のアフィン錘 $\widehat{\mathrm{Gr}}(2,5)$ を考えることもある. これは, 複素アフィン空間 $\mathbb{A}^{10}$ において同じプリュッカー関係式 (3.44) で定められるアフィン多様体であり, その座標環は (3.45) と同じく

$$\mathbb{C}[\widehat{\mathrm{Gr}}(2,5)] = \mathbb{C}[\mathbf{P}]/I_R \tag{3.46}$$

で与えられる. ただし, (3.45) では環は次数付き環とみなすのに対し, (3.46) では次数付けを忘れてただの環とみなす.

以下では, 座標環 $\mathbb{C}[\mathrm{Gr}(2,5)]$ (あるいは次数付けを忘れて $\mathbb{C}[\widehat{\mathrm{Gr}}(2,5)]$) は, (幾何型) 団代数構造を持つことを示す. そのために, 幾何型団パターン $\mathbf{\Sigma}$ として, 二つの団変数 $x_{1;t}$, $x_{2;t}$ と五つの凍結変数 $x_a, \dots, x_e$ を持ち, 初期拡大交換行列 $\tilde{B}_0$ が

$$\tilde{B}_0 = \begin{pmatrix} 0 & -1 \\ 1 & 0 \\ \hline -1 & 0 \\ 1 & 0 \\ -1 & 1 \\ 0 & -1 \\ 0 & 1 \end{pmatrix}, \qquad \tilde{Q}_0 = \tag{3.47}$$

であるものを考える. ここで, $\tilde{Q}_0$ は $\tilde{B}_0$ に対応する**拡大箙** (extended quiver) であり, 頂点 1, 2 においてのみ変異を行う. 頂点 a, b, c, d, e を**凍結頂点** (frozen vertex) という. $\mathbf{\Sigma}$ は A_2 型の団パターンであることに注意をする.

団パターン $\mathbf{\Sigma}$ は五角形の**三角形分割** (triangulation) により幾何的に実現できることを示そう. まず, 箙 $\tilde{Q}_0$ に対応する以下のような五角形の三角形分割を考える.

$$T_0 = \quad$$ 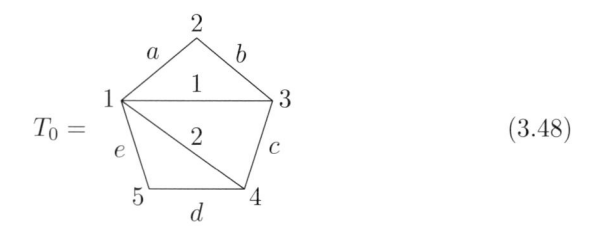 $$\quad (3.48)$$

そして，図のように，$\tilde{Q}_0$ の凍結頂点 a, b, c, d, e を五角形の辺に，凍結され
ていない頂点 $1, 2$ を対角線に対応させる．このとき，T_0 内の各三角形に $\tilde{Q}_0$
の矢を以下の規則で対応させると $\tilde{Q}_0$ が再現される．

$$(3.49)$$

ただし，凍結頂点の間の矢（たとえば，$a \to b$）は描かないことにする．（前
節で見たように，これらは種子 $(\tilde{\mathbf{x}}_t, \tilde{B}_t)$ の変異には実質的には関与しないの
で無視して差し支えない．）

　さらに種子の変異についても，この三角形分割を用いて図形的に表示する
ことができる．たとえば，$\tilde{Q}_0$ の頂点 1 における変異 $\tilde{Q}_1$ は以下のようにな
る．ただし，ひきつづき凍結頂点の間の矢は省く．

$$\tilde{Q}_1 = \quad\quad (3.50)$$

これに対応する五角形の三角形分割 T_1 は以下のようになる．

$$T_1 = \quad\quad (3.51)$$

一般に，四角形において，一つの対角線をもう一方の対角線に置き換える操作をフリップ (flip) という．すると，T_1 は T_0 における対角線 1 をそれを含む四角形の中でフリップして得られる．一方，対角線 1 に対応する団変数 x_1 の変異は

$$x_1' = \frac{x_b x_2 + x_a x_c}{x_1} \tag{3.52}$$

となる．これを書き直すと，

$$x_1 x_1' = x_b x_2 + x_a x_c \tag{3.53}$$

となる．これは (1.5) のトレミーの定理に他ならない．したがって，五角形のすべての頂点が同一円周上にあるとすると，団変数 $x_{i;t}$ を，対応する対角線の長さ，あるいはそれを初期団変数 $x_{1;0}$, $x_{2;0}$ および辺 $x_a, \ldots, x_e$ の長さのローラン多項式関数として表したものとみなすことができる．

ラベル 1 と 2 について交互に 5 回変異を行うことによって得られるデータを表 3.1 に与える．これを見ると，三角形分割 T_5 は初期三角形分割 T_0 と同じ分割で，対角線のラベル 1 と 2 が入れ替わったものになっている．これは，例 2.17 で見た A_2 型の五角周期性に他ならない．実際，これが五角周期性の名前の由来である．

$\mathcal{A}$ を Σ に付随する（(3.39) の意味での）団代数とする．(3.45) の座標環 $\mathbb{C}[\mathrm{Gr}(2,5)]$ と合わせるために，基礎環 $\mathbb{Z}$ を $\mathbb{C}$ に置き換える．例 2.17 の結果より，

$$\mathcal{A} = \mathbb{C}[x_{1;0}, x_{2;0}, x_{1;1}, x_{2;2}, x_{1;3}, x_a, \ldots, x_e] \tag{3.54}$$

である．(3.54) におけるすべての生成元の次数を 1 として，これを次数付き環とみなす．以下が本節の結論である．

定理 3.25 ([CA1, CA2]) $\quad \mathbb{C}[\mathrm{Gr}(2,5)]$ は (3.54) の団代数 $\mathcal{A}$ と次数付き環として同型である．したがって，$\mathbb{C}[\mathrm{Gr}(2,5)]$ は団代数構造を持つ．

証明 $\quad T_t$ において，両端が頂点 i, j である弦（対角線または辺）を $[ij]$ と表す．$\mathcal{A}$ の団変数および凍結変数を以下のようにラベル付けする．

表 **3.1** 拡大交換行列の変異.

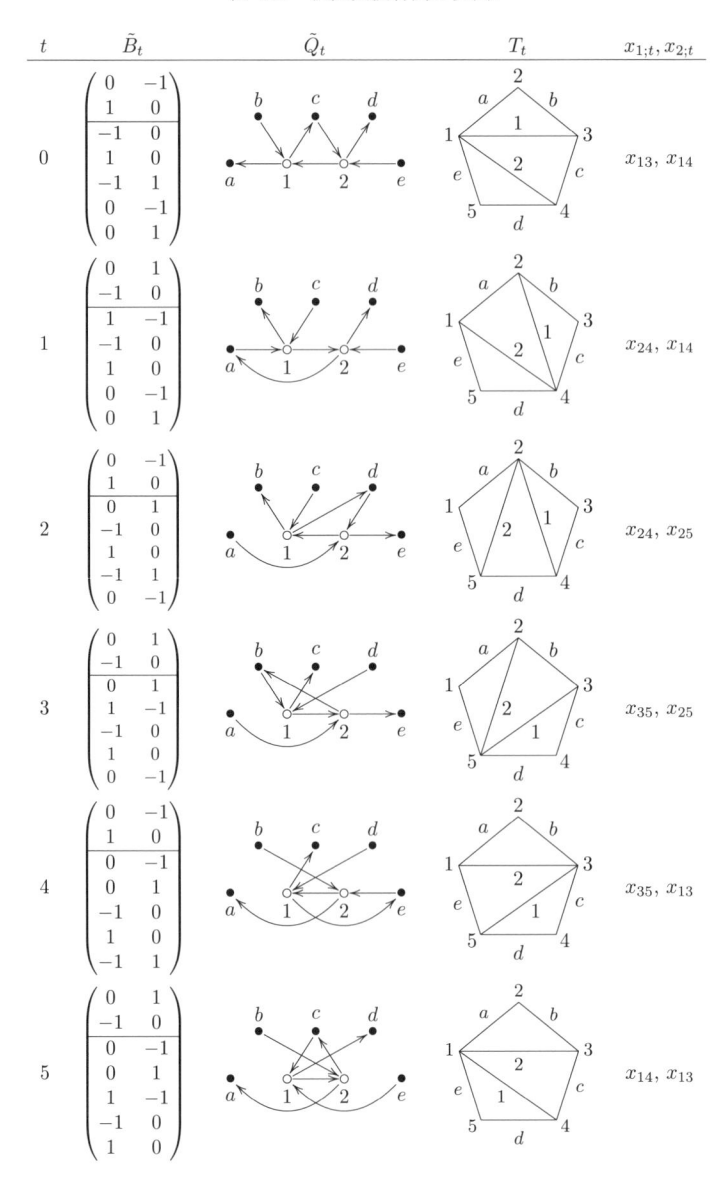

t	$\tilde{B}_t$	$\tilde{Q}_t$	T_t	$x_{1;t}, x_{2;t}$
0				x_{13}, x_{14}
1				x_{24}, x_{14}
2				x_{24}, x_{25}
3				x_{35}, x_{25}
4				x_{35}, x_{13}
5				x_{14}, x_{13}

- 凍結変数 x_i $(i = a, \ldots, e)$ については，辺 i が $[jk]$ であるとき x_{jk} とおく．具体的には，

$$x_a = x_{12},\ x_b = x_{23},\ x_c = x_{34},\ x_d = x_{45},\ x_e = x_{15}. \tag{3.55}$$

- 団変数 $x_{i;t}$ $(i = 1, 2)$ については，表 3.1 の T_t において対角線 i が $[jk]$ であるとき x_{jk} とおく．（表 3.1 の右端の列参照．）とくに，

$$x_{1;0} = x_{13},\ x_{2;0} = x_{14},\ x_{1;1} = x_{24},\ x_{2;2} = x_{25},\ x_{1;3} = x_{35}. \tag{3.56}$$

すると，

$$\mathcal{A} = \mathbb{C}[\mathbf{X}], \quad \mathbf{X} = (x_{ij})_{1 \le i < j \le 5} \tag{3.57}$$

となる．一方，(3.53) より，$t = 0$ から 1 への団変数の変異はプリュッカー関係式

$$R_{1234}: \quad x_{13}x_{24} = x_{14}x_{23} + x_{12}x_{34} \tag{3.58}$$

と同一視できる．同様にして，$t = 1$ から 5 までの変異はそれぞれプリュッカー関係式 $R_{1245}, R_{2345}, R_{1235}, R_{1345}$ と同一視できる．したがって，次数付き環の準同型写像

$$\begin{array}{ccc} \varphi: & \mathbb{C}[\mathrm{Gr}(2,5)] = \mathbb{C}[\mathbf{P}]/I_R & \to & \mathcal{A} = \mathbb{C}[\mathbf{X}] \\ & p_{ij} & \mapsto & x_{ij} \end{array} \tag{3.59}$$

を得る．φ は明らかに全射である．φ の単射性を見るためには，以下の事実を用いる．

✍ 団代数の曲面実現

A_2 型団パターンの五角形の三角形分割による実現は，境界と穴を持つリーマン面の三角形分割に対して一般化される [9]．これを団パターンの曲面実現 (surface realization) という．たとえば，A_n 型の団パターンは $(n+3)$ 角形の三角形分割により実現される．また，曲面実現を持つ団パターンの分類は [9] で得られている．

- I_R は素イデアルである（定義 3.24）.

- とくに，I_R は $\mathbf{P}$ の単項式を含まない.（もし，含んだとすると I_R の定義よりその次数は 2 以上でなければならないが，それは I_R が素イデアルであることと矛盾する.）

$\mathbf{P} = (p_{ij})$ の多項式 $F(\mathbf{P})$ が $\mathrm{Ker}\,\varphi$ に属するとする. すると，$\mathcal{A}$ において $F(\mathbf{X}) = 0$ となる. 適当な単項式 $m(\mathbf{X})$ を $F(\mathbf{X})$ にかけて，$\mathbf{X}$ に関するプリュッカー関係式（変異の関係式）を何度か適用することにより，非初期団変数 x_{24}, x_{25}, x_{35} を消去して初期拡大団変数 $\tilde{\mathbf{x}}_0$ の多項式 $G(\tilde{\mathbf{x}}_0)$ が得られる. すると，$\mathcal{A}$ において，$G(\tilde{\mathbf{x}}_0) = m(\mathbf{X})F(\mathbf{X}) = 0$ が成り立つ. $\tilde{\mathbf{x}}_0$ は代数的独立であるから，$G(\tilde{\mathbf{x}}_0)$ は零多項式となる. 同じ操作を $\mathbb{C}[\mathbf{P}]$ において $F(\mathbf{P})$ に施すことにより，$m(\mathbf{P})F(\mathbf{P}) \equiv 0 \bmod I_R$ を得る. 上で述べた事実より $m(\mathbf{P}) \not\equiv 0$ である. よって，I_R が素イデアルであることから，$F(\mathbf{P}) \equiv 0$ が得られた. ∎

文献ノート

　§3.1：ローラン現象の証明は [CA1] で与えられた. 鍵となる補題 3.3 の証明は，[35] にしたがい自由係数を用いて見通しをよくした. §3.2：有限型団パターン・団代数の分類の証明は [CA2] で与えられたが，ルート系の理論および [CA2] に先立って [12] で導入された一般結合多面体 (generalized associahedra) の結果が必要であり簡単ではない. より自己完結的な証明が [19, 10] で与えられている. §3.3：幾何型団代数および拡大交換行列は [CA1] で導入された. §3.4：グラスマン多様体 Gr(2,5) の例は [CA1] で，五角形の三角形分割による実現は [CA2] で与えられた. 同様にして，一般のグラスマン多様体 Gr(k, m) の斉次座標環も団代数構造を持つことが知られている [45].

第4章
分離公式

　この章では，団パターンにおける種子の構造を理解する上で重要な分離公式について述べる．団代数，あるいは団構造とさまざまな分野との関連を調べるさいに，分離公式が中心的な役割を担う．

4.1　主係数

　この節では，団パターンにおける主係数の概念を導入する．これは幾何型団パターンの特別な場合であり，自由係数とともに団代数論において重要な役割を果たす．

定義 4.1（主係数団パターン）　ランク n の団パターン Σ の係数が以下をみたすとき，**主係数** (principal coefficients) といい，$t_0 \in \mathbb{T}_n$ をその**基点**という．

- 係数半体 $\mathbb{P}$ は生成元 $\mathbf{u} = (u_1, \ldots, u_n)$ を持つトロピカル半体 $\mathrm{Trop}(\mathbf{u})$ である．

- t_0 における係数組 $\mathbf{y}_{t_0}$ は $\mathbf{u}$ と一致する．（したがって，はじめから $\mathbb{P} = \mathrm{Trop}(\mathbf{y}_{t_0})$ とおいてもよい．）

また，Σ を基点 t_0 の**主係数団パターン** (cluster pattern with principal coefficients) といい，主係数のなす Y パターン Υ を基点 t_0 の**主 Y パターン**

(principal Y-pattern) という．主係数の基点 t_0 は必ずしも初期頂点と同一である必要はないが，異なる点にとる理由がなければ同一にとるのが便利である．

言い換えると，基点 t_0 の主係数団パターンとは幾何型団パターンであって，t_0 における拡大交換行列 (3.31) が

$$\tilde{B}_{t_0} = \begin{pmatrix} B_{t_0} \\ I \end{pmatrix} \tag{4.1}$$

で与えられるものである．したがって，幾何型団パターンについて成り立つことはすべて主係数団パターンについても成り立つ．

注意 4.2 自由係数とは対照的に（注意 2.21 参照），主係数は基点 t_0 のとり方に本質的に依存する．なぜならば，異なる基点 t_0, t_1 を持つ主係数 $\mathbf{y}_t$, $\mathbf{y}'_t$ ($t \in \mathbb{T}_n$) に対して，一般には，対応 $\varphi\colon y_{i;t} \mapsto y'_{i;t}$ を半体準同型写像 $\mathrm{Trop}(\mathbf{y}_{t_0}) \to \mathrm{Trop}(\mathbf{y}_{t_1})$ に拡張することができないからである．たとえば，t_0 と t_1 が k 隣接とすると，

$$1 \oplus y_{k;t_0} = 1 \oplus y_{k;t_1}^{-1} \tag{4.2}$$

であるが，これを $\mathrm{Trop}(\mathbf{y}_{t_0})$ の元とみると単位元 1 であり，一方 $\mathrm{Trop}(\mathbf{y}_{t_1})$ の元とみると $y_{k;t_1}^{-1} \neq 1$ となる．

基点 t_0 の主係数団パターン $\boldsymbol{\Sigma}$ に対して，$\boldsymbol{\Sigma}'$ を $\boldsymbol{\Sigma}$ と共通の B パターンと基点 t_0 を持つ自由係数団パターンとする．このとき，命題 2.22 より，トロピカル化写像により以下の係数の対応が得られる．

$$\begin{array}{cccc} \pi_{\mathrm{trop}}\colon & \mathbb{Q}_{\mathrm{sf}}(\mathbf{y}) & \to & \mathrm{Trop}(\mathbf{y}) \\ & y'_{i;t} & \mapsto & y_{i;t}. \end{array} \tag{4.3}$$

すなわち，主係数は「自由係数の（基点 t_0 における）トロピカル化」とみなすことができる．この意味で，主係数 $y_{i;t}$ を**トロピカル y 変数** (tropical y-variable) ともいう．

4.2 C 行列, G 行列, F 多項式

以下では, 基点 t_0 の主係数団パターン Σ に対して, C 行列, G 行列, F 多項式というものを導入する. これらは任意の係数半体 $\mathbb{P}$ の団パターンの種子の「構成要素」といえるもので, のちに述べる分離公式 (定理 4.16) により種子の構造が明らかになる. 本節では, 主係数の基点 t_0 と初期頂点を同一にとり, $\mathbf{y}_{t_0} = \mathbf{y}$ とおく. また, Σ のランクを n とする.

(1) C 行列 以下の行列は, (3.27) で定めた行列 $\tilde{C}_t$ の特別な場合である.

定義 4.3 (C 行列, c ベクトル) 基点 t_0 の主係数団パターン Σ に対して, $t \in \mathbb{T}_n$ における C 行列 (C-matrix) $C_t = (c_{ij;t})$ とは, 以下で定まる n 次正方整数行列である.

$$y_{i;t} = \prod_{j=1}^{n} y_j^{c_{ji;t}}. \tag{4.4}$$

言い換えると, 行列 C_t は (4.1) の行列 $\tilde{B}_{t_0}$ を初期条件に持つ $2n \times n$ 拡大交換行列 $\tilde{B}_t$ の下半分である. C_t の i 列ベクトル $\mathbf{c}_{i;t} = (c_{ji;t})_{j=1}^{n}$ を $y_{i;t}$ の c ベクトル (c-vector) という. C 行列の族 $\mathbf{C}^{t_0} = \{C_t\}_{t \in \mathbb{T}_n}$ を Σ の C パターン (C-pattern) という. ($\mathbf{C}^{t_0}$ の添字 t_0 は主係数の基点を明示したものである.)

とくに, c ベクトル $\mathbf{c}_{i;t}$ は, トロピカル y 変数 $y_{i;t}$ の指数ベクトルであり, $y_{i;t}$ と本質的に同一視できる. また, Σ の拡大交換行列 (3.31) は,

$$\tilde{B}_t = \begin{pmatrix} B_t \\ C_t \end{pmatrix} \tag{4.5}$$

となる. これを, B_t の (基点 t_0 の) **主拡大交換行列** (principally extended exchange matrix) という.

C パターン $\mathbf{C}^{t_0}$ は Σ の B パターン $\mathbf{B}$ と基点 t_0 から一意的に定まり, 突き詰めると t_0 と B_{t_0} のみから定まる.

命題 4.4 (*C* 行列の変異)　主係数団パターン $\boldsymbol{\Sigma}$ の *C* パターン $\mathbf{C}^{t_0}$ は，以下の初期条件と変異公式から一意的に定まる．

$$C_{t_0} = I, \tag{4.6}$$

$$c_{ij;t'} = \begin{cases} -c_{ik;t} & (j = k), \\ c_{ij;t} + c_{ik;t}[b_{kj;t}]_+ + [-c_{ik;t}]_+ b_{kj;t} & (j \neq k). \end{cases} \tag{4.7}$$

ただし，上の t と t' は k 隣接とする．

証明　初期条件 (4.6) は (4.4) より得られる．変異公式 (4.7) は (3.28) ですでに与えられている．　∎

　命題 2.6 と同様に，変異公式 (4.7) の第二の場合において，以下の ε 表示が成り立つ．

命題 4.5 (ε 表示)　以下の表式

$$c_{ij;t} + c_{ik;t}[\varepsilon b_{kj;t}]_+ + [-\varepsilon c_{ik;t}]_+ b_{kj;t} \tag{4.8}$$

は $\varepsilon \in \{1, -1\}$ のとり方によらない．

証明　(1.38) より主張が得られる．あるいは，(3.28) と同様に，(2.10) よりそれぞれの表式が得られる．　∎

(2) *G* 行列　定理 3.22 より，

$$x_{i;t} \in \mathbb{Z}[\mathbf{x}^{\pm 1}, \mathbf{y}] \tag{4.9}$$

が成り立つ．ここで，$\mathbf{x}_{t_0} = \mathbf{x}$ であった．以下では，各団変数 $x_{i;t}$ に対して，ある n 次元整数ベクトルを対応させる．

定義 4.6 (主 $\mathbb{Z}^n$ 次数)　$\mathbb{Z}[\mathbf{x}^{\pm 1}, \mathbf{y}]$ の各単項式に対して，$\mathbb{Z}^n$ 次数 deg を

$$\deg(x_i) = \mathbf{e}_i, \quad \deg(y_i) = -\mathbf{b}_{i;t_0} \tag{4.10}$$

により定める．ただし，$\mathbf{b}_{i;t_0}$ は B_{t_0} の第 i 列ベクトルとする．これを $\boldsymbol{\Sigma}$ の主 $\mathbb{Z}^n$ 次数 (principal $\mathbb{Z}^n$-grading) という．

一見不自然な y_i の次数の定義は，以下が成り立つためのものである．

$$\deg(\hat{y}_i) = \deg\left(y_i \prod_{j=1}^{n} x_j^{b_{ji;t_0}}\right) = -\mathbf{b}_{i;t_0} + \mathbf{b}_{i;t_0} = \mathbf{0}. \tag{4.11}$$

補題 4.7 Σ の任意の団変数 $x_{i;t} \in \mathbb{Z}[\mathbf{x}^{\pm 1}, \mathbf{y}]$ は主 $\mathbb{Z}^n$ 次数に関して斉次である．

証明 補題の主張を $d = d(t_0, t)$ に関する帰納法で示す．初期団変数 x_i に対しては，主張は自明である．主張が $d = d(t_0, t)$ で成り立つとする．$t' \in \mathbb{T}_n$ を t と k 隣接とする．変異公式 (2.2) より，

$$x_{k;t'} = x_{k;t}^{-1}\left(\prod_{j=1}^{n} x_{j;t}^{[-b_{jk;t}]_+}\right)\frac{1 + \hat{y}_{k;t}}{1 \oplus y_{k;t}} \tag{4.12}$$

となる．命題 2.5 より，任意の $\hat{y}$ 変数 $\hat{y}_{i;t}$ は，初期 $\hat{y}$ 変数 $\hat{\mathbf{y}}$ の有理式で表される．$\hat{y}_{i;t}$ 自身は $\mathbb{Z}[\mathbf{x}^{\pm 1}, \mathbf{y}]$ に属さないが，(4.11) より，その分母・分子はともに斉次で主 $\mathbb{Z}^n$ 次数 $\mathbf{0}$ となる．その分母を (4.12) の両辺にかけても，これらは両辺の斉次性と主 $\mathbb{Z}^n$ 次数を変えない．したがって，(4.12) において，$\hat{y}_{k;t}$ を無視するか，あるいは $\deg(\hat{y}_{i;t}) = \mathbf{0}$ とみなしてもかまわない．また，$1 \oplus y_{k;t}$ は $\mathrm{Trop}(\mathbf{y})$ の元であるから，$\mathbf{y}$ の単項式である．これと帰納法の仮定およびローラン現象より，(4.12) の右辺は斉次である．∎

補題 4.7 にもとづき，G 行列を以下で定める．

定義 4.8 (G 行列, g ベクトル)　主係数団パターン Σ に対して，主 $\mathbb{Z}^n$ 次数の定める整数ベクトル

$$\mathbf{g}_{i;t} = \deg(x_{i;t}) \in \mathbb{Z}^n \tag{4.13}$$

を $x_{i;t}$ の g ベクトル (g-vector) という．また，第 i 列が g ベクトル $\mathbf{g}_{i;t}$ である n 次正方整数行列 $G_t = (g_{ij;t})$ を $t \in \mathbb{T}_n$ における G 行列 (G-matrix) という．G 行列の族 $\mathbf{G}^{t_0} = \{G_t\}_{t \in \mathbb{T}_n}$ を Σ の G パターン (G-pattern) という．

G パターン $\mathbf{G}^{t_0}$ もまた，Σ の B パターン $\mathbf{B}$ と基点 t_0（およびそれらから定まる C パターン $\mathbf{C}^{t_0}$）から一意的に定まり，突き詰めると t_0 と B_{t_0} のみから定まる．

命題 4.9（G 行列の変異）　主係数団パターン $\boldsymbol{\Sigma}$ の G パターン $\mathbf{G}^{t_0}$ は，以下の初期条件と変異公式から一意的に定まる．

$$G_{t_0} = I, \tag{4.14}$$

$$g_{ij;t'} = \begin{cases} -g_{ik;t} + \displaystyle\sum_{\ell=1}^{n} g_{i\ell;t}[-b_{\ell k;t}]_+ - \sum_{\ell=1}^{n} b_{i\ell;t_0}[-c_{\ell k;t}]_+ & (j=k), \\[2mm] g_{ij;t} & (j \neq k). \end{cases} \tag{4.15}$$

ただし，上の t と t' は k 隣接とする．

証明　初期条件 (4.14) は，$\deg(x_i) = \mathbf{e}_i$ であることより得られる．変異公式 (4.15) は，(4.12) と以下の式より得られる．

$$\deg\left(\frac{1}{1 \oplus y_{k;t}}\right) = \deg\left(\prod_{j=1}^{n} y_j^{[-c_{jk;t}]_+}\right) = -\sum_{j=1}^{n}[-c_{jk;t}]_+ \mathbf{b}_{j;t_0}. \tag{4.16}$$

ここで，最初の等式では (3.33) を用いた．　∎

　C 行列と G 行列の間の関係を双対性と呼ぶ．以下は双対性の最初の例である．

命題 4.10（第一双対性 (first duality) [CA4]）　以下の等式が成り立つ．

$$G_t B_t = B_{t_0} C_t. \tag{4.17}$$

証明　補題 4.7 の証明と同様に，以下の等式

$$\deg(\hat{y}_{i;t}) = \deg\left(y_{i;t}\prod_{j=1}^{n} x_{j;t}^{b_{ji;t}}\right) = \deg\left(\prod_{j=1}^{n} y_j^{c_{ji;t}}\prod_{j=1}^{n} x_{j;t}^{b_{ji;t}}\right)$$

$$= -B_{t_0}\mathbf{c}_{i;t} + G_t\mathbf{b}_{i;t}$$

と $\deg(\hat{y}_{i;t}) = \mathbf{0}$ より得られる．　∎

　変異公式 (4.15) の第一の場合において以下の ε 表示が成り立つ．

命題 4.11 (ε 表示)　　以下の表式

$$-g_{ik;t} + \sum_{\ell=1}^{n} g_{i\ell;t}[-\varepsilon b_{\ell k;t}]_+ - \sum_{\ell=1}^{n} b_{i\ell;t_0}[-\varepsilon c_{\ell k;t}]_+ \tag{4.18}$$

は，$\varepsilon \in \{1, -1\}$ のとり方によらない.

証明　二つの表式の差をとると，(1.37) と (4.17) より，差は 0 となる. ∎

(3) F 多項式　以下の定義は，定理 3.22 にもとづく.

定義 4.12 (F 多項式)　　主係数団パターン $\boldsymbol{\Sigma}$ に対して，変数 $\mathbf{y} = (y_1, \ldots, y_n)$ の多項式 $F_{i;t}(\mathbf{y}) \in \mathbb{Z}[\mathbf{y}]$ を，$x_{i;t}$ のローラン多項式表示 $x_{i;t}(\mathbf{x}, \mathbf{y}) \in \mathbb{Z}[\mathbf{x}^{\pm 1}, \mathbf{y}]$ の $x_1 = \cdots = x_n = 1$ による特殊化により定める. これを $x_{i;t}$ の F 多項式 (F-polynomial) という. $\mathbf{F}_t = (F_{1;t}(\mathbf{y}), \ldots, F_{n;t}(\mathbf{y}))$ とおく. F 多項式の族 $\mathbf{F}^{t_0} = \{\mathbf{F}_t\}_{t \in \mathbb{T}_n}$ を $\boldsymbol{\Sigma}$ の F パターン (F-pattern) という.

　F パターン $\mathbf{F}^{t_0}$ もまた，$\boldsymbol{\Sigma}$ の B パターン $\mathbf{B}$ と基点 t_0（およびそれらから定まる C パターン $\mathbf{C}^{t_0}$）から一意的に定まり，突き詰めると t_0 と B_{t_0} のみから定まる.

命題 4.13 (F 多項式の変異)　　主係数団パターン $\boldsymbol{\Sigma}$ の F パターン $\mathbf{F}^{t_0}$ は，以下の初期条件と変異公式から一意的に定まる.

> ✍ **C 行列と G 行列**
>
> C 行列と G 行列は双対的な概念であることが徐々に明らかになるが，その名称の元となる記号自体に深い意味はない. [CA1, CA4] では，主な概念に対してその記号が主としてアルファベット順につけられている. A はカルタン行列（[23] の記号と一致），B は交換行列，C は拡大交換行列の下部，D, $\mathbf{d}_i$ は反対称化子と分母ベクトル，$\mathbf{e}_i$ は単位ベクトルを表し，F 多項式は [12] でフィボナッチ (Fibonacci) 多項式と呼ばれたものを一般化したものである. （したがって例外的に F には意味がある.）g ベクトルはその次のものとして現れる. [CA4] では，さらに h ベクトルというものも導入された.

$$F_{i;t_0}(\mathbf{y}) = 1, \tag{4.19}$$

$$F_{i;t'}(\mathbf{y}) = \begin{cases} \dfrac{M_{k;t}(\mathbf{y})}{F_{k;t}(\mathbf{y})} & (i = k), \\[2mm] F_{i;t}(\mathbf{y}) & (i \neq k). \end{cases} \tag{4.20}$$

ただし，上の t と t' は k 隣接とする．また，

$$M_{k;t}(\mathbf{y})$$
$$= \prod_{j=1}^{n} y_j^{[c_{jk;t}]_+} \prod_{j=1}^{n} F_{j;t}(\mathbf{y})^{[b_{jk;t}]_+} + \prod_{j=1}^{n} y_j^{[-c_{jk;t}]_+} \prod_{j=1}^{n} F_{j;t}(\mathbf{y})^{[-b_{jk;t}]_+}$$

$$\tag{4.21}$$

$$= \left(\prod_{j=1}^{n} y_j^{[-c_{jk;t}]_+} \prod_{j=1}^{n} F_{j;t}(\mathbf{y})^{[-b_{jk;t}]_+} \right) \left(1 + \prod_{j=1}^{n} y_j^{c_{jk;t}} \prod_{j=1}^{n} F_{j;t}(\mathbf{y})^{b_{jk;t}} \right)$$

と定める．

証明 $\mathbf{x}_t$ の変異 (3.34) の特殊化 $x_1 = \cdots = x_n = 1$ により得られる． ∎

変異公式 (4.20) は非負の操作であるので，$F_{i;t}(\mathbf{y})$ は $\mathbb{Q}_{\mathrm{sf}}(\mathbf{y})$ の元である．よって，$F_{i;t}(\mathbf{y})$ に (4.3) のトロピカル化写像 $\pi_{\mathrm{trop}} \colon \mathbb{Q}_{\mathrm{sf}}(\mathbf{y}) \to \mathrm{Trop}(\mathbf{y})$ を適用することができる．一方，定理 3.22 によると $F_{i;t}(\mathbf{y})$ は $\mathbf{y}$ の多項式であるが，係数の非負性は示されていないので，この時点では多項式表示に直接 π_{trop} を適用することは正当化できない．（実際にはローラン正値性（定理 9.3）によって係数はすべて非負となるので，これは可能である．）

命題 4.14 以下が成り立つ．

$$\pi_{\mathrm{trop}}(F_{i;t}(\mathbf{y})) = 1. \tag{4.22}$$

証明 $d = d(t_0, t)$ に関する帰納法で示す．$t = t_0$ に対して，主張は (4.19) より正しい．$d = d(t_0, t)$ に対して，主張が成り立つとする．t' は t と k 隣接とする．各 j に対して，$[c_{jk;t}]_+$ と $[-c_{jk;t}]_+$ の少なくともどちらか一方は 0 である．よって，(4.21) より，$\pi_{\mathrm{trop}}(M_{k;t}(\mathbf{y})) = 1$ となる．したがって，(4.20) より，t' に対して主張が成り立つ． ∎

注意 4.15　(4.22) は $\mathbf{y}$ の多項式として $F_{i;t}(\mathbf{y})$ が 0 でない定数項を持つことは意味しない．たとえば，$\pi_{\text{trop}}(y_1 + y_2) = 1$ である．

以上述べたように，$\mathbf{C}^{t_0}$, $\mathbf{G}^{t_0}$, $\mathbf{F}^{t_0}$ は概念的には主係数団パターン $\boldsymbol{\Sigma}$ から抽出したものであったが，$\boldsymbol{\Sigma}$ の B パターン $\mathbf{B}$ と基点 t_0 から直接かつ一意的に定まることがわかった．したがって，任意の半体 $\mathbb{P}$ に対する $\mathbb{P}$ 係数団パターン $\boldsymbol{\Sigma}$ に対しても，$\mathbf{C}^{t_0}$, $\mathbf{G}^{t_0}$, $\mathbf{F}^{t_0}$ を後者の方法で定めることができる．これらを $\boldsymbol{\Sigma}$ の基点 t_0 の C パターン，G パターン，F パターンという．また，必要に応じてまとめて，$(\mathbf{C}^{t_0}, \mathbf{G}^{t_0})$ を CG パターン，$(\mathbf{C}^{t_0}, \mathbf{G}^{t_0}, \mathbf{F}^{t_0})$ を CGF パターンなどということにする．

4.3　分離公式

$\boldsymbol{\Sigma}$ を任意の半体 $\mathbb{P}$ に対する $\mathbb{P}$ 係数団パターンとする．前節の最後に述べたように，$\boldsymbol{\Sigma}$ に対して，基点 t_0 の CGF パターン $(\mathbf{C}^{t_0}, \mathbf{G}^{t_0}, \mathbf{F}^{t_0})$ が定まる．また，前節からひきつづき基点と初期頂点は同一の頂点をとるものとする．すでに述べたように，F 多項式 $F_{i;t}(\mathbf{y})$ は $\mathbb{Q}_{\text{sf}}(\mathbf{y})$ の元である．このときの $\mathbf{y}$ は変数であるが，記号を濫用して t_0 における $\boldsymbol{\Sigma}$ の係数組 $\mathbf{y}_{t_0}$ もまた $\mathbf{y}$ と表す．定義 1.8 にしたがい，F 多項式 $F_{i;t}(\mathbf{y})$ の係数組 $\mathbf{y}$ における特殊化を $F_{i;t}|_{\mathbb{P}}(\mathbf{y})$ と表す．

以下は任意の団パターンに対して成り立つ基本的で大変有用な公式である．

定理 4.16（**分離公式** (separation formulas) [CA4]）　$\mathbb{P}$ を任意の半体として，$\boldsymbol{\Sigma}$ を任意の $\mathbb{P}$ 係数団パターンとする．初期頂点 t_0 における団変数，係数，$\hat{y}$ 変数を，それぞれ

$$\mathbf{x}_{t_0} = \mathbf{x}, \quad \mathbf{y}_{t_0} = \mathbf{y}, \quad \hat{\mathbf{y}}_{t_0} = \hat{\mathbf{y}} \tag{4.23}$$

と表す．また，$(\mathbf{C}^{t_0}, \mathbf{G}^{t_0}, \mathbf{F}^{t_0})$ を，$\boldsymbol{\Sigma}$ に対する基点 t_0 の CGF パターンとする．このとき，以下の公式が成り立つ．

$$x_{i;t} = \left(\prod_{j=1}^{n} x_j^{g_{ji;t}} \right) \frac{F_{i;t}(\hat{\mathbf{y}})}{F_{i;t}|_{\mathbb{P}}(\mathbf{y})}, \tag{4.24}$$

$$y_{i;t} = \left(\prod_{j=1}^{n} y_j^{c_{ji;t}}\right) \prod_{j=1}^{n} F_{j;t}|_{\mathbb{P}}(\mathbf{y})^{b_{ji;t}}, \tag{4.25}$$

$$\hat{y}_{i;t} = \left(\prod_{j=1}^{n} \hat{y}_j^{c_{ji;t}}\right) \prod_{j=1}^{n} F_{j;t}(\hat{\mathbf{y}})^{b_{ji;t}}. \tag{4.26}$$

証明 $t = t_0$ のとき，公式は命題 4.4，4.9，4.13 の初期条件より成り立つ．したがって，それぞれの式の右辺が $x_{i;t}, y_{i;t}, \hat{y}_{i;t}$ と同じ変異にしたがうことを，$C_t, G_t, F_{i;t}$ の変異を用いて示せばよい．

まず，(4.25) を考える．(4.25) の右辺を仮に $y_{i;t}$ と表す．$t' \in \mathbb{T}_n$ を t に k 隣接する頂点とする．$i = k$ に対して，

$$y_{k;t'} = \left(\prod_{j=1}^{n} y_j^{-c_{jk;t}}\right) \prod_{j=1}^{n} F_{j;t}|_{\mathbb{P}}(\mathbf{y})^{-b_{jk;t}} = y_{k;t}^{-1} \tag{4.27}$$

となる．また，$i \neq k$ に対して，

$$
\begin{aligned}
y_{i;t'} = &\left(\prod_{j=1}^{n} y_j^{c_{ji;t}+c_{jk;t}[b_{ki;t}]_+ +[-c_{jk;t}]_+ b_{ki;t}}\right) \\
&\times \left(\prod_{j\neq k} F_{j;t}|_{\mathbb{P}}(\mathbf{y})^{b_{ji;t}+b_{jk;t}[b_{ki;t}]_+ +[-b_{jk;t}]_+ b_{ki;t}}\right) \\
&\times \Bigg\{ F_{k;t}|_{\mathbb{P}}(\mathbf{y})^{-1}\left(\prod_{j=1}^{n} y_j^{[-c_{jk;t}]_+} \prod_{j=1}^{n} F_{j;t}|_{\mathbb{P}}(\mathbf{y})^{[-b_{jk;t}]_+}\right) \\
&\times \left(1 \oplus \prod_{j=1}^{n} y_j^{c_{jk;t}} \prod_{j=1}^{n} F_{j;t}|_{\mathbb{P}}(\mathbf{y})^{b_{jk;t}}\right)\Bigg\}^{-b_{ki;t}} \\
= &\ y_{i;t} y_{k;t}^{[b_{ki;t}]_+}(1 \oplus y_{k;t})^{-b_{ki;t}}
\end{aligned}
$$

となり，主張が確かめられた．式 (4.26) もまったく同様に示される．

つぎに，(4.24) を考える．(4.24) の右辺を仮に $x_{i;t}$ と表す．$i \neq k$ に対しては，$x_{i;t'} = x_{i;t}$ が成り立つ．また，$i = k$ に対して，

$$x_{k;t'} = \left(\prod_{j=1}^{n} x_j^{-g_{jk;t}+\sum_{\ell=1}^{n} g_{j\ell;t}[-b_{\ell k;t}]_+ - \sum_{\ell=1}^{n} b_{j\ell;t_0}[-c_{\ell k;t}]_+} \right)$$

$$\times \frac{F_{k;t}(\hat{\mathbf{y}})^{-1} \prod_{j=1}^{n} \hat{y}_j^{[-c_{jk;t}]_+} \prod_{j=1}^{n} F_{j;t}(\hat{\mathbf{y}})^{[-b_{jk;t}]_+}}{F_{k;t}|_{\mathbb{P}}(\mathbf{y})^{-1} \prod_{j=1}^{n} y_j^{[-c_{jk;t}]_+} \prod_{j=1}^{n} F_{j;t}|_{\mathbb{P}}(\mathbf{y})^{[-b_{jk;t}]_+}}$$

$$\times \frac{1 + \prod_{j=1}^{n} \hat{y}_j^{c_{jk;t}} \prod_{j=1}^{n} F_{j;t}(\hat{\mathbf{y}})^{b_{jk;t}}}{1 \oplus \prod_{j=1}^{n} y_j^{c_{jk;t}} \prod_{j=1}^{n} F_{j;t}|_{\mathbb{P}}(\mathbf{y})^{b_{jk;t}}}$$

$$= x_{k;t}^{-1} \left(\prod_{j=1}^{n} x_{j;t}^{[-b_{jk;t}]_+} \right) \frac{1 + \hat{y}_{k;t}}{1 \oplus y_{k;t}}$$

となり，主張が確かめられた．ただし，最後の等式で (4.25) と (4.26) を用いた． ∎

　分離公式により，団変数 $x_{i;t}$ と係数 $y_{i;t}$ の構造が明らかになるとともに，両者が密接に関連することがわかった．そして，団パターンの研究は C 行列，G 行列，F 多項式の研究に帰着される．

例 4.17（A_2 型）　例 2.17 の A_2 型の団パターンの結果を分離公式 (4.24)，(4.25) と比べて，以下が得られる．

$$C_0 = \begin{pmatrix} 1 & 0 \\ 0 & 1 \end{pmatrix}, \qquad G_0 = \begin{pmatrix} 1 & 0 \\ 0 & 1 \end{pmatrix}, \qquad \begin{cases} F_{1;0}(\mathbf{y}) = 1, \\ F_{2;0}(\mathbf{y}) = 1, \end{cases} \tag{4.28}$$

$$C_1 = \begin{pmatrix} -1 & 0 \\ 0 & 1 \end{pmatrix}, \quad G_1 = \begin{pmatrix} -1 & 0 \\ 0 & 1 \end{pmatrix}, \quad \begin{cases} F_{1;1}(\mathbf{y}) = 1 + y_1, \\ F_{2;1}(\mathbf{y}) = 1, \end{cases} \tag{4.29}$$

$$C_2 = \begin{pmatrix} -1 & 0 \\ 0 & -1 \end{pmatrix}, \quad G_2 = \begin{pmatrix} -1 & 0 \\ 0 & -1 \end{pmatrix}, \quad \begin{cases} F_{1;2}(\mathbf{y}) = 1 + y_1, \\ F_{2;2}(\mathbf{y}) = 1 + y_2 + y_1 y_2, \end{cases}$$
$$\tag{4.30}$$

$$C_3 = \begin{pmatrix} 1 & -1 \\ 0 & -1 \end{pmatrix}, \quad G_3 = \begin{pmatrix} 1 & 0 \\ -1 & -1 \end{pmatrix}, \quad \begin{cases} F_{1;3}(\mathbf{y}) = 1 + y_2, \\ F_{2;3}(\mathbf{y}) = 1 + y_2 + y_1 y_2, \end{cases}$$
$$\tag{4.31}$$

$$C_4 = \begin{pmatrix} 0 & 1 \\ -1 & 1 \end{pmatrix}, \quad G_4 = \begin{pmatrix} 1 & 1 \\ -1 & 0 \end{pmatrix}, \quad \begin{cases} F_{1;4}(\mathbf{y}) = 1 + y_2, \\ F_{2;4}(\mathbf{y}) = 1, \end{cases} \tag{4.32}$$

$$C_5 = \begin{pmatrix} 0 & 1 \\ 1 & 0 \end{pmatrix}, \quad G_5 = \begin{pmatrix} 0 & 1 \\ 1 & 0 \end{pmatrix}, \quad \begin{cases} F_{1;5}(\mathbf{y}) = 1, \\ F_{2;5}(\mathbf{y}) = 1. \end{cases} \tag{4.33}$$

上の例において，C 行列と G 行列の間に以下の簡単な関係が成り立つ.

$$G_t^T C_t = I. \tag{4.34}$$

これは，のちに示す C 行列と G 行列の**第二双対性**（定理 6.13(2)）の特別な場合である.

　主係数団パターンの役割を明らかにするために，団パターンにおける周期の概念を導入する．$\mathbf{\Sigma} = \{\Sigma_t \mid t \in \mathbb{T}_n\}$ を任意の団パターンとする．頂点 $t_1, t_2 \in \mathbb{T}_n$ が $\mathbb{T}_n$ において，以下のように辺で結ばれているとする.

$$\underset{t_2}{\overset{k_1}{\bullet\!\!-\!\!-\!\!-\!\!\bullet}} \; \cdots \; \bullet\!\!-\!\!\underset{t_1}{\overset{k_p}{-\!\!-\!\!\bullet}}$$

このとき，種子の変異の合成

$$\Sigma_{t_2} \overset{k_1}{\mapsto} \cdots \overset{k_p}{\mapsto} \Sigma_{t_1} \tag{4.35}$$

が得られる．これを種子の**変異列** (mutation sequence) という.

定義 4.18（ν 周期）　種子の変異列 (4.35) に対して，ある置換 $\nu \in S_n$ が存在して

$$\Sigma_{t_1} = \nu \Sigma_{t_2} \tag{4.36}$$

となるとき，これを種子の ν 周期 (ν-period)，あるいは単に周期という．こ
こで，ν の作用は (2.15) で与えたものである．同様に，$\mathbf{x}_{t_1} = \nu \mathbf{x}_{t_2}$ あるいは
$\mathbf{y}_{t_1} = \nu \mathbf{y}_{t_2}$ が成り立つとき，それぞれ団（x 変数）の ν 周期あるいは係数組
（y 変数）の ν 周期という．

たとえば，例 2.17 において，種子の変異列

$$\Sigma_0 \overset{1}{\mapsto} \Sigma_1 \overset{2}{\mapsto} \Sigma_2 \overset{1}{\mapsto} \Sigma_3 \overset{2}{\mapsto} \Sigma_4 \overset{1}{\mapsto} \Sigma_5 \tag{4.37}$$

は，$\Sigma_5 = \tau_{12}\Sigma_0$ であるので τ_{12} 周期である．

主係数団パターンによる C 行列，G 行列，F 多項式の定義より，置換 $\nu \in S_n$
（n は $\boldsymbol{\Sigma}$ のランク）の作用を以下のように定めるのが自然である．

$$\nu C_t = C', \quad c'_{ij} := c_{i\nu^{-1}(j);t}, \quad \nu G_t = G', \quad g'_{ij} := g_{i\nu^{-1}(j);t}, \tag{4.38}$$

$$\nu \mathbf{F}_t = \mathbf{F}', \quad F'_i(\mathbf{y}) := F_{\nu^{-1}(i);t}(\mathbf{y}). \tag{4.39}$$

分離公式より，以下が得られる．

命題 4.19 ([CA4]) $\quad \boldsymbol{\Sigma}$ を主係数団パターン，$\boldsymbol{\Sigma}'$ を $\boldsymbol{\Sigma}$ と同じ B パターンを
持つ任意の $\mathbb{P}$ 係数団パターンとする．このとき，任意の $t_1, t_2 \in \mathbb{T}_n$ と置換
$\nu \in S_n$ に対して，以下が成り立つ．

$$\Sigma_{t_1} = \nu \Sigma_{t_2} \quad \Longrightarrow \quad \Sigma'_{t_1} = \nu \Sigma'_{t_2}. \tag{4.40}$$

証明 主係数種子についての周期性 $\Sigma_{t_1} = \nu \Sigma_{t_2}$ を仮定する．すると，$B_{t_1} = \nu B_{t_2}$ であり，また，主係数団パターンによる C 行列，G 行列，F 多項式の
定義より，以下の周期性が得られる．

$$C_{t_1} = \nu C_{t_2}, \quad G_{t_1} = \nu G_{t_2}, \quad \mathbf{F}_{t_1} = \nu \mathbf{F}_{t_2}. \tag{4.41}$$

そこで，分離公式 (4.24)，(4.25) を $\boldsymbol{\Sigma}'$ に適用して．

$$\mathbf{x}'_{t_1} = \nu \mathbf{x}'_{t_2}, \quad \mathbf{y}'_{t_1} = \nu \mathbf{y}'_{t_2} \tag{4.42}$$

を得る． ∎

これより，主係数団パターンの周期は任意の団パターンの周期になることがわかる．すなわち，主係数団パターンは同じ B パターンを持つ任意の団パターンの周期を一斉に制御する．これが，主係数の名称の由来である．

実は，(4.40) の逆も成り立つ（定理 9.19）．すなわち，共通の B パターンを持つすべての団パターンの周期は係数に依存しないのだが，これは非自明で深い結果であり，その仕組みを系統立てて説明することも本書の大きな目的の一つである．

4.4 分離公式とトロピカル化

分離公式とトロピカル化の関係について説明する．すでに述べたように，c ベクトル $\mathbf{c}_{i;t}$ は，トロピカル変数 $y_{i;t}$ と同一視できる．式 (4.4) の右辺を多重指数の記号を用いて

$$y^{\mathbf{c}_{i;t}} := \prod_{j=1}^{n} y_j^{c_{ji;t}} \tag{4.43}$$

と表すと，$y_{i;t} = y^{\mathbf{c}_{i;t}}$ となる．また，(4.22) により，トロピカル化により F 多項式は 1 となることに注意する．そこで，あらためて y 変数に関する分離公式 (4.25) を見ると，y 変数を**トロピカル部分** (tropical part) $y^{\mathbf{c}_{i;t}}$ と F 多項式による**非トロピカル部分** (nontropical part) に自然に分離していることがわかる．

✍ **分離公式が分離するもの**

[CA4] においては，団変数の公式 (4.24) が半体 $\mathbb{P}$ における和 $\oplus$ と周囲体 $\mathcal{F}$ における和 $+$ をそれぞれ分母と分子に分離することから，これを分離公式と呼んだ．その後の研究の結果，(4.25) と (4.26) も含めて，これらが C 行列と G 行列による「トロピカル部分」と F 多項式による「非トロピカル部分」の分離を表すものと再認識された．これを踏まえて，ここでは (4.25) と (4.26) も含めて分離公式と呼ぶことにする．

一方，x 変数の初期 x 変数 $\mathbf{x}$ に関するトロピカル化に対応するベクトルは定義 3.16 における d ベクトルに -1 をかけたものであり，g ベクトルではない．しかし，F 多項式 $F_{i;t}(\mathbf{y})$ を 1 とおく操作を x 変数に対するある種のトロピカル化とみなすと，x 変数に関する分離公式 (4.24) は，x 変数をトロピカル部分 $x^{\mathbf{g}_{i;t}}$ と F 多項式による非トロピカル部分に分離したものとみなすことができる．そこで，本書では，y 変数との双対性の観点から，

$$x^{\mathbf{g}_{i;t}} := \prod_{j=1}^{n} x_j^{g_{ji;t}} \tag{4.44}$$

をトロピカル x 変数 (tropical x-variable) と呼ぶ．（これは，本来の意味での x 変数のトロピカル化ではないことを繰り返し注意しておく．）

同様にして，トロピカル $\hat{y}$ 変数 (tropical $\hat{y}$-variable) を，

$$\hat{y}^{\mathbf{c}_{i;t}} := \prod_{j=1}^{n} \hat{y}_j^{c_{ji;t}} \tag{4.45}$$

と定める．第一双対性 (4.17) により，

$$\hat{y}^{\mathbf{c}_{i;t}} = y^{\mathbf{c}_{i;t}} \prod_{j=1}^{n} (x^{\mathbf{g}_{j;t}})^{b_{ji;t}} \tag{4.46}$$

となり，トロピカル x 変数の概念と両立する．あるいは同じことであるが，第一双対性 (4.17) に注意して，$\hat{c}$ ベクトル ($\hat{c}$-vector) を

$$\hat{\mathbf{c}}_{i;t} = B_{t_0} \mathbf{c}_{i;t} = G_t \mathbf{b}_{i;t} \tag{4.47}$$

と定める．ただし，$\mathbf{b}_{i;t}$ は交換行列 B_t の第 i 列とする．すなわち，$\hat{C}$ 行列 ($\hat{C}$-matrix) を

$$\hat{C}_t := B_{t_0} C_t = G_t B_t \tag{4.48}$$

と定めると，$\hat{\mathbf{c}}_{i;t}$ はその第 i 列である．すると，トロピカル $\hat{y}$ 変数はまた

$$\hat{y}^{\mathbf{c}_{i;t}} = y^{\mathbf{c}_{i;t}} x^{\hat{\mathbf{c}}_{i;t}} \tag{4.49}$$

と表すこともできる．

関連して，団代数論で重要な以下の概念を導入しておく．

定義 4.20 (団単項式)　　任意の団パターン $\boldsymbol{\Sigma}$ に対して, 団 $\mathbf{x}_t$ の係数 1 の単項式

$$x_t^{\mathbf{a}} = \prod_{i=1}^n x_{i;t}^{a_i} \quad (\mathbf{a} = (a_i) \in \mathbb{Z}_{\geq 0}^n) \tag{4.50}$$

により表される団代数 $\mathcal{A}(\boldsymbol{\Sigma})$ の元を, t における**団単項式** (cluster monomial) という. 分離公式 (4.24) より, 団単項式 (4.50) は初期変数を用いて

$$x_t^{\mathbf{a}} = x^{\mathbf{g}} \frac{F(\hat{\mathbf{y}})}{F|_{\mathbb{P}}(\mathbf{y})}, \quad \mathbf{g} = \sum_{i=1}^n a_i \mathbf{g}_{i;t}, \quad F(\mathbf{y}) = \prod_{i=1}^n F_{i;t}(\mathbf{y})^{a_i} \tag{4.51}$$

と表される. $\mathbf{g}$, $F(\mathbf{y})$ を, それぞれ団単項式 $x_t^{\mathbf{a}}$ の g ベクトル, F **多項式**という.

文献ノート

　本章は, [CA4] による分離公式を中心に, [37] によるトロピカル化と C 行列と G 行列の双対性の視点を加えて再構成したものである. 分離公式は [CA4] より簡明な証明を与えた.

第**5**章

上団代数

これまでは，主として団パターンについて論じてきた．この章では上団代数という概念を用いて団代数の構造を調べる．

5.1 上団代数

この章で扱う上団代数は，以下のような複数の動機によって [CA3] で導入された．

- 団代数の構造を調べる上で有用である．

- ある種の代数多様体（たとえば，二重ブリュア胞体）の座標環は団代数ではなくある上団代数と同型になる．すなわち，状況によっては団代数では小さすぎることがある．

- 団代数および量子団代数のローラン現象の証明で有用である．

Σ を任意の $\mathbb{P}$ 係数団パターンとして，$\mathcal{F}$ をその周囲体，$\mathcal{A} = \mathcal{A}(\Sigma)$ を付随する団代数とする．

定義 5.1（上団代数）　以下で定まる $\mathcal{F}$ の $\mathbb{ZP}$ 部分代数 $\overline{\mathcal{A}} = \overline{\mathcal{A}}(\Sigma)$ を $\mathcal{A}$ の**上団代数** (upper cluster algebra) という．

$$\overline{\mathcal{A}} = \bigcap_{t \in \mathbb{T}_n} \mathbb{ZP}[\mathbf{x}_t^{\pm 1}]. \tag{5.1}$$

ローラン現象（定理 3.1）により，任意の団変数 $x_{i;t}$ は $\overline{\mathcal{A}}$ に属する．したがって，

$$\mathcal{A} \subset \overline{\mathcal{A}} \tag{5.2}$$

が成り立つ．$\mathcal{A} = \overline{\mathcal{A}}$ が成り立つ場合もあるが，一般には $\mathcal{A} \neq \overline{\mathcal{A}}$ である．

関連する概念を導入する．

定義 5.2（上界，下界）　任意の $t \in \mathbb{T}_n$ に対して，$t_i \ (i = 1, \ldots, n)$ を t と i 隣接する頂点とする．以下の $\mathcal{F}$ の $\mathbb{ZP}$ 代数

$$\mathcal{U}_t = \mathbb{ZP}[\mathbf{x}_t^{\pm 1}] \cap \bigcap_{i=1}^{n} \mathbb{ZP}[\mathbf{x}_{t_i}^{\pm 1}], \tag{5.3}$$

$$\mathcal{L}_t = \mathbb{ZP}[\mathbf{x}_t, \mathbf{x}_{t_1}, \ldots, \mathbf{x}_{t_n}] \tag{5.4}$$

を，それぞれ $\mathcal{A}$ の t における**上界** (upper bound)，**下界** (lower bound) という．

以下の包含関係が名前の由来である．

$$\mathcal{L}_t \subset \mathcal{A}, \quad \overline{\mathcal{A}} \subset \mathcal{U}_t. \tag{5.5}$$

定義 5.3（交換多項式，互いに素な種子）　種子 Σ_t と $k = 1, \ldots, n$ に対して，

$$M_{k;t} := \frac{1}{1 \oplus y_{k;t}} \left(y_{k;t} \prod_{j=1}^{n} x_{j;t}^{[b_{jk;t}]_+} + \prod_{j=1}^{n} x_{j;t}^{[-b_{jk;t}]_+} \right) \in \mathbb{ZP}[\mathbf{x}_t] \tag{5.6}$$

を変異公式 (2.5) に現れる $\mathbf{x}_t$ の二項式とする．これを**交換多項式** (exchange polynomial) という．t を固定したとき，$M_{1;t}, \ldots, M_{n;t}$ の任意のペアが $\mathbb{ZP}[\mathbf{x}_t]$ で互いに素のとき，Σ_t は**互いに素** (coprime) という．ここで，$\mathbb{ZP}[\mathbf{x}_t]$ の二つの元が互いに素とは，単元群 $\mathbb{ZP}^\times = \{\pm 1\}\mathbb{P}$ の元以外に共通因子を持たないことである．

以下の補題が有用である.

補題 5.4 Σ を基点 t_0 の自由係数団パターンとする. このとき, 任意の $t \in \mathbb{T}_n$ に対して, Σ_t は互いに素である.

証明 (5.6) において, 単元 $1 \oplus y_{k;t}$ は無視してかまわない. すると, $M_{k;t}$ は $y_{k;t}$ に関する次数 1 の二項式である. 自由係数 $y_{1;t}, \ldots, y_{n;t}$ は代数的独立であるので, $M_{k;t}$ が $\mathbb{Z}\mathbb{P}[\mathbf{x}_t]$ において非自明な分解を持つとすると $M_{k;t} = (m_1 + m_2 y_{k;t}) m_3$ (m_1, m_2, m_3 は $\mathbf{x}_t$ の単項式) という形にかぎられる. 一方, (5.6) より, $m_3 \in \mathbb{Z}\mathbb{P}^\times$ となる. よって, $M_{k;t}$ は既約であり, $M_{i;t}$ と $M_{j;t}$ $(i \neq j)$ は互いに素であることがわかる. ∎

5.2 ランク 2 の場合

ランク 2 の場合に, $\mathcal{L}_{t_0}$, $\mathcal{A}$, $\overline{\mathcal{A}}$, $\mathcal{U}_{t_0}$ の関係を詳しく調べよう.

Σ をランク 2 の $\mathbb{P}$ 係数団パターンとする. t_0 を初期頂点として, t_i $(i = 1, 2)$ を t_0 と i 隣接である頂点とする. このとき,

$$\mathbf{x}_{t_0} = \mathbf{x} = (x_1, x_2), \quad x'_1 = x_{1;t_1}, \quad x'_2 = x_{2;t_2} \tag{5.7}$$

とおくと,

$$\mathcal{U}_{t_0} = \mathbb{Z}\mathbb{P}[x_1^{\pm 1}, x_2^{\pm 1}] \cap \mathbb{Z}\mathbb{P}[x_1'^{\pm 1}, x_2^{\pm 1}] \cap \mathbb{Z}\mathbb{P}[x_1^{\pm 1}, x_2'^{\pm 1}], \tag{5.8}$$

$$\mathcal{L}_{t_0} = \mathbb{Z}\mathbb{P}[x_1, x_2, x'_1, x'_2] \tag{5.9}$$

となる. 初期交換行列 B_{t_0} を (2.44) のものとする. ただし, $a = b = 0$ の場合も考える. このとき, t_0 における 1, 2 方向の変異は以下のようになる.

$$x_1 x'_1 = M_{1;t_0} = p_1^+ x_2^a + p_1^-, \quad x_2 x'_2 = M_{2;t_0} = p_2^+ + p_2^- x_1^b, \tag{5.10}$$

$$p_k^+ = \frac{y_k}{1 \oplus y_k}, \quad p_k^- = \frac{1}{1 \oplus y_k}. \tag{5.11}$$

ただし, $\mathbf{y}_{t_0} = \mathbf{y}$ とおいた. $a, b > 0$ のときは, Σ_{t_0} は明らかに互いに素である. 一方, $a = b = 0$ のときは, Σ_{t_0} は互いに素とはかぎらない.

例 5.5 $a = b = 0$, かつ $\mathbb{P}$ において $y_2 = y_1^3$ が成り立つとする. このとき,

$$M_{1;t_0} = \frac{1 + y_1}{1 \oplus y_1}, \quad M_{2;t_0} = \frac{1 + y_1^3}{1 \oplus y_1^3} \tag{5.12}$$

は, 共通因子 $1 + y_1 \notin \mathbb{ZP}^\times$ を持つ. よって, Σ_{t_0} は互いに素ではない.

命題 5.6 ([CA3]) Σ をランク 2 の任意の団パターンとして, 初期種子 Σ_{t_0} は互いに素とする. このとき, 等式

$$\mathcal{L}_{t_0} = \mathcal{U}_{t_0} \tag{5.13}$$

が成り立つ. したがって,

$$\mathcal{L}_{t_0} = \mathcal{A} = \overline{\mathcal{A}} = \mathcal{U}_{t_0} \tag{5.14}$$

が成り立つ.

(5.13) から (5.14) が得られるのは, 包含関係 (5.2), (5.5) より明らかである. (5.13) の証明はやや長いので, 命題 5.6 の重要な帰結を先に見ておこう.

定理 5.7 ([CA3]) Σ をランク 2 の任意の団パターンとする. このとき, 団代数 $\mathcal{A} = \mathcal{A}(\Sigma)$ は (5.7) の団変数 x_1, x_2, x_1', x_2' で生成される. とくに, $\mathcal{A}$ は有限生成である.

証明   まず, Σ が初期頂点 t_0 を基点とする自由係数を持つ場合を考える. すると, 補題 5.4 より, Σ_{t_0} は互いに素である. よって, 命題 5.6 より $\mathcal{A} = \mathcal{L}_{t_0} = \mathbb{ZP}[x_1, x_2, x_1', x_2']$ となり, 主張が成り立つ. したがって, 任意の団変数 $x_{i;t}$ は x_1, x_2, x_1', x_2' の多項式で表せるが, この表式は任意の係数への特殊化でもそのまま成り立つ. よって, 主張が示された. 別の証明として, Σ_{t_0} が互いに素にならないのは, $a = b = 0$ の場合だけであり, その場合は, 例 2.16 の結果から直接主張が示される. 命題 5.9 も参照せよ.   ∎

無限型の場合は $\mathcal{A}$ は無限個の団変数により生成されるから, 上の事実は非自明である.

以下では命題 5.6 の証明を与える.

命題 5.6 の証明 (5.13) を示す. (5.8) を (5.9) へ縮小させることが目標である.

まず，以下を示す.

$$\mathbb{ZP}[x_1^{\pm 1}, x_2^{\pm 1}] \cap \mathbb{ZP}[x_1'^{\pm 1}, x_2^{\pm 1}] = \mathbb{ZP}[x_1, x_1', x_2^{\pm 1}]. \qquad (5.15)$$

包含 $\supset$ は (5.10) より明らかである．包含 $\subset$ を示す．$L \in \mathbb{ZP}[x_1^{\pm 1}, x_2^{\pm 1}]$ とする．このとき，

$$
\begin{aligned}
L &= \sum_{m \in \mathbb{Z}} c_m x_1^m \qquad (c_m \in \mathbb{ZP}[x_2^{\pm 1}]) \\
&= \sum_{m \in \mathbb{Z}} c_m x_1'^{-m} (p_1^+ x_2^a + p_1^-)^m.
\end{aligned}
\qquad (5.16)
$$

ただし，和は有限和である．L はまた $\mathbb{ZP}[x_1'^{\pm 1}, x_2^{\pm 1}]$ の元とすると，任意の $m < 0$ に対して，

$$c_m (p_1^+ x_2^a + p_1^-)^m \in \mathbb{ZP}[x_2^{\pm 1}] \qquad (5.17)$$

となる．よって，

$$L = \sum_{m \geq 0} c_m x_1^m + \sum_{m < 0} c_m x_1'^{-m} (p_1^+ x_2^a + p_1^-)^m \in \mathbb{ZP}[x_1, x_1', x_2^{\pm 1}] \quad (5.18)$$

となり，(5.15) が示された．(5.15) および x_1 と x_2 を入れ替えた結果より，第一段階の縮小

$$\mathcal{U}_{t_0} = \mathbb{ZP}[x_1, x_1', x_2^{\pm 1}] \cap \mathbb{ZP}[x_2, x_2', x_1^{\pm 1}] \qquad (5.19)$$

が得られた．

つぎに，以下の主張を示せば証明が完結する．

主張 5.8 以下の等式が成り立つ.

$$\mathbb{ZP}[x_1, x_1', x_2^{\pm 1}] \cap \mathbb{ZP}[x_2, x_2', x_1^{\pm 1}] = \mathbb{ZP}[x_1, x_2, x_1', x_2']. \qquad (5.20)$$

包含 ⊃ は明らかである. 包含 ⊂ の証明を以下の二つの場合に分けて行う.

場合 1：$a, b > 0$ のとき. まず, 以下の等式を示す.

$$\mathbb{ZP}[x_1, x_1', x_2^{\pm 1}] = \mathbb{ZP}[x_1, x_2, x_1', x_2'] + \mathbb{ZP}[x_1, x_2^{\pm 1}]. \tag{5.21}$$

包含 ⊃ は明らかである. 包含 ⊂ を示す. 任意の $k, \ell > 0$ に対して,

$$x_1'^k x_2^{-\ell} \in \mathbb{ZP}[x_1, x_1', x_2'] + \mathbb{ZP}[x_1, x_2^{\pm 1}] \tag{5.22}$$

を示せばよい. $r := -p_2^- / p_2^+$ とおく. すると, (5.10) より,

$$x_2^{-1} \equiv r x_1^b x_2^{-1} \mod \mathbb{ZP}[x_2'] \tag{5.23}$$

となる. これを繰り返して, 任意の $k > 0$ に対して,

$$x_2^{-1} \equiv r x_1^b x_2^{-1} \equiv r^2 x_1^{2b} x_2^{-1} \equiv \cdots \equiv r^k x_1^{kb} x_2^{-1} \mod \mathbb{ZP}[x_1, x_2'] \tag{5.24}$$

を得る. よって, 仮定 $b > 0$ に注意して,

$$x_2^{-\ell} \in \mathbb{ZP}[x_1, x_2'] + x_1^k \mathbb{ZP}[x_1, x_2^{\pm 1}] \tag{5.25}$$

となる. これに $x_1'^k$ をかけると, $x_1' x_1 \in \mathbb{ZP}[x_2]$ であるので, (5.22) が得られた. そこで, (5.21) を (5.20) の左辺に適用して,

$$\begin{aligned}
& \mathbb{ZP}[x_1, x_1', x_2^{\pm 1}] \cap \mathbb{ZP}[x_2, x_2', x_1^{\pm 1}] \\
&= (\mathbb{ZP}[x_1, x_2, x_1', x_2'] + \mathbb{ZP}[x_1, x_2^{\pm 1}]) \cap \mathbb{ZP}[x_2, x_2', x_1^{\pm 1}] \\
&= \mathbb{ZP}[x_1, x_2, x_1', x_2'] + (\mathbb{ZP}[x_1, x_2^{\pm 1}] \cap \mathbb{ZP}[x_2, x_2', x_1^{\pm 1}])
\end{aligned}$$

を得る. すると, 主張 (5.20) は以下の等式より得られる.

$$\mathbb{ZP}[x_1, x_2^{\pm 1}] \cap \mathbb{ZP}[x_2, x_2', x_1^{\pm 1}] = \mathbb{ZP}[x_1, x_2, x_2']. \tag{5.26}$$

包含 ⊃ は明らかである. 包含 ⊂ を示す. $L \in \mathbb{ZP}[x_2, x_2', x_1^{\pm 1}]$ とする. このとき,

$$L = \sum_{m,k,\ell} c_{mk\ell} x_1^m x_2^k {x_2'}^\ell = \sum_{m,k,\ell} c_{mk\ell} x_1^m x_2^k x_2^{-\ell} (p_2^+ + p_2^- x_1^b)^\ell \tag{5.27}$$

$$(m \in \mathbb{Z},\ k,\ \ell \geq 0,\ c_{mk\ell} \in \mathbb{Z}\mathbb{P})$$

となる. L はまた $\mathbb{Z}\mathbb{P}[x_1, x_2^{\pm 1}]$ の元とすると, 上の指数 m は非負でなければならない. よって, (5.26) が示された.

場合 2：$a = b = 0$ のとき. この場合は, (5.20) を直接示す. 包含 $\subset$ を示せば十分である. $L \in \mathbb{Z}\mathbb{P}[x_2, x_2', x_1^{\pm 1}]$ とすると,

$$L = \sum_{m,k,\ell} c_{mk\ell} x_1^m x_2^k {x_2'}^\ell = \sum_{m,k,\ell} c_{mk\ell} x_1^m x_2^k x_2^{-\ell} (p_2^+ + p_2^-)^\ell \tag{5.28}$$

$$(c_{mk\ell} \in \mathbb{Z}\mathbb{P},\ m \in \mathbb{Z},\ k,\ \ell \geq 0)$$

と表せる. 同様の表示が $L' \in \mathbb{Z}\mathbb{P}[x_1, x_1', x_2^{\pm 1}]$ についても成り立つ. よって,

$$L'' = \sum_{m,k} c_{mk} x_1^m x_2^k \in \mathbb{Z}\mathbb{P}[x_1^{\pm 1}, x_2^{\pm 1}] \quad (c_{mk} \in \mathbb{Z}\mathbb{P}) \tag{5.29}$$

が (5.20) の左辺に属するとすると, 条件

(i) $m < 0$ に対して, c_{mk} は $(p_1^+ + p_1^-)^{-m}$ で割り切れる.

(ii) $k < 0$ に対して, c_{mk} は $(p_2^+ + p_2^-)^{-k}$ で割り切れる.

がともにみたされなければならない. ここで, 定理の仮定により, (5.10) の $M_{1;t_0} = p_1^+ + p_1^-$ と $M_{2;t_0} = p_2^+ + p_2^-$ は $\mathbb{Z}\mathbb{P}[\mathbf{x}_t]$ において互いに素である. (定理の仮定を使うのはここだけである.) すると, 条件 (i), (ii) より,

(iii) $m,\ k < 0$ に対して, c_{mk} は $(p_1^+ + p_1^-)^{-m}(p_2^+ + p_2^-)^{-k}$ で割り切れる.

が成り立つ. よって, L'' の x_i の負べきを $x_i'/(p_i^+ + p_i^-)$ の正べきに置き換えることによって, L'' は $\mathbb{Z}\mathbb{P}[x_1, x_2, x_1', x_2']$ に属することがわかる.

以上で主張 5.8 が示され, 命題 5.6 の証明は完結した. ■

命題 5.6 とは逆に, 初期種子 Σ_{t_0} が互いに素でない場合には, 以下が成り立つ.

命題 5.9 Σ をランク 2 の団パターンとして，初期種子 Σ_{t_0} は互いに素で
ないとする．このとき，以下が成り立つ．

$$\mathcal{L}_{t_0} = \mathcal{A} = \overline{\mathcal{A}} \subsetneq \mathcal{U}_{t_0}. \tag{5.30}$$

証明 Σ_{t_0} が互いに素でないのは，$a = b = 0$ の場合にかぎられる．このとき，
例 2.16 で見たように，ちょうど四つの団 (x_1, x_2), (x_1', x_2), (x_1, x_2'), (x_1', x_2')
がある．よって，$\mathcal{L}_{t_0} = \mathbb{ZP}[x_1, x_2, x_1', x_2'] = \mathcal{A}$ が成り立つ．また，

$$x_1 x_1' = M_{1;t_0} = p_1^+ + p_1^-, \quad x_2 x_2' = M_{2;t_0} = p_2^+ + p_2^- \tag{5.31}$$

であり，仮定により，ある $R \in \mathbb{ZP} \setminus \mathbb{ZP}^\times$ が存在して，

$$M_{1;t_0} = Q_1 R, \quad M_{2;t_0} = Q_2 R \quad (Q_1, Q_2 \in \mathbb{ZP}) \tag{5.32}$$

となる．このとき，

$$x_1^{-1} x_2^{-1} Q_1 Q_2 R = x_1' x_2^{-1} Q_2 = x_1^{-1} x_2' Q_1 \in \mathcal{U}_{t_0} \tag{5.33}$$

が成り立つ．一方，この元は $\mathcal{A}$ には属さない．なぜなら，x_1 と x_2 の負べき
を同時には消去できないからである．よって，$\mathcal{A} \neq \mathcal{U}_{t_0}$ が示された．最後に，
$\overline{\mathcal{A}}$ の任意の元 L は以下のように表せる $(c_{mn} \in \mathbb{ZP})$．

$$
\begin{aligned}
L &= \sum_{m,n \geq 0} c_{mn} x_1^m x_2^n + \sum_{m \geq 0, n < 0} c_{mn} M_{2;t_0}^{-n} x_1^m x_2^n \\
&\quad + \sum_{m < 0, n \geq 0} c_{mn} M_{1;t_0}^{-m} x_1^m x_2^n + \sum_{m,n < 0} c_{mn} M_{1;t_0}^{-m} M_{2;t_0}^{-n} x_1^m x_2^n \\
&= \sum_{m,n \geq 0} c_{mn} x_1^m x_2^n + \sum_{m \geq 0, n < 0} c_{mn} x_1^m x_2'^{-n} \\
&\quad + \sum_{m < 0, n \geq 0} c_{mn} x_1'^{-m} x_2^n + \sum_{m,n < 0} c_{mn} x_1'^{-m} x_2'^{-n} \in \mathcal{A}.
\end{aligned}
$$

よって，$\mathcal{A} = \overline{\mathcal{A}}$ が成り立つ． ∎

5.3　ローラン現象の別証明

前節の手法と結果の応用として，ローラン現象（定理 3.1）の別証明を与える．したがって，以下では (5.2) を用いることができないので，(5.13) から (5.14) はただちには得られないことに注意する．

はじめに，以下を示す．

命題 5.10 ([CA3])　Σ をランク 2 の団パターンとして，任意の種子 Σ_t は互いに素とする．このとき，任意の $t \in \mathbb{T}_2$ に対して，以下の等式が成り立つ．

$$\mathcal{U}_t = \mathcal{L}_t = \mathcal{U}_{t_0} = \mathcal{L}_{t_0}. \tag{5.34}$$

とくに，上界 $\mathcal{U}_t$ は $t \in \mathbb{T}_2$ によらない．

証明　仮定より，任意の t に対して Σ_t は互いに素であるので，命題 5.6 より，$\mathcal{L}_t = \mathcal{U}_t$ が成り立つ．したがって，

$$\mathcal{L}_{t_0} = \mathcal{L}_{t_1} \tag{5.35}$$

を示せばよい．ここで，t_2' を t_1 に 2 隣接する頂点として，$x_2'' = x_{2;t_2'}$ とおくと，

$$\mathcal{L}_{t_1} = \mathbb{ZP}[x_1, x_2, x_1', x_2''] \tag{5.36}$$

である．状況を図示すると，以下のようになる．

$$
\begin{array}{cccc}
\overset{2}{\bullet} & \overset{1}{\bullet} & \overset{2}{\bullet} & \bullet \\
t_2 & t_0 & t_1 & t_2' \\
(x_1, x_2') & (x_1, x_2) & (x_1', x_2) & (x_1', x_2'')
\end{array}
$$

すると，等式 (5.35) は，主張

$$x_2'' \in \mathcal{L}_{t_0} = \mathbb{ZP}[x_1, x_2, x_1', x_2'], \tag{5.37}$$

$$x_2' \in \mathcal{L}_{t_1} = \mathbb{ZP}[x_1, x_2, x_1', x_2''] \tag{5.38}$$

と同値であり，x_2' と x_2'' の対称性より，(5.37) のみを示せば十分である．そこで，(2.49) において $s = 1$ とおくと，

$$x_2 x_2'' = q_2^+ x_1'^{\,b} + q_2^-, \tag{5.39}$$

$$q_2^+ = \frac{y_2'}{1 \oplus y_2'}, \quad q_2^- = \frac{1}{1 \oplus y_2'}, \quad y_2' = y_2(1 \oplus y_1)^b \tag{5.40}$$

を得る．また，以下が成り立つ．

$$q_2^+ / q_2^- = y_2' = (p_2^+ / p_2^-)(p_1^-)^{-b}, \tag{5.41}$$

$$x_1 x_1' = p_1^+ x_2^a + p_1^-, \tag{5.42}$$

$$x_2 x_2' = p_2^+ + p_2^- x_1^b. \tag{5.43}$$

これらより，

$$
\begin{aligned}
x_2'' &= \frac{q_2^+ x_1'^{\,b} + q_2^-}{x_2} = \frac{q_2^+ x_1'^{\,b}(x_2 x_2' - p_2^- x_1^b)}{p_2^+ x_2} + \frac{q_2^-}{x_2} \\
&= \frac{q_2^+ x_1'^{\,b} x_2'}{p_2^+} - \frac{q_2^+ p_2^-}{p_2^+ x_2}\left((x_1' x_1)^b - \frac{q_2^- p_2^+}{q_2^+ p_2^-}\right) \\
&= \frac{q_2^+ x_1'^{\,b} x_2'}{p_2^+} - \frac{q_2^+ p_2^-}{p_2^+ x_2}\left((p_1^+ x_2^a + p_1^-)^b - (p_1^-)^b\right)
\end{aligned}
\tag{5.44}
$$

を得る．最後の表式の第二項の分子は x_2 で割り切れる．よって，(5.37) が成り立つ． ■

命題 5.10 を用いて，以下を示す．

命題 5.11 ([CA3]) $\quad \Sigma$ をランク $n \geq 3$ の団パターンとして，任意の種子 Σ_t は互いに素とする．このとき，上界 $\mathcal{U}_t$ は $t \in \mathbb{T}_n$ によらない．

証明 $\quad i = 1, \ldots, n$ に対して，t_i を t_0 に i 隣接な頂点，t_i' を t_1 に i 隣接な頂点とする．とくに，$t_1' = t_0$ である．図示すると以下のようになる．

$$
\overset{\displaystyle i \qquad\quad 1 \qquad\quad i}{\underset{\displaystyle t_i \quad\;\; t_0 \quad\;\; t_1 \quad\;\; t_i'}{\bullet\!\!-\!\!-\!\!-\!\!\bullet\!\!-\!\!-\!\!-\!\!\bullet\!\!-\!\!-\!\!-\!\!\bullet}}
$$

$\boldsymbol{\Sigma}$ をランク 2 に制限し凍結変数を係数の一部とみなすとき，命題 5.10 により，その上界 $\mathcal{U}_t^{\mathrm{res}}$ は t によらない．たとえば，$\boldsymbol{\Sigma}$ を 1, 2 方向への変異に制限した場合，$\mathcal{U}_{t_0}^{\mathrm{res}} = \mathcal{U}_{t_1}^{\mathrm{res}}$ である．すなわち，$R = \mathbb{ZP}[x_3^{\pm 1}, \ldots, x_n^{\pm 1}]$ とおいて，

$$
\begin{aligned}
& R[x_1^{\pm 1}, x_2^{\pm 1}] \cap R[x_{1;t_1}^{\pm 1}, x_2^{\pm 1}] \cap R[x_1^{\pm 1}, x_{2;t_2}^{\pm 1}] \\
& \qquad = R[x_1^{\pm 1}, x_2^{\pm 1}] \cap R[x_{1;t_1}^{\pm 1}, x_2^{\pm 1}] \cap R[x_{1;t_1}^{\pm 1}, x_{2;t_2'}^{\pm 1}]
\end{aligned}
\tag{5.45}
$$

が成り立つ．これは，また，

$$
\mathbb{ZP}[\mathbf{x}^{\pm 1}] \cap \mathbb{ZP}[\mathbf{x}_{t_1}^{\pm 1}] \cap \mathbb{ZP}[\mathbf{x}_{t_2}^{\pm 1}] = \mathbb{ZP}[\mathbf{x}^{\pm 1}] \cap \mathbb{ZP}[\mathbf{x}_{t_1}^{\pm 1}] \cap \mathbb{ZP}[\mathbf{x}_{t_2'}^{\pm 1}] \tag{5.46}
$$

と等しい．同様にして，任意の $i \neq 1$ に対して，

$$
\mathbb{ZP}[\mathbf{x}^{\pm 1}] \cap \mathbb{ZP}[\mathbf{x}_{t_1}^{\pm 1}] \cap \mathbb{ZP}[\mathbf{x}_{t_i}^{\pm 1}] = \mathbb{ZP}[\mathbf{x}^{\pm 1}] \cap \mathbb{ZP}[\mathbf{x}_{t_1}^{\pm 1}] \cap \mathbb{ZP}[\mathbf{x}_{t_i'}^{\pm 1}] \tag{5.47}
$$

となる．(5.47) を用いて，$\boldsymbol{\Sigma}$ の上界 $\mathcal{U}_t$ が t によらないことを示す．$\mathcal{U}_{t_0} = \mathcal{U}_{t_1}$ を示せばよい．実際，

$$
\begin{aligned}
\mathcal{U}_{t_0} &= \mathbb{ZP}[\mathbf{x}^{\pm 1}] \cap \bigcap_{i=1}^{n} \mathbb{ZP}[\mathbf{x}_{t_i}^{\pm 1}] \\
&= \bigcap_{i=2}^{n} \Big(\mathbb{ZP}[\mathbf{x}^{\pm 1}] \cap \mathbb{ZP}[\mathbf{x}_{t_1}^{\pm 1}] \cap \mathbb{ZP}[\mathbf{x}_{t_i}^{\pm 1}] \Big) \\
&\overset{(5.47)}{=} \bigcap_{i=2}^{n} \Big(\mathbb{ZP}[\mathbf{x}^{\pm 1}] \cap \mathbb{ZP}[\mathbf{x}_{t_1}^{\pm 1}] \cap \mathbb{ZP}[\mathbf{x}_{t_i'}^{\pm 1}] \Big) \\
&= \mathbb{ZP}[\mathbf{x}_{t_1}^{\pm 1}] \cap \bigcap_{i=1}^{n} \mathbb{ZP}[\mathbf{x}_{t_i'}^{\pm 1}] = \mathcal{U}_{t_1}
\end{aligned}
$$

となる． ∎

　命題 5.11 より，定理 3.1 の別証明が得られる．

定理 3.1 の証明　3.1 節の証明と同様に，ランク n の団パターン $\boldsymbol{\Sigma}$ は基点 t_0 の自由係数を持つと仮定してよい．すると，補題 5.4 より，任意の種子 Σ_t は互いに素である．よって，命題 5.11 より，

$$\overline{\mathcal{A}} = \bigcap_{t \in \mathbb{T}_n} \mathbb{Z}\mathbb{P}[\mathbf{x}_t^{\pm 1}] = \bigcap_{t \in \mathbb{T}_n} \mathcal{U}_t = \mathcal{U}_{t_0}, \tag{5.48}$$

$$x_{i;t} \in \mathcal{U}_t = \mathcal{U}_{t_0} \tag{5.49}$$

となり，$\mathcal{A} \subset \overline{\mathcal{A}}$ が示された． ∎

5.4 一般のランクの場合

[CA3] では，同様の手法を用いて，一般のランクの場合に対する命題 5.6 と定理 5.7 の拡張が与えられた．ここでは証明は省略して結果のみを述べる．

定義 5.12（非輪状）　n 次反対称化可能行列 B が以下の条件をみたすとき，**非輪状** (acyclic) という．

- $\{1, \ldots, n\}$ の巡回列 $i_1, i_2, \ldots, i_m, i_{m+1} = i_1$ $(3 \leq m \leq n)$ で，任意の $s = 1, \ldots, m$ に対して $b_{i_s i_{s+1}} > 0$ となるようなものは存在しない．

B が対称行列のときは，B が非輪状であることと対応する箙 Q がサイクルを持たないことは同値であり，それがこの用語の意味である．

例 5.13　　(1) 任意の 2 次反対称化可能行列は非輪状である．

(2) 対応するカルタン行列 $A(B)$ が有限型（定義 3.8）である反対称化可能行列 B は非輪状である．（対応するディンキン図が木グラフであることからわかる．）

✎ **量子団代数のローラン現象**

Berenstein-Zelevinsky [1] は，（幾何型）団代数の団変数を非可換化した量子団代数を導入した．一般に非可換変数の扱いは面倒で，3.1 節におけるローラン現象の証明の手法をそのまま適用することは難しい．そこで，5.3 節における団代数のローラン現象の別証明を [CA3] で与え，同じ手法により量子団代数に対するローラン現象を示した．11 章でこの証明を与える（定理 11.18）．

定理 **5.14** ([CΛ3])　　Σ を任意の団パターンとして，t_0 を任意の初期頂点とする．初期交換行列 B_{t_0} が非輪状であるとき，以下が成り立つ．

(1)

$$\mathcal{L}_{t_0} = \mathcal{A}. \tag{5.50}$$

とくに，団代数 $\mathcal{A}$ は有限生成である．

(2) さらに初期種子 Σ_{t_0} が互いに素ならば，

$$\mathcal{L}_{t_0} = \mathcal{A} = \overline{\mathcal{A}} = \mathcal{U}_{t_0}. \tag{5.51}$$

文献ノート

この章の内容は [CA3] にもとづく．また，[CA3] では，補題 5.4 の条件を拡大交換行列が最大ランクである幾何型団係数により与えていたが，これを自由係数に置き換えることで議論を若干簡明にした．

第II部
団代数の技法

第**6**章

符号同一性と双対性

　この章では，団代数論における重要な結果である C 行列の符号同一性について証明をせずに述べ，その帰結として得られる C 行列と G 行列の双対性をはじめとしたさまざまな性質について論じる.

6.1　行列記号

　まずはじめに，行列に関するいくつかの記号を導入する．以下では自然数 n を固定して，n 次正方整数行列 $A = (a_{ij})$ に対して，A の (i, j) 成分 a_{ij} を $[a_{ij}]_+$ に置き換えて得られる行列を $[A]_+$ と表す．また，A と各 $k = 1, \dots, n$ に対して，A の第 k 列以外の成分を 0 に置き換えて得られる行列を $A^{\bullet k}$ と表す．同様に，A の第 k 行以外の成分を 0 に置き換えて得られる行列を $A^{k \bullet}$ と表す．また，$[A]_+^{\bullet k} := ([A]_+)^{\bullet k} = [A^{\bullet k}]_+$ とおく．$[A]_+^{k \bullet}$ についても同様である.

　n 次正方整数行列 A, B, C, D に対して，以下の等式が成り立つことは簡単に確かめられる．最後の二つの等式については，(1.37) を用いる.

$$AB^{\bullet k} = (AB)^{\bullet k}, \quad A^{k \bullet}B = (AB)^{k \bullet}, \tag{6.1}$$

$$A^{\bullet k}B = A^{\bullet k}B^{k \bullet} = AB^{k \bullet}, \tag{6.2}$$

$$A[B]_+ + [-A]_+B = A[-B]_+ + [A]_+B, \tag{6.3}$$

$$AB = CD \text{ ならば, } A[B]_+ - C[D]_+ = A[-B]_+ - C[-D]_+. \tag{6.4}$$

n 次単位行列 I に対して, 第 k 対角成分のみを -1 に置き換えた行列を J_k と表す. 以後本書では, 以下の性質を頻繁に用いる.

補題 6.1 対角成分がすべて 0 の n 次正方整数行列 A に対して, $P = J_k + A^{k\bullet}$, $Q = J_k + A^{\bullet k}$ とおく. このとき, 以下が成り立つ.

$$A^{\bullet k} J_k = -A^{\bullet k}, \quad J_k A^{\bullet k} = A^{\bullet k}, \quad A^{k\bullet} J_k = A^{k\bullet}, \quad J_k A^{k\bullet} = -A^{k\bullet}, \tag{6.5}$$

$$P^2 = Q^2 = I, \tag{6.6}$$

$$|P| = |Q| = -1. \tag{6.7}$$

証明 (6.5) は容易に確かめられる. P に対して, (6.6) と (6.7) を示す. $a_{kk} = 0$ に注意すると,

$$\begin{aligned} P^2 &= J_k^2 + J_k A^{k\bullet} + A^{k\bullet} J_k + A^{k\bullet} A^{k\bullet} \\ &= I - A^{k\bullet} + A^{k\bullet} = I \end{aligned} \tag{6.8}$$

となる. また, $|P| = |J_k| = -1$ となる. Q についても同様である. ∎

例 6.2（行列の変異） 行列の変異 (2.11) の第一の場合は,

$$(B')^{k\bullet} = -B^{k\bullet}, \quad (B')^{\bullet k} = -B^{\bullet k} \tag{6.9}$$

と表される. また, 変異全体はまとめて

$$B' = (J_k + [-\varepsilon B]_+^{\bullet k}) B (J_k + [\varepsilon B]_+^{k\bullet}) \tag{6.10}$$

と表される. $P = J_k + [-\varepsilon B]_+^{\bullet k}$ とおくと, (6.6) より, $P^2 = I$ である. よって, これは以下と同値である.

$$(J_k + [-\varepsilon B]_+^{\bullet k}) B' = B (J_k + [\varepsilon B]_+^{k\bullet}). \tag{6.11}$$

例 6.3 (C, G 行列の変異)　　基点 t_0 の C パターン $\mathbf{C}^{t_0} = \mathbf{C} = \{C_t\}_{t \in \mathbb{T}_n}$ に対する変異の ε 表示 (4.7), (4.8) は,

$$C_{t'} = C_t J_k + C_t [\varepsilon B_t]_+^{k\bullet} + [-\varepsilon C_t]_+^{\bullet k} B_t \tag{6.12}$$

と表される. また, とくに (4.7) の第一の場合は

$$C_{t'}^{\bullet k} = -C_t^{\bullet k} \tag{6.13}$$

と表される. 同様にして, 基点 t_0 の G パターン $\mathbf{G}^{t_0} = \mathbf{G} = \{G_t\}_{t \in \mathbb{T}_n}$ に対する変異の ε 表示 (4.15), (4.18) は,

$$G_{t'} = G_t J_k + G_t [-\varepsilon B_t]_+^{\bullet k} - B_{t_0} [-\varepsilon C_t]_+^{\bullet k} \tag{6.14}$$

と表される.

　練習として, これらの表式を用いた第一双対性 (4.17) の別証明を与えよう.

例 6.4 (第一双対性)　　$d = d(t_0, t)$ に関する帰納法で示す. 基点 $t = t_0$ に対しては, $C_{t_0} = G_{t_0} = I$ であるので, 等式 (4.17) は成り立つ. つぎに, 等式 (4.17) が $d(t_0, t) = d$ である $t \in \mathbb{T}_n$ について成り立つとする. t' を t と k 隣接で $d(t_0, t') = d + 1$ である頂点とする. このとき,

$$\begin{aligned}
G_{t'} B_{t'} &= G_t (J_k + [-B_t]_+^{\bullet k}) B_{t'} - B_{t_0} [-C_t]_+^{\bullet k} B_{t'}^{k\bullet} \\
&= G_t B_t (J_k + [B_t]_+^{k\bullet}) + B_{t_0} [-C_t]_+^{\bullet k} B_t^{k\bullet} \\
&= B_{t_0} C_t (J_k + [B_t]_+^{k\bullet}) + B_{t_0} [-C_t]_+^{\bullet k} B_t \\
&= B_{t_0} C_{t'}
\end{aligned}$$

となる. ただし, 二番目の等式で (6.9) と (6.11) を用いた.

6.2　C 行列の符号同一性

Fomin-Zelevinsky は [CA4] において, 団パターンの性質に関するさまざまな予想を与えた. なかでも重要な C 行列の符号同一性に対する予想について説明する.

任意の B パターン $\mathbf{B}$ に対して, $(\mathbf{C}, \mathbf{F})$ を $\mathbf{B}$ と基点 t_0 の定める CF パターンとする. まず, F 多項式の定数項に関する予想について述べる.

予想 6.5 (F 多項式の**単位定数性** (unit constant property) [CA4]) 　任意の F 多項式 $F_{i;t}(\mathbf{y})$ の定数項は 1 である.

たとえば, 例 4.17 では確かに成り立っている. また, これは命題 4.14 と整合的であり, それよりも強い主張である. 予想の主張は単純であり, 変異公式 (4.19) を用いて $t \in \mathbb{T}_n$ に関する帰納法により証明できると期待することは自然であるが, 実際にやってみるとうまくいかない. しかし, その過程で, Fomin-Zelevinsky は上の予想が c ベクトルあるいは C 行列に対する注目すべき性質と同値であることに気づいた.

定義 6.6 (正・負ベクトル, 符号同一性) 　整数ベクトル $\mathbf{v} \in \mathbb{Z}^n$ が 0 ベクトルでなく, かつすべての 0 でない成分が正 (負) のとき, $\mathbf{v}$ を**正 (負) ベクトル** (positive (negative) vector) という. また, 整数行列 M の各行 (各列) が正または負ベクトルであるとき, M を**行 (列) 符号同一** (row (column) sign-coherent) という.

予想 6.7 (C 行列の**符号同一性** (sign-coherence) [CA4]) 　任意の C 行列 C_t は列符号同一である. 言い換えると, 任意の c ベクトル $\mathbf{c}_{i;t}$ は, 正または負ベクトルである.

定義式 (4.4) より, c ベクトルはトロピカル y 変数の指数ベクトルであった. したがって, 上の予想は, 各トロピカル y 変数の指数ベクトルに正負が混在しない, と言い換えることもできる. これは, 2.3 節の結果において実際に成り立つことが確認できる.

予想 6.5 と予想 6.7 の同値性は, F 多項式の変異公式 (4.19) より容易に得られる.

命題 6.8 ([CA4]) 　以下の主張は同値である.
(1) 任意の F 多項式 $F_{i;t}(\mathbf{y})$ の定数項は 1 である.
(2) 任意の C 行列 C_t は列符号同一である.

証明 $t, t' \in \mathbb{T}_n$ を k 隣接とする. t について, $F_{i;t}(\mathbf{y})$ $(i = 1, \ldots, n)$ の定数項が 1 とする. すると, 変異公式 (4.20) より, 以下の条件は同値となる.

(a) $F_{k;t'}(\mathbf{y})$ の定数項は 1 である.

(b) c ベクトル $\mathbf{c}_{k;t}$ は正または負ベクトルである.

これより, (1) $\implies$ (2) が得られる. また, 初期条件 $F_{i;t_0}(\mathbf{y}) = 1$ と上の同値性を用いて, $d = d(t_0, t)$ に関する帰納法により, (2) $\implies$ (1) が得られる. ∎

しかしながら, 上の同値性は予想 6.5 を解決するものではなく, むしろその非自明性を明らかにすることとなった.（そのため, [CA4] では, 予想 6.5 のことを "tantalizing（じらして苦しめる）conjecture" と表現している.）予想 6.5 および予想 6.7 を証明する試みは [CA4] 以降多くの研究者によりつづけられ, さまざまな手法による部分的な解決がなされたのちに, Gross-Hacking-Keel-Kontsevich（GHKK と呼ばれる）[20] が, ミラー対称性における散乱図の手法を用いて予想を解決し, これにより団代数論の新しい展開が得られた.

定理 6.9 ([20])　任意の団パターンに対して, 予想 6.5 と予想 6.7 は正しい.

[20] による定理 6.9 の証明は, 団散乱図の構成と構造についての長く詳細な議論を必要とするため, 本書では述べない. 団散乱図については, 10 章で簡単にふれる. また, ランク 2 の場合は c ベクトルの具体的表示を与えることが可能であり, 定理 6.9 を直接示すことができる [16]（(7.15) 参照）.

第 II 部においては, 定理 6.9 を認め, それから得られるさまざまな重要な帰結について調べる.

6.3　第二双対性とユニモジュラー性

任意の B パターン $\mathbf{B}$ と基点 t_0 の定める CG パターンを $(\mathbf{C}, \mathbf{G})$ とする. 定理 6.9 より, 各 c ベクトル $\mathbf{c}_{i;t}$ は, 正または負ベクトルである. これより, 以下の概念が定義される.

定義 6.10 (トロピカル符号)　各 c ベクトル $\mathbf{c}_{i;t}$ に対して，**トロピカル符号** (tropical sign) $\varepsilon_{i;t} \in \{1, -1\}$ を，$\mathbf{c}_{i;t}$ の非 0 成分の共通符号により定める．トロピカル符号は，i と t だけでなく基点 t_0 にも依存することに注意する．

例 6.11　(1) 基点 t_0 に対して，$C_{t_0} = I$ である．よって，

$$\varepsilon_{i;t_0} = 1 \quad (i = 1, \ldots, n). \tag{6.15}$$

(2) $t, t' \in \mathbb{T}_n$ を k 隣接な頂点とすると，(6.13) より，

$$\varepsilon_{k;t'} = -\varepsilon_{k;t}. \tag{6.16}$$

C 行列の符号同一性とトロピカル符号の定義により，以下が成り立つことが以後の話の急所である．

$$[-\varepsilon_{k;t} C_t]_+^{\bullet k} = O. \tag{6.17}$$

この結果，C 行列と G 行列の変異は以下のように簡単化し，また変異の類似性（双対性）が明白となる．

命題 6.12 (C, G 行列の変異 [37])　k 隣接な頂点 $t, t' \in \mathbb{T}_n$ に対して，以下が成り立つ．

$$C_{t'} = C_t(J_k + [\varepsilon_{k;t} B_t]_+^{k\bullet}), \tag{6.18}$$

$$G_{t'} = G_t(J_k + [-\varepsilon_{k;t} B_t]_+^{\bullet k}). \tag{6.19}$$

✎ 渡れぬ二つの川

C 行列の符号同一性とローラン正値性はどちらも Fomin-Zelevinsky により予想され，この予想から多くの重要な結果が得られる一方で，予想自体の証明ができないことから，長らく団代数論を分断する大きな二つの川として団代数論の研究者を悩ませていた．そして，GHKK がついにこの二つの川に橋をかけたが，その論文 [20] は散乱図という団代数においては見慣れない手法が用いられ，またその結果を団代数の言葉に翻訳するためには行間を埋める必要があったため，証明が理解されるまでにさらにしばらくの年月を要した．

証明 変異の ε 表示 (6.12), (6.14) において, $\varepsilon = \varepsilon_{k;t}$ とおけばよい. ■

上の式から, 以下の重要な結果が得られる.

定理 6.13 ([37])   任意の $t \in \mathbb{T}_n$ に対して, 以下が成り立つ.

(1) (**ユニモジュラー性** (unimodularity))

$$|C_t| = |G_t| = (-1)^{d(t_0, t)} \in \{1, -1\}. \tag{6.20}$$

(2) (**第二双対性** (second duality)) D を B パターン $\mathbf{B}$ の任意の共通反対称化子とすると, 以下が成り立つ.

$$D^{-1} G_t^T D C_t = I, \tag{6.21}$$
$$D^{-1} C_t^T D G_t = I. \tag{6.22}$$

証明 (1) $d = d(t_0, t)$ に関する帰納法により示す. $C_{t_0} = G_{t_0} = I$ より, $t = t_0$ に対して主張は正しい. つぎに, $d(t_0, t) = d$ である $t \in \mathbb{T}_n$ に対して主張が成り立つとする. t' を t と k 隣接で $d(t_0, t') = d + 1$ である頂点とする. (6.18), (6.19) における行列を

$$P = J_k + [\varepsilon_{k;t} B_t]_+^{k\bullet}, \quad Q = J_k + [-\varepsilon_{k;t} B_t]_+^{\bullet k}$$

とおく. すると, 補題 6.1 より, $|P| = |Q| = -1$ である. よって, $|C_{t'}| = |G_{t'}| = -|C_t| = -|G_t|$ となり, 主張が成り立つ.

(2) (6.21) と (6.22) は同値であるので, (6.21) を上と同様の帰納法で示す. 上の P, Q に対して, (1.30) より,

$$DPD^{-1} = Q^T \tag{6.23}$$

となる. よって, 帰納法の仮定 $D^{-1} G_t^T D C_t = I$ より,

$$D^{-1} G_{t'}^T D C_{t'} = D^{-1}(Q^T G_t^T) D(C_t P) = P(D^{-1} G_t^T D C_t)P = P^2 = I \tag{6.24}$$

が得られる. ただし, 最後の等式で補題 6.1 を用いた. ■

一般に，整数ベクトル $\mathbf{v} \neq \mathbf{0}$ に対して，$\mathbf{v}$ のすべての成分の最大公約数が 1 であるとき，$\mathbf{v}$ を**原始的** (primitive) という．ユニモジュラー行列 M の各列は原始的である．なぜなら，そうでないとするとその列を最大公約数で割ったものに対する行列式も整数となり，M のユニモジュラー性と矛盾するからである．これより，以下の系が得られる．

系 6.14 任意の c ベクトルと g ベクトルは原始的である．

命題 1.16 より，B パターン $\mathbf{B} = \{B_t\}$ に対して，$-\mathbf{B}^T := \{-B_t^T\}$ もまた B パターンとなる．これを $\mathbf{B}$ の**ラングランズ双対** (Langlands dual) という．$-\mathbf{B}^T$ と基点 t_0 の定める C 行列と G 行列を，この章だけの記号として $\check{C}_t, \check{G}_t$ と表す．以下の事実は，C 行列の符号同一性には依存しない．

命題 6.15 ([37]) D を B パターン $\mathbf{B}$ の共通反対称化子とすると，以下が成り立つ．

$$\check{C}_t = DC_t D^{-1}, \tag{6.25}$$

$$\check{G}_t = DG_t D^{-1}. \tag{6.26}$$

証明 (1.30) より，

$$DB_t D^{-1} = -B_t^T \tag{6.27}$$

である．そこで，(6.12) に左から D，右から D^{-1} をかけて，

$$DC_{t'}D^{-1} = DC_t D^{-1}J_k + DC_t D^{-1}[\varepsilon(-B_t^T)]_+^{k\bullet} + [-\varepsilon DC_t D^{-1}]_+^{\bullet k}(-B_t^T) \tag{6.28}$$

を得る．ここで，$\check{C}_t = DC_t^{t_0}D^{-1}$ とすると，確かにこの式は $\check{C}_t$ に対する変異となり，しかも $\check{C}_{t_0} = I$ をみたすので，(6.25) が示された．同様に，(6.14) に同じ操作を施し，(6.25) を用いると，

$$DG_{t'}D^{-1} = DG_t J_k D^{-1} + DG_t D^{-1}[-\varepsilon(-B_t^T)]_+^{\bullet k} - (-B_{t_0}^T)[-\varepsilon \check{C}_t]^{\bullet k} \tag{6.29}$$

を得る．よって，(6.26) が示された． ■

定理 6.13 (2) と命題 6.15 より，第二双対性の別の表示を得る．

系 **6.16**（ラングランズ双対性 (Langlands duality) [37]）

$$\check{G}_t^T C_t = I, \quad \check{C}_t^T G_t = I. \tag{6.30}$$

第二双対性の応用として，交換行列 B_t に対する以下の表示が得られる．

命題 6.17 ([37])　以下が成り立つ．

$$DB_t = C_t^T (DB_{t_0}) C_t. \tag{6.31}$$

証明　第一双対性 (4.17) と第二双対性 (6.22) より，

$$C_t^T DB_{t_0} C_t = C_t^T DG_t B_t = D(D^{-1} C_t^T DG_t) B_t = DB_t \tag{6.32}$$

を得る．　∎

変異公式 (6.18)，(6.19) を c ベクトルと g ベクトルで表した以下の式も有用である．

命題 6.18 (c, g ベクトルの変異)　k 隣接な頂点 $t, t' \in \mathbb{T}_n$ に対して，以下が成り立つ．

$$\mathbf{c}_{i;t'} = \begin{cases} -\mathbf{c}_{k;t} & (i = k), \\ \mathbf{c}_{i;t} + [\varepsilon_{k;t} b_{ki;t}]_+ \mathbf{c}_{k;t} & (i \neq k), \end{cases} \tag{6.33}$$

$$\mathbf{g}_{i;t'} = \begin{cases} -\mathbf{g}_{k;t} + \sum_{j=1}^{n} [-\varepsilon_{k;t} b_{jk;t}]_+ \mathbf{g}_{j;t} & (i = k), \\ \mathbf{g}_{i;t} & (i \neq k). \end{cases} \tag{6.34}$$

6.4　第三双対性と双対変異

C 行列の符号同一性のもとで，さらなる（より非自明な）C 行列と G 行列の双対性を導く．ひきつづき，C_t, G_t を B パターン $\mathbf{B} = \{B_t\}$ と基点 t_0 の

定める C 行列と G 行列とする. 以下では基点 t_0 を動かすので, 基点の依存性を明示してこれらを $C_t^{t_0}$, $G_t^{t_0}$ と表す.

命題 1.16 より, B パターン $\mathbf{B} = \{B_t\}$ に対して, $\mathbf{B}^T := \{B_t^T\}$ もまた B パターンとなる. これを $\mathbf{B}$ の**転置** (transpose), あるいは**転置双対** (transpose dual) という. $\mathbf{B}^T$ と基点 t_0 の定める C 行列と G 行列を, この章だけの記号として $\tilde{C}_t^{t_0}$, $\tilde{G}_t^{t_0}$ と表す.

任意の行 (列) 符号同一行列 M に対して, M の第 k 行 (列) ベクトルの非 0 成分の共通符号を $\varepsilon_{k\bullet}(M)$ ($\varepsilon_{\bullet k}(M)$) と表す. たとえば, 前節のトロピカル符号 $\varepsilon_{i;t}$ は, $\varepsilon_{\bullet i}(C_t^{t_0})$ と表せる. また, 変異公式 (6.18) と (6.19) は以下のように表せる.

$$C_{t'}^{t_0} = C_t^{t_0}(J_k + [\varepsilon_{\bullet k}(C_t^{t_0})B_t]_+^{k\bullet}), \tag{6.35}$$

$$G_{t'}^{t_0} = G_t^{t_0}(J_k + [-\varepsilon_{\bullet k}(C_t^{t_0})B_t]_+^{\bullet k}). \tag{6.36}$$

このとき, 以下が成り立つ. ((2) のように基点あるいは初期頂点の取り替えから誘導される変換を, 本書では**双対変異** (dual mutation) という.)

定理 6.19 (1) (**第三双対性** (third duality) [37]) 任意の t_0, $t \in \mathbb{T}_n$ に対して, 以下が成り立つ.

$$C_t^{t_0} = (\tilde{G}_{t_0}^t)^T, \tag{6.37}$$

$$G_t^{t_0} = (\tilde{C}_{t_0}^t)^T. \tag{6.38}$$

とくに, G 行列 $G_t^{t_0}$ は行符号同一であり, 等式

$$\varepsilon_{k\bullet}(G_t^{t_0}) = \varepsilon_{\bullet k}(\tilde{C}_{t_0}^t) \tag{6.39}$$

が成り立つ.

(2) (**双対変異** [37, 14]) t_0 と t_1 が k 隣接であるような任意の t_0, $t_1 \in \mathbb{T}_n$ と任意の $t \in \mathbb{T}_n$ に対して, 以下が成り立つ.

$$C_t^{t_1} = (J_k + [-\varepsilon_{k\bullet}(G_t^{t_0})B_{t_0}]_+^{k\bullet})C_t^{t_0}, \tag{6.40}$$

$$G_t^{t_1} = (J_k + [\varepsilon_{k\bullet}(G_t^{t_0})B_{t_0}]_+^{\bullet k})G_t^{t_0}. \tag{6.41}$$

証明 (1) と (2) を $d = d(t_0, t)$ に関する帰納法で同時に示す．そのために，以下の主張を導入する．

$(a)_d$ $d(t_0, t) = d$ をみたす任意の $t_0, t \in \mathbb{T}_n$ に対して，(1) が成り立つ．

$(b)_d$ t_0 と t_1 が k 隣接で $d(t_0, t) = d$ をみたす任意の $t_0, t_1, t \in \mathbb{T}_n$ に対して，(2) が成り立つ．

これらの主張を，すでに示したものを順次仮定しながら，以下の順に示す．

$$(a)_0 \implies (b)_0 \implies (a)_1 \implies (b)_1 \implies (a)_2 \implies \cdots . \tag{6.42}$$

はじめに，$(a)_0$ と $(b)_0$ を確かめる．$t_0 = t$ のとき，関係する行列はすべて単位行列 I であるから $(a)_0$ は成り立つ．また，t_0 と t_1 は k 隣接であるので，命題 6.12 と (6.9) より，

$$C_{t_0}^{t_1} = C_{t_1}^{t_1}(J_k + [B_{t_1}]_+^{k\bullet}) = (J_k + [-B_{t_0}]_+^{k\bullet})C_{t_0}^{t_0}, \tag{6.43}$$

$$G_{t_0}^{t_1} = G_{t_1}^{t_1}(J_k + [-B_{t_1}]_+^{\bullet k}) = (J_k + [B_{t_0}]_+^{\bullet k})G_{t_0}^{t_0} \tag{6.44}$$

であり，$(b)_0$ が成り立つ．

つぎに，(6.42) の主張を $(b)_d$ まで仮定して，$(a)_{d+1}$ を示す．(6.40) において，$d(t_0, t) = d$ かつ $d(t_1, t) = d+1$ とする．$(a)_d$ のもとで (1) が適用できるので，(6.40) の右辺にそれぞれ代入して転置をとると，

$$(C_t^{t_1})^T = \tilde{G}_{t_0}^t(J_k + [-\varepsilon_{\bullet k}(\tilde{C}_{t_0}^t)B_{t_0}^T]_+^{\bullet k}) \tag{6.45}$$

を得る．(6.34) により，この右辺は $\tilde{G}_{t_1}^t$ である．よって，(6.37) が $d+1$ に対して示された．(6.38) についても同様である．

最後に，(6.42) の主張を $(a)_{d+1}$ まで仮定して，$(b)_{d+1}$ を示す．ここが，定理の証明の非自明で肝要な部分である．以下のような状況を考えれば十分である．$t_0, t_1, t, t' \in \mathbb{T}_n$ を，$d(t_0, t) = d, d(t_0, t') = d+1$ をみたし，t_1 と t_0 は k 隣接，t と t' は ℓ 隣接とする．これを図示すると以下のようになる．

ただし，t_1 は t_0 と t の間にあってもかまわない．$(b)_d$ のもとで (6.40) が適用できるので，これと (6.35) を用いて，

$$
\begin{aligned}
C_{t'}^{t_1} &= C_t^{t_1}(J_\ell + [\varepsilon_{\bullet\ell}(C_t^{t_1})B_t]_+^{\ell\bullet}) \\
&= (J_k + [-\varepsilon_{k\bullet}(G_t^{t_0})B_{t_0}]_+^{k\bullet})C_t^{t_0}(J_\ell + [\varepsilon_{\bullet\ell}(C_t^{t_1})B_t]_+^{\ell\bullet})
\end{aligned} \tag{6.46}
$$

を得る．一方，$(a)_{d+1}$ により，符号 $\varepsilon_{k\bullet}(G_{t'}^{t_0})$ が定まる．ここで，さしあたって，以下の等式を認めるとする．

$$
\begin{aligned}
&(J_k + [-\varepsilon_{k\bullet}(G_t^{t_0})B_{t_0}]_+^{k\bullet})C_t^{t_0}(J_\ell + [\varepsilon_{\bullet\ell}(C_t^{t_1})B_t]_+^{\ell\bullet}) \\
&= (J_k + [-\varepsilon_{k\bullet}(G_{t'}^{t_0})B_{t_0}]_+^{k\bullet})C_t^{t_0}(J_\ell + [\varepsilon_{\bullet\ell}(C_t^{t_0})B_t]_+^{\ell\bullet}).
\end{aligned} \tag{6.47}
$$

すると，(6.46) の最後の式は $(J_k + [-\varepsilon_{k\bullet}(G_{t'}^{t_0})B_{t_0}]_+^{k\bullet})C_{t'}^{t_0}$ となるが，これが $(b)_{d+1}$ における (6.40) に他ならない．同様にして，等式

$$
\begin{aligned}
&(J_k + [\varepsilon_{k\bullet}(G_t^{t_0})B_{t_0}]_+^{\bullet k})G_t^{t_0}(J_\ell + [-\varepsilon_{\bullet\ell}(C_t^{t_1})B_t]_+^{\bullet\ell}) \\
&= (J_k + [\varepsilon_{k\bullet}(G_{t'}^{t_0})B_{t_0}]_+^{\bullet k})G_t^{t_0}(J_\ell + [-\varepsilon_{\bullet\ell}(C_t^{t_1})B_t]_+^{\bullet\ell})
\end{aligned} \tag{6.48}
$$

から，$(b)_{d+1}$ における (6.41) が得られる．したがって，あとは (6.47) と (6.48) を示せばよい．そのためには，符号 $\varepsilon_{k\bullet}(G_t^{t_0})$ と $\varepsilon_{k\bullet}(G_{t'}^{t_0})$ の関係，および，符号 $\varepsilon_{\bullet\ell}(C_t^{t_1})$ と $\varepsilon_{\bullet\ell}(C_t^{t_0})$ の関係を知る必要がある．

ここで，以下の事実に留意する．

(i) (6.19) より，$G_t^{t_0}$ と $G_{t'}^{t_0}$ は第 ℓ 列のみが異なる．

(ii) $(b)_d$ より，$C_t^{t_0}$ と $C_t^{t_1}$ は第 k 行のみが異なる．

(iii) 第二双対性 (6.21) より，$G_t^{t_0}$ の第 k 行が第 ℓ 列にのみ非 0 成分 ε を持つための必要十分条件は，$C_t^{t_0}$ の第 ℓ 列が第 k 行にのみ非 0 成分 ε' を持つことである．また，それが成り立つとき，ユニモジュラー性 (6.20) より，$\varepsilon = \varepsilon' \in \{1, -1\}$ となる．

そこで，二つの場合に分けて考える．

場合 1：$G_t^{t_0}$ の第 k 行が第 ℓ 列以外に非 0 成分を持つとする．すると，上の事実 (i)–(iii) および $(a)_{d+1}$ における G 行列および C 行列の符号同一性より，

$$\varepsilon_{k\bullet}(G_{t'}^{t_0}) = \varepsilon_{k\bullet}(G_t^{t_0}), \quad \varepsilon_{\bullet\ell}(C_t^{t_1}) = \varepsilon_{\bullet\ell}(C_t^{t_0}) \tag{6.49}$$

が得られる. このとき, (6.47) と (6.48) は自明に成り立つ.

場合 2: $G_t^{t_0}$ の第 k 行が第 ℓ 列にのみ非 0 成分 ε を持つとする. 事実 (iii) より, $\varepsilon \in \{1, -1\}$ であり, またこのとき, $C_t^{t_0}$ の第 ℓ 列は第 k 行にのみ非 0 成分を持ち, それは ε と等しい. すると, (6.19) と (b)$_d$ より,

$$\varepsilon_{k\bullet}(G_{t'}^{t_0}) = -\varepsilon, \quad \varepsilon_{k\bullet}(G_t^{t_0}) = \varepsilon, \quad \varepsilon_{\bullet\ell}(C_t^{t_1}) = -\varepsilon, \quad \varepsilon_{\bullet\ell}(C_t^{t_0}) = \varepsilon \tag{6.50}$$

となる. よって, 示すべき等式 (6.47) は,

$$\begin{aligned}
&(J_k + [-\varepsilon B_{t_0}]_+^{k\bullet})C_t^{t_0}(J_\ell + [-\varepsilon B_t]_+^{\ell\bullet}) \\
&= (J_k + [\varepsilon B_{t_0}]_+^{k\bullet})C_t^{t_0}(J_\ell + [\varepsilon B_t]_+^{\ell\bullet})
\end{aligned} \tag{6.51}$$

となる. 以下, この等式が成り立つことを示す. (6.6) より, これは

$$\begin{aligned}
&(J_k + [\varepsilon B_{t_0}]_+^{k\bullet})(J_k + [-\varepsilon B_{t_0}]_+^{k\bullet})C_t^{t_0} \\
&= C_t^{t_0}(J_\ell + [\varepsilon B_t]_+^{\ell\bullet})(J_\ell + [-\varepsilon B_t]_+^{\ell\bullet})
\end{aligned} \tag{6.52}$$

と書き直せる. 少し計算すると, 以下の形に簡約化される.

$$(B_{t_0}C_t^{t_0})^{k\bullet} = C_t^{t_0}(B_t)^{\ell\bullet}. \tag{6.53}$$

仮定より, $(C_t^{t_0})^{\bullet\ell} = (G_t^{t_0})^{k\bullet} = \varepsilon E_{k\ell}$ である. ただし, $E_{k\ell}$ は (k, ℓ) 成分が 1 で, 他の成分は 0 である行列である. すると, (6.53) の右辺は

$$C_t^{t_0}(B_t)^{\ell\bullet} \stackrel{(6.2)}{=} (C_t^{t_0})^{\bullet\ell} B_t = (G_t^{t_0})^{k\bullet} B_t \stackrel{(6.1)}{=} (G_t^{t_0}B_t)^{k\bullet} \tag{6.54}$$

と書き直せる. よって, (6.53) は第一双対性 (4.17) に帰着され, 等式 (6.47) は示された. 同様にして, 仮定のもとで (6.48) は

$$(B_{t_0})^{\bullet k}G_t^{t_0} = (G_t^{t_0}B_t)^{\bullet\ell} \tag{6.55}$$

と書き直せ, 同じ議論によって第一双対性 (4.17) に帰着される. ∎

以下は, 双対変異 (6.40), (6.41) の ε 表示である.

系 **6.20** ([14, 37])　　任意の $\varepsilon \in \{1, -1\}$ に対して，以下が成り立つ.

$$C_t^{t_1} = J_k C_t^{t_0} + [-\varepsilon B_{t_0}]_+^{k\bullet} C_t^{t_0} - [-\varepsilon G_t^{t_0}]_+^{k\bullet} B_t, \tag{6.56}$$

$$G_t^{t_1} = J_k G_t^{t_0} + [\varepsilon B_{t_0}]_+^{\bullet k} G_t^{t_0} + B_{t_0} [-\varepsilon G_t^{t_0}]_+^{k\bullet}. \tag{6.57}$$

証明　B パターン $\mathbf{B}^T = \{B_t^T\}$ に対する変異公式 (6.12), (6.14) の転置をとり，第三双対性 (6.37), (6.38) を適用すると得られる.　■

三つの双対性 (4.17), (6.21), (6.37) およびその書き換えを組み合わせることにより，C 行列と G 行列のさまざまな関係式を得ることができる. なかでも，以下の例は基本的である.

命題 1.16 より，B パターン $\mathbf{B} = \{B_t\}$ に対して，$-\mathbf{B} := \{-B_t\}$ もまた B パターンとなる. これを $\mathbf{B}$ の**カイラル双対** (chiral dual) という.（例 2.12 も参照せよ.）$-\mathbf{B}$ と基点 t_0 の定める C 行列と G 行列を，この章だけの記号として，$\bar{C}_t, \bar{G}_t$ と表す. このとき，系 6.16 と定理 6.19 (1) より以下が得られる.

系 **6.21** (**カイラル双対性** [37])

$$C_t^{t_0} = (\bar{C}_{t_0}^t)^{-1}, \tag{6.58}$$

$$G_t^{t_0} = (\bar{G}_{t_0}^t)^{-1}. \tag{6.59}$$

証明　系 6.16 と定理 6.19 (1) より，

$$\check{C}_t^{t_0} = ((G_t^{t_0})^T)^{-1} = (\tilde{C}_{t_0}^t)^{-1}, \quad \check{G}_t^{t_0} = ((C_t^{t_0})^T)^{-1} = (\tilde{G}_{t_0}^t)^{-1} \tag{6.60}$$

となる. そこで，$\mathbf{B}^T$ をあらためて $\mathbf{B}$ とみなせばよい.　■

(4.48) で導入した $\hat{C}$ 行列の変異と双対変異の公式は，C 行列と G 行列に対する公式を融合したものになる.

命題 **6.22** ([35])　　$\hat{C}_t^{t_0} = B_{t_0} C_t^{t_0} = G_t^{t_0} B_t$, $\hat{C}_t^{t_1} = B_{t_1} C_t^{t_1} = G_t^{t_1} B_t$ として，t_0 と t_1 は k 隣接, t と t' は k 隣接とする. このとき，以下が成り立つ.

$$\hat{C}_{t'}^{t_0} = \hat{C}_t^{t_0} (J_k + [\varepsilon_{\bullet k}(C_t^{t_0}) B_t]_+^{k\bullet}), \tag{6.61}$$

$$\hat{C}_t^{t_1} = (J_k + [\varepsilon_{k\bullet}(G_t^{t_0}) B_{t_0}]_+^{\bullet k}) \hat{C}_t^{t_0}. \tag{6.62}$$

証明 (6.61) は，(6.35) に左から B_{t_0} をかけて得られる．また，(6.62) は，(6.41) に右から B_t をかけて得られる． ∎

6.5 主拡大法

定義 6.23（主拡大） ランク n の B パターン $\mathbf{B}$ と頂点 $t_0 \in \mathbb{T}_n$ が与えられたとき，t_0 における交換行列 B_{t_0} に対して，以下の $2n$ 次反対称化可能行列

$$\overline{B}_{t_0} = \begin{pmatrix} B_{t_0} & -I \\ I & O \end{pmatrix} \tag{6.63}$$

への拡大を考え，これを B_{t_0} の**主拡大** (principal extension) と呼ぶ．さらに，3.3 節と同じく，木グラフ $\mathbb{T}_n$ を $\mathbb{T}_{2n}$ の部分木グラフとみなし，また，t_0 を $\mathbb{T}_{2n}$ の頂点とみなして，$\overline{B}_{t_0}$ の定める $\mathbb{T}_n$ 上の B パターン $\overline{\mathbf{B}} = \{\overline{B}_t\}_{t \in \mathbb{T}_n}$ を $\mathbf{B}$ の（基点 t_0 に関する）**主拡大**という．

いくつかの注意をする．

- $|\overline{B}_{t_0}| = 1$ であるので，$\overline{\mathbf{B}}$ は正則である．

- $t \in \mathbb{T}_n$ に対して，

$$\overline{B}_t = \begin{pmatrix} B_t & -D^{-1}C_t^T D \\ C_t & * \end{pmatrix} = \begin{pmatrix} B_t & -G_t^{-1} \\ C_t & * \end{pmatrix} \tag{6.64}$$

  となる．このとき，$\overline{B}_t$ の左半分を $\tilde{B}_t$ とすると，基点 t_0 の主拡大交換行列 (4.5) と一致する．$\tilde{\mathbf{B}} = \{\tilde{B}_t\}_{t \in \mathbb{T}_n}$ を $\mathbf{B}$ の（基点 t_0 に関する）**主拡大**ということもある．

- B_{t_0} の反対称化子 D に対して，$\overline{B}_{t_0}$ の反対称化子は $D \oplus D$ で与えられる．よって，$D \neq dI$ のとき，$\overline{B}_t$ は (3.37) で $\tilde{C}_{t_0} = I$ とおいて与えられる拡大とは異なり，主係数の場合に特化したものである．しかし，$t \in \mathbb{T}_n$ で考えるかぎり，異なるのは $\overline{B}_t$ の右半分のみであり，その違いは本質的なものではない．

このような拡大を考える理由を述べる．団代数論において，B パターン $\mathbf{B}$ が正則でない場合に不都合が生ずることがしばしばある．たとえば，無係数の場合には，$\hat{y}$ 変数 $\hat{y}_1, \ldots, \hat{y}_n$ が代数的独立にならない．これを回避するため，いったん正則な B パターン $\overline{\mathbf{B}}$ を持つランク $2n$ の団パターンを $\mathbb{T}_n$ 上に制限して考え，そこから本来の目標であるランク n の団パターンの情報を引き出すのである．このような手法を**主拡大法** (principal extension method) という．具体的な使い方の例は，のちに述べる（注意 8.9）．

主拡大法のいろいろな側面で C 行列の符号同一性が必要とされる．以下の命題は主拡大法の最も使いやすい形を与えるが，ここでも C 行列の符号同一性を用いる．

命題 6.24 ([14])　ランク n の B パターン $\mathbf{B}$ と基点 $t_0 \in \mathbb{T}_n$ の定める C 行列，G 行列，F 多項式を $C_t, G_t, F_{i;t}(\mathbf{y})$ とおく．また，$\mathbf{B}$ の主拡大 $\overline{\mathbf{B}}$ と基点 t_0 の定める C 行列，G 行列，F 多項式を $\overline{C}_t, \overline{G}_t, \overline{F}_{i;t}(\overline{\mathbf{y}})$ $(t \in \mathbb{T}_n \subset \mathbb{T}_{2n})$ とおく．（前節の $\bar{C}_t, \bar{G}_t$ と紛らわしいが区別せよ．）ただし，$\mathbf{y} = (y_1, \ldots, y_n)$，$\overline{\mathbf{y}} = (y_1, \ldots, y_{2n})$ とする．このとき，任意の $t \in \mathbb{T}_n$ に対して，以下が成り立つ．

$$\overline{C}_t = \begin{pmatrix} C_t & O \\ O & I \end{pmatrix}, \tag{6.65}$$

$$\overline{G}_t = \begin{pmatrix} G_t & O \\ O & I \end{pmatrix}, \tag{6.66}$$

$$\overline{F}_{i;t}(\overline{\mathbf{y}}) = \begin{cases} F_{i;t}(\mathbf{y}) & (i = 1, \ldots, n), \\ 1 & (i = n+1, \ldots, 2n). \end{cases} \tag{6.67}$$

証明　いずれも，$d = d(t_0, t)$ に関する帰納法で示す．$t = t_0$ については，主張はすべて成り立つ．つぎに，$d(t_0, t) = d$ である $t \in \mathbb{T}_n$ に対して主張が成り立つとする．$t' \in \mathbb{T}_n$ を t と k 隣接で $d(t_0, t') = d + 1$ である頂点とする．まず，(6.18) と (6.64) より，

$$\overline{C}_{t'} = \begin{pmatrix} C_t & O \\ O & I \end{pmatrix} \left(\begin{pmatrix} J_k & O \\ O & I \end{pmatrix} + \begin{pmatrix} [\varepsilon_{k;t}B_t]_+^{k\bullet} & [-\varepsilon_{k;t}D^{-1}C_t^T D]_+^{k\bullet} \\ O & O \end{pmatrix} \right)$$

$$= \begin{pmatrix} C_t & O \\ O & I \end{pmatrix} \begin{pmatrix} J_k + [\varepsilon_{k;t} B_t]_+^{k\bullet} & O \\ O & I \end{pmatrix} = \begin{pmatrix} C_{t'} & O \\ O & I \end{pmatrix}.$$

ただし，$[-\varepsilon_{k;t} D^{-1} C_t^T D]_+^{k\bullet} = O$ を用いた．同様に，(6.19) と (6.64) より，

$$\overline{G}_{t'} = \begin{pmatrix} G_t & O \\ O & I \end{pmatrix} \left(\begin{pmatrix} J_k & O \\ O & I \end{pmatrix} + \begin{pmatrix} [-\varepsilon_{k;t} B_t]_+^{\bullet k} & O \\ [-\varepsilon_{k;t} C_t]_+^{\bullet k} & O \end{pmatrix} \right)$$

$$= \begin{pmatrix} G_{t'} & O \\ O & I \end{pmatrix}.$$

最後に，(4.20) と (6.65) より，(6.67) を得る． ∎

注意 6.25 ([14])　　実は，C 行列の符号同一性が必要なのは (6.65) のみであり，(6.66) と (6.67) は C 行列の符号同一性を用いずに示すことができる．

文献ノート

　6.2 節は [CA4]，6.5 節は [14]，それ以外のほとんどは [37, 35] にもとづく．符号同一性という用語は，もともとは G 行列の行符号同一性に対して用いられた [CA4]．[37] の結果は，C 行列の符号同一性の仮定のもとに与えられた．C 行列の符号同一性は，ローラン正値性（予想 9.2, 定理 9.3）とともに散乱図の方法を用いて [20] により証明された．詳細な解説が [35] にある．反対称団パターンに対する C 行列の符号同一性については，多元環の表現による証明がある [39]．

第**7**章

G 扇

　この章では，C 行列の符号同一性の帰結として，G パターンが凸幾何学に
おける扇という自然な幾何的描像を持つことを示す.

7.1 G 錐と G 扇

はじめに，凸幾何学におけるいくつかの用語を導入する.

定義 7.1（錐）　　$M \simeq \mathbb{Z}^n$ をランク n の格子（自由アーベル群）とする.
$M_\mathbb{R} = M \otimes_\mathbb{Z} \mathbb{R} \simeq \mathbb{R}^n$ を M の $\mathbb{R}$ 上の n 次元ベクトル空間への拡大とし
て，$M \subset M_\mathbb{R}$ とみなす. $N = \mathrm{Hom}_\mathbb{Z}(M, \mathbb{Z})$ と $N_\mathbb{R} = \mathrm{Hom}_\mathbb{R}(M_\mathbb{R}, \mathbb{R})$ を M
と $M_\mathbb{R}$ の双対空間として，$\langle \cdot, \cdot \rangle \colon N_\mathbb{R} \times M_\mathbb{R} \to \mathbb{R}$ を標準ペアリングとする.
$u \in N_\mathbb{R}$ に対して，$u^\perp = \{a \in M_\mathbb{R} \mid \langle u, a \rangle = 0\}$ とする.

- $a_1, \ldots, a_r \in M$ に対して，$M_\mathbb{R}$ の部分集合

$$\sigma(a_1, \ldots, a_r) := \mathbb{R}_{\geq 0} a_1 + \cdots + \mathbb{R}_{\geq 0} a_r \tag{7.1}$$

　を，$a_1, \ldots, a_r$ の生成する**凸有理多面錐** (convex rational polyhedral
　cone)，あるいは単に**錐** (cone) という. 集合 $\sigma(\emptyset) := \{0\}$ も錐に含める.

- 錐 σ が $\sigma \cap (-\sigma) = \{0\}$ をみたすとき，**強凸** (strongly convex) である
　という.

- 錐 σ が $\mathbb{Z}$ 線形独立な M の元で生成されるとき, **単体的** (simplicial) であるという. 単体的錐は強凸である.

- 錐 σ の張る $M_{\mathbb{R}}$ の部分空間の次元を σ の**次元** (dimension) という.

- 錐 σ に対して,

$$\sigma^{\vee} := \{u \in N_{\mathbb{R}} \mid \text{任意の } a \in \sigma \text{ に対して } \langle u, a \rangle \geq 0\}$$

で定まる $N_{\mathbb{R}}$ の錐 $\sigma^{\vee}$ を σ の**双対錐** (dual cone) という.

- 錐 σ の部分集合 τ に対して, ある $u \in \sigma^{\vee}$ が存在して $\tau = \sigma \cap u^{\perp}$ となるとき, τ を σ の**面** (face) という. とくに, σ 自身も σ の面である. $\mathbb{Z}$ 線形独立な M の元の集合 $S = \{a_1, \ldots, a_r\}$ で生成される錐 σ に対して, σ の任意の面は S の部分集合から生成される錐である.

例 7.2　　$M = \mathbb{Z}^2$, $M_{\mathbb{R}} = \mathbb{R}^2$ に対して, $\sigma(\mathbf{e}_1)$ と $\sigma(\mathbf{e}_1, \mathbf{e}_2)$ は強凸であり, 一方, $\sigma(\mathbf{e}_1, -\mathbf{e}_1) = \mathbb{R}$ と $\sigma(\mathbf{e}_1, -\mathbf{e}_1, \mathbf{e}_2)$ は強凸ではない. 錐 $\sigma = \sigma(\mathbf{e}_1, \mathbf{e}_2)$ は 4 個の面 σ, $\sigma(\mathbf{e}_1)$, $\sigma(\mathbf{e}_2)$, $\{0\}$ を持つ. 錐 $\sigma = \sigma(\mathbf{e}_1, -\mathbf{e}_1, \mathbf{e}_2)$ は, 2 個の面 σ, $\sigma(\mathbf{e}_1, -\mathbf{e}_1)$ を持つ.

定義 7.3（扇）

- 以下をみたす $M_{\mathbb{R}}$ の強凸錐の空でない（有限または無限）集合 Δ を $M_{\mathbb{R}}$ の**扇** (fan) という.

　(i) $\sigma \in \Delta$ の任意の面 τ に対して, $\tau \in \Delta$.

　(ii) $\sigma, \tau \in \Delta$ に対して, $\sigma \cap \tau \in \Delta$.

- 扇 Δ に対して, $M_{\mathbb{R}}$ の部分集合 $|\Delta| = \bigcup_{\sigma \in \Delta} \sigma$ を Δ の**台** (support) という.

- 属するすべての錐が単体的な扇 Δ を**単体的** (simplicial) であるという.

- $|\Delta| = M_{\mathbb{R}}$ である扇 Δ を**完備** (complete) であるという.

前章にひきつづき，ランク n の任意の B パターン $\mathbf{B}$ と基点 t_0 の定める CG パターンを $(\mathbf{C}, \mathbf{G})$ とする．上の概念を用いて G パターンの幾何的意味を与える．

定義 7.4 (G 錐)　各 G 行列 G_t に対して，その g ベクトルたち $\mathbf{g}_{1;t}, \ldots,$ $\mathbf{g}_{n;t}$ の生成する $\mathbb{R}^n$ の錐

$$\sigma(G_t) := \sigma(\mathbf{g}_{1;t}, \ldots, \mathbf{g}_{n;t}) \tag{7.2}$$

を G 錐 (G-cone) という．$\sigma(G_t)$ の内部を $\sigma^\circ(G_t)$ と表す．また，各 $i = 1,$ $\ldots, n$ に対して，$\mathbf{g}_{1;t}, \ldots, \mathbf{g}_{n;t}$ のうち i 番目のベクトル $\mathbf{g}_{i;t}$ を除いたものから生成される錐を $\sigma_i(G_t)$ と表す．

以下の基本的な事実は，C 行列の符号同一性の帰結である．

命題 7.5　任意の G 錐 $\sigma(G_t)$ は単体的であり，また，その余次元 1 の面は $\sigma_i(G_t)$ $(i = 1, \ldots, n)$ で与えられる．

証明　G 行列のユニモジュラー性 (6.20) より，主張がただちに得られる．■

この章では，B パターン $\mathbf{B}$ の共通反対称化子を以下の形に選ぶ．

$$D = \operatorname{diag}(\delta_1^{-1}, \ldots, \delta_n^{-1}). \tag{7.3}$$

ただし，$\delta_1, \ldots, \delta_n$ は正の整数である．（任意の共通反対称化子を適当に正の有理数倍すれば，必ずこのような形にすることができる．これは，のちの B の反対称分解（定義 8.4）における記号とも連動している．）そして，$\mathbb{R}^n$ における（非標準）内積 $(\cdot, \cdot)_D$ を以下で定める．

$$(\mathbf{u}, \mathbf{v})_D = \mathbf{u}^T D \mathbf{v} \quad (\mathbf{u}, \mathbf{v} \in \mathbb{R}^n). \tag{7.4}$$

$\mathbf{n} \neq \mathbf{0} \in \mathbb{R}^n$ に対して，超平面 $\mathbf{n}^\perp$ を

$$\mathbf{n}^\perp := \{\mathbf{v} \in \mathbb{R}^n \mid (\mathbf{n}, \mathbf{v})_D = 0\} \tag{7.5}$$

と定める．G 錐 $\sigma(G_t)$ の余次元 1 の面 $\sigma_i(G_t)$ の（上の内積に関する）法ベクトル $\mathbf{n}$ に対して，$(\mathbf{n}, \mathbf{g}_{i;t})_D > 0$ であるとき，$\mathbf{n}$ は錐 $\sigma(G_t)$ に対して**内向**

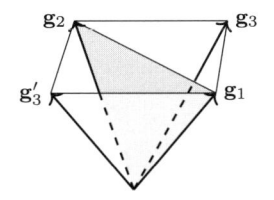

図 **7.1** k 隣接する頂点 t, t' に対応する G 錐の関係. $n = 3$, $k = 3$, $\sigma(G_t) = (\mathbf{g}_1, \mathbf{g}_2, \mathbf{g}_3)$, $\sigma(G_{t'}) = (\mathbf{g}_1, \mathbf{g}_2, \mathbf{g}_3')$ とする.

き (inward) であるという. なぜなら, 面 $\sigma_i(G_t)$ を含む超平面 $\mathbf{n}^{\perp}$ に対して, $\mathbf{n}$ と $\sigma(G_t)$ は同じ側にあるからである.

以上の設定のもとで, 第二双対性 (6.21) と (6.22) を以下のように幾何的に言い換えることができる.

命題 7.6 (c ベクトルと g ベクトルの双対性)　　以下が成り立つ.

$$(\delta_i \mathbf{c}_{i;t}, \mathbf{g}_{j;t})_D = \delta_{ij}, \tag{7.6}$$

$$(\mathbf{c}_{i;t}, \delta_j \mathbf{g}_{j;t})_D = \delta_{ij}. \tag{7.7}$$

とくに, c ベクトル $\mathbf{c}_{i;t}$ は G 錐 $\sigma(G_t)$ の面 $\sigma_i(G_t)$ の法ベクトルであり, 錐 $\sigma(G_t)$ に対して内向きである.

つぎに, 変異で隣接する G 錐の関係を見てみよう. $t, t' \in \mathbb{T}_n$ を k 隣接する頂点とする. このとき, g ベクトルの変異公式 (6.34) より, 対応する G 錐 $\sigma(G_t)$ と $\sigma(G_{t'})$ は, 余次元 1 の共通面 $\sigma_k(G_t) = \sigma_k(G_{t'})$ で互いに反対側に貼り合っていることがわかる (図 7.1). そこで, G パターン $\mathbf{G}$ に対して, $\mathbf{G}$ のすべての G 錐 $\sigma(G_t)$ ($t \in \mathbb{T}_n$) のすべての面の集合を $\Delta(\mathbf{G})$ とおく. このとき, $\Delta(\mathbf{G})$ が扇となるための必要十分条件は以下で与えられる.

条件 7.7　　任意の $t, t' \in \mathbb{T}_n$ に対して, G 錐 $\sigma(G_t)$ と $\sigma(G_{t'})$ は（余次元 1 とはかぎらない）共通面で貼り合う.

すでに見たように, 隣接する頂点に対応する G 錐同士は余次元 1 の共通面で貼り合う. しかし, 変異を繰り返した後に, t と隣接しない頂点 t' に対し

て，$\sigma(G_{t'})$ が $\sigma(G_t)$ と $\{0\}$ 以外の点において交わる場合に，それらがどのように交わるかは定かではない．したがって，条件 7.7 がみたされるかどうかは非自明である．しかし，前章の C 行列の符号同一性とその帰結の結果この条件はみたされ，以下の著しい結果が成り立つ．

定理 7.8 ([41])　$\Delta(\mathbf{G})$ は $\mathbb{R}^n$ における扇となる．

これにより得られる単体的扇 $\Delta(\mathbf{G})$ を G パターン $\mathbf{G}$ の G 扇 (G-fan) という．

定理 7.8 の証明には少し準備が必要なので 7.3 節に後回しにして，まず G 扇の例を次節で見てみよう．

7.2　ランク 2 の G 扇

ランク 2 の場合には，実際に G 行列を計算することにより定理 7.8 を確かめることができる．

(2.43) と同様に，ランク 2 の B パターンを以下のように配置する．

$$\cdots \; \overset{2}{\rule{2em}{0.4pt}} \; B_{t_{-2}} \; \overset{1}{\rule{2em}{0.4pt}} \; B_{t_{-1}} \; \overset{2}{\rule{2em}{0.4pt}} \; B_{t_0} \; \overset{1}{\rule{2em}{0.4pt}} \; B_{t_1} \; \overset{2}{\rule{2em}{0.4pt}} \; B_{t_2} \; \overset{1}{\rule{2em}{0.4pt}} \; \cdots . \tag{7.8}$$

これに対して，基点 t_0 の G パターン $\mathbf{G}$ とその G 扇 $\Delta(\mathbf{G})$ を考える．

(I) 有限型　この場合，G 扇 $\Delta(\mathbf{G})$ は有限集合であり完備となる．

(a) A_2 型　基点 t_0 における B_{t_0} を

> ✎ G 扇と団散乱図
>
> 9 章で見るように，脱トロピカル化により団パターン $\mathbf{\Sigma}$ はその G パターンにより完全に制御される．したがって，G 扇もまた $\mathbf{\Sigma}$ の本質的な情報をすべて含んでいる．そして，GHKK [20] は，G 扇が団散乱図に「埋め込まれる」ことを示し，これにより団代数論の大きな進展がおこった．

$$B_{t_0} = \begin{pmatrix} 0 & -1 \\ 1 & 0 \end{pmatrix} \tag{7.9}$$

とする. このとき, 変異の列 $\mu_1, \mu_2, \cdots$ に対して, G 行列は以下で与えられる (例 4.17).

$$G_{t_0} = \begin{pmatrix} 1 & 0 \\ 0 & 1 \end{pmatrix}, \quad G_{t_1} = \begin{pmatrix} -1 & 0 \\ 0 & 1 \end{pmatrix}, \quad G_{t_2} = \begin{pmatrix} -1 & 0 \\ 0 & -1 \end{pmatrix},$$
$$G_{t_3} = \begin{pmatrix} 1 & 0 \\ -1 & -1 \end{pmatrix}, \quad G_{t_4} = \begin{pmatrix} 1 & 1 \\ -1 & 0 \end{pmatrix}, \quad G_{t_5} = \begin{pmatrix} 0 & 1 \\ 1 & 0 \end{pmatrix}. \tag{7.10}$$

G_{t_5} と G_{t_0} は行列としては異なるが, 同じ G 錐を定めることに注意する. 同様に, $\sigma(G_{t_{s+5}}) = \sigma(G_{t_s})$ となる. (これは五角周期性の帰結である.) G 扇 $\Delta(\mathbf{G})$ は, 図 7.2 (a) で与えられる.

(b) B_2 型

$$B_{t_0} = \begin{pmatrix} 0 & -1 \\ 2 & 0 \end{pmatrix} \tag{7.11}$$

とする. t_0 における G 行列 $G_{t_0} = I$ から出発して, 変異の列 $\mu_1, \mu_2, \cdots$ に対して, 変異公式 (6.34) を用いて, g ベクトル

$$\begin{pmatrix} -1 \\ 0 \end{pmatrix}, \begin{pmatrix} 0 \\ -1 \end{pmatrix}, \begin{pmatrix} 1 \\ -2 \end{pmatrix}, \begin{pmatrix} 1 \\ -1 \end{pmatrix}, \begin{pmatrix} 1 \\ 0 \end{pmatrix}, \begin{pmatrix} 0 \\ 1 \end{pmatrix} \tag{7.12}$$

が順に得られ, G 錐の周期性 $\sigma(G_{t_{s+6}}) = \sigma(G_{t_s})$ も得られる. また, この結果は, 例 2.18 の結果からも読み取れる. G 扇 $\Delta(\mathbf{G})$ は, 図 7.2 (b) で与えられる.

(c) G_2 型

$$B_{t_0} = \begin{pmatrix} 0 & -1 \\ 3 & 0 \end{pmatrix} \tag{7.13}$$

とする. 上と同様にして, t_0 における G 行列 $G_{t_0} = I$ から出発して, 変異の列 $\mu_1, \mu_2, \cdots$ に対して, g ベクトル

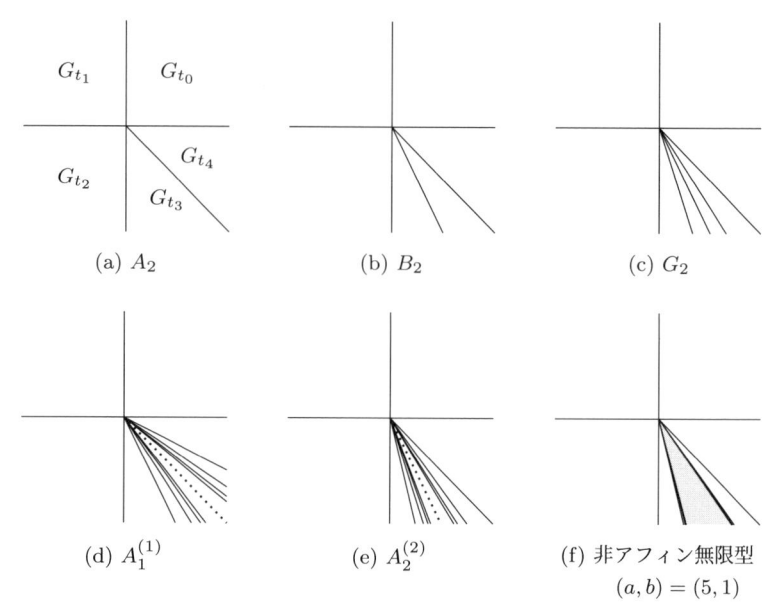

(a) A_2 (b) B_2 (c) G_2

(d) $A_1^{(1)}$ (e) $A_2^{(2)}$ (f) 非アフィン無限型
$(a, b) = (5, 1)$

図 **7.2** ランク 2 の G 扇.

$$\begin{pmatrix} -1 \\ 0 \end{pmatrix}, \begin{pmatrix} 0 \\ -1 \end{pmatrix}, \begin{pmatrix} 1 \\ -3 \end{pmatrix}, \begin{pmatrix} 1 \\ -2 \end{pmatrix}, \begin{pmatrix} 2 \\ -3 \end{pmatrix}, \begin{pmatrix} 1 \\ -1 \end{pmatrix}, \begin{pmatrix} 1 \\ 0 \end{pmatrix}, \begin{pmatrix} 0 \\ 1 \end{pmatrix} \tag{7.14}$$

が順に得られ，G 錐の周期性 $\sigma(G_{t_{s+8}}) = \sigma(G_{t_s})$ も得られる．G 扇 $\Delta(\mathbf{G})$ は，図 7.2 (c) で与えられる．

(II) 無限型　行列 (2.44) に対して，対応するカルタン行列（定義 3.6）のカッツによる分類 [23] にもとづいて，$ab = 4$ のとき**アフィン型** (affine type),

---

✎ **g ベクトルの計算**

g ベクトルの具体的計算には変異公式 (6.34) を用いるのがよいが，トロピカル符号を知るために c ベクトルも同時に計算する必要があり，実際はなかなか手間がかかる．これらを自分で計算することも大切な経験ではあるが，2.1 節で紹介した Quiver Mutation を用いると，簡単に求めることができる．

$ab > 4$ のとき**非アフィン（無限）型** (nonaffine (infinite) type) という．どちらの場合でも，トロピカル符号は以下で与えられる [16]．（証明には，c ベクトルの第二種チェビシェフ多項式による表示を用いる.）

$$(\varepsilon_{1;t_s}, \varepsilon_{2;t_s}) = \begin{cases} (1,1) & (s = 0), \\ (-1,1) & (s = 1), \\ (-1,-1) & (s = 2), \\ ((-1)^{s-1}, (-1)^s) & (s \neq 0,\, 1,\, 2). \end{cases} \tag{7.15}$$

これを用いて，t_0 における G 行列 $G_{t_0} = I$ から出発して，変異の列 μ_1, μ_2, $\cdots$ に対して，以下の g ベクトル $\mathbf{g}_i$ $(i \geq 1)$ が順に得られる．

$$\mathbf{g}_1 = \begin{pmatrix} -1 \\ 0 \end{pmatrix}, \quad \mathbf{g}_2 = \begin{pmatrix} 0 \\ -1 \end{pmatrix}, \tag{7.16}$$

$$\mathbf{g}_{i+2} = \begin{cases} -\mathbf{g}_i + a\mathbf{g}_{i+1} & (i：奇数), \\ -\mathbf{g}_i + b\mathbf{g}_{i+1} & (i：偶数). \end{cases} \tag{7.17}$$

一方，変異の列 μ_2, μ_1, $\cdots$ に対して，以下の g ベクトル $\mathbf{g}'_i$ $(i \geq 1)$ が順に得られる．

$$\mathbf{g}'_1 = \begin{pmatrix} b \\ -1 \end{pmatrix}, \quad \mathbf{g}'_2 = \begin{pmatrix} ab - 1 \\ -a \end{pmatrix}, \tag{7.18}$$

$$\mathbf{g}'_{i+2} = \begin{cases} -\mathbf{g}'_i + b\mathbf{g}'_{i+1} & (i：奇数), \\ -\mathbf{g}'_i + a\mathbf{g}'_{i+1} & (i：偶数). \end{cases} \tag{7.19}$$

いずれの場合にも，$\Delta(\mathbf{G})$ は無限集合であり，非完備である．具体的に見てみよう．

(d) $A_1^{(1)}$ 型　$(a,b) = (2,2)$，すなわち，

$$B_{t_0} = \begin{pmatrix} 0 & -2 \\ 2 & 0 \end{pmatrix} \tag{7.20}$$

とする. $\mathbf{g}_i, \mathbf{g}_i'$ は，それぞれ以下で与えられる.

$$\begin{pmatrix} -1 \\ 0 \end{pmatrix}, \begin{pmatrix} 0 \\ -1 \end{pmatrix}, \begin{pmatrix} 1 \\ -2 \end{pmatrix}, \begin{pmatrix} 2 \\ -3 \end{pmatrix}, \begin{pmatrix} 3 \\ -4 \end{pmatrix}, \cdots, \tag{7.21}$$

$$\begin{pmatrix} 2 \\ -1 \end{pmatrix}, \begin{pmatrix} 3 \\ -2 \end{pmatrix}, \begin{pmatrix} 4 \\ -3 \end{pmatrix}, \begin{pmatrix} 5 \\ -4 \end{pmatrix}, \cdots. \tag{7.22}$$

$\mathbf{g}_i, \mathbf{g}_i'$ の向きは，どちらも $(1, -1)$ に収束する. よって，G 扇 $\Delta(\mathbf{G})$ は，図 7.2 (d) で与えられる. $\Delta(\mathbf{G})$ の台は，$\mathbb{R}^2$ から半直線 $\mathbb{R}_{>0}(1, -1)$ を除いた部分となる.

(e) $A_2^{(2)}$ 型　$(a, b) = (4, 1)$，すなわち,

$$B_{t_0} = \begin{pmatrix} 0 & -1 \\ 4 & 0 \end{pmatrix} \tag{7.23}$$

とする. $\mathbf{g}_i, \mathbf{g}_i'$ は，それぞれ以下で与えられる.

$$\begin{pmatrix} -1 \\ 0 \end{pmatrix}, \begin{pmatrix} 0 \\ -1 \end{pmatrix}, \begin{pmatrix} 1 \\ -4 \end{pmatrix}, \begin{pmatrix} 1 \\ -3 \end{pmatrix}, \begin{pmatrix} 3 \\ -8 \end{pmatrix}, \begin{pmatrix} 2 \\ -5 \end{pmatrix}, \begin{pmatrix} 5 \\ -12 \end{pmatrix}, \begin{pmatrix} 3 \\ -7 \end{pmatrix}, \cdots,$$
$$\tag{7.24}$$

$$\begin{pmatrix} 1 \\ -1 \end{pmatrix}, \begin{pmatrix} 3 \\ -4 \end{pmatrix}, \begin{pmatrix} 2 \\ -3 \end{pmatrix}, \begin{pmatrix} 5 \\ -8 \end{pmatrix}, \begin{pmatrix} 3 \\ -5 \end{pmatrix}, \begin{pmatrix} 7 \\ -12 \end{pmatrix}, \cdots. \tag{7.25}$$

G 扇 $\Delta(\mathbf{G})$ は，図 7.2 (e) で与えられる. $\Delta(\mathbf{G})$ の台は，$\mathbb{R}^2$ から半直線 $\mathbb{R}_{>0}(1, -2)$ を除いた部分となる.

(f) 非アフィン型　$ab \geq 5$ とする. ベクトル $\mathbf{g}_i, \mathbf{g}_i'$ は，c ベクトルと同様に，第二種チェビシェフ多項式を用いて明示的に表すことができる [41]. 漸化式の極限をとると，$\mathbf{g}_i, \mathbf{g}_i'$ の向き（傾き）は，それぞれベクトル

$$\mathbf{v} = \begin{pmatrix} ab - \sqrt{ab(ab-4)} \\ -2a \end{pmatrix}, \quad \mathbf{v}' = \begin{pmatrix} ab + \sqrt{ab(ab-4)} \\ -2a \end{pmatrix} \tag{7.26}$$

の向きに単調に収束する. よって，G 扇 $\Delta(\mathbf{G})$ は，図 7.2 (f) で与えられる（図は $(a, b) = (5, 1)$ の場合）. $\Delta(\mathbf{G})$ の台は，$\mathbb{R}^2$ から $\sigma(\mathbf{v}, \mathbf{v}') \setminus \{0\}$（図の

アミをかけた領域）を除いた部分となる．変異では到達できないこの領域は，
団散乱図の観点から**悪地** (Badlands) と呼ばれる．

7.3　定理 7.8 の証明

定理 7.8 の証明を与える．証明において，C 行列の符号同一性の帰結が随
所に用いられる．以下では，固定した B パターン $\mathbf{B}$ に対して G パターンの
基点 t_0 を動かす必要があるので，基点 t_0 の G パターンを $\mathbf{G}^{t_0} = \{G_t^{t_0}\}$ と
表す．

以下の事実は，G 行列の行符号同一性の言い換えである．

命題 7.9　　任意の G 錐 $\sigma(G_t^{t_0})$ と超平面 $\mathbf{e}_i^{\perp}$ $(i = 1, \dots, n)$ は，$\sigma(G_t^{t_0})$ の
境界のみで交わる．

証明　　ある i に対して，錐 $\sigma(G_t^{t_0})$ と $\mathbf{e}_i^{\perp}$ が，$\sigma(G_t^{t_0})$ の内点で交わるとする．
これは，G 行列 $G_t^{t_0}$ の第 i 行が正と負の成分をともに持つことを意味し，G
行列の行符号同一性（定理 6.19 (1)）と矛盾する．　　■

$t_0, t_1 \in \mathbb{T}_n$ を k 隣接な頂点とする．双対変異公式 (6.41) を g ベクトルを
用いて表すと以下のようになる．

$$\mathbf{g}_{i;t}^{t_1} = (J_k + [\varepsilon_{k\bullet}(G_t^{t_0})B_{t_0}]_+^{\bullet k})\mathbf{g}_{i;t}^{t_0} \quad (i = 1, \dots, n). \tag{7.27}$$

そこで，$\mathbb{R}^n$ の半空間 $\mathbb{R}_{k,+}^n$, $\mathbb{R}_{k,-}^n$ を，

✍ **悪地**

悪地（あくち，badlands）とは極度に侵食された峡谷状の荒地を指す地理
学の用語である．GHKK [20] は，団散乱図においてはこの領域の中にも非
常に複雑で豊富な構造があることを指摘し，その複雑さゆえにその領域を悪
地と呼んだ．G 扇だけではなく悪地の構造を明らかにすることも，今後の
団代数論の重要な課題である．

$$\mathbb{R}^n_{k,+} = \{\mathbf{v} \in \mathbb{R}^n \mid v_k \geq 0\}, \quad \mathbb{R}^n_{k,-} = \{\mathbf{v} \in \mathbb{R}^n \mid v_k \leq 0\} \tag{7.28}$$

と定め，以下の区分線形写像を導入する．

$$\varphi^{t_1}_{t_0} : \quad \mathbb{R}^n \quad \to \quad \mathbb{R}^n$$
$$\mathbf{v} \quad \mapsto \quad \begin{cases} (J_k + [B_{t_0}]^{\bullet k}_+)\mathbf{v} & (\mathbf{v} \in \mathbb{R}^n_{k,+}), \\ (J_k + [-B_{t_0}]^{\bullet k}_+)\mathbf{v} & (\mathbf{v} \in \mathbb{R}^n_{k,-}). \end{cases} \tag{7.29}$$

$v_k = 0$ のとき，$\varphi^{t_1}_{t_0}(\mathbf{v}) = \mathbf{v}$ であり，上の定義は well-defined であることに注意する．すると，(7.27) と (7.29) より，

$$\varphi^{t_1}_{t_0}(\mathbf{g}^{t_0}_{i;t}) = \mathbf{g}^{t_1}_{i;t} \tag{7.30}$$

となる．恒等写像を id と表す．

命題 7.10　以下が成り立つ．

$$\varphi^{t_0}_{t_1} \circ \varphi^{t_1}_{t_0} = \varphi^{t_1}_{t_0} \circ \varphi^{t_0}_{t_1} = \mathrm{id}. \tag{7.31}$$

証明　$b^{t_0}_{kk} = 0$ であるので，$\mathbf{v}' = \varphi^{t_1}_{t_0}(\mathbf{v})$ に対して，$v'_k = -v_k$ となる．また，(6.9) より，$(B_{t_1})^{\bullet k} = -(B_{t_0})^{\bullet k}$ となる．よって，任意の $\mathbf{v} \in \mathbb{R}^n_{k,+}$ に対して，

$$\varphi^{t_0}_{t_1} \circ \varphi^{t_1}_{t_0}(\mathbf{v}) = (J_k + [-B_{t_1}]^{\bullet k}_+)(J_k + [B_{t_0}]^{\bullet k}_+)\mathbf{v}$$
$$= (J_k + [B_{t_0}]^{\bullet k}_+)^2 \mathbf{v} = \mathbf{v}$$

となる．最後の等式で補題 6.1 を用いた．$\mathbf{v} \in \mathbb{R}^n_{k,-}$ についても同様である． ∎

命題 7.11 ([41])　以下が成り立つ．

$$\varphi^{t_1}_{t_0}(\sigma(G^{t_0}_t)) = \sigma(G^{t_1}_t) \quad (t \in \mathbb{T}_n). \tag{7.32}$$

したがって，対応 $\mathbf{g}^{t_0}_{i;t} \mapsto \mathbf{g}^{t_1}_{i;t}$ は，錐の集合 $\Delta(\mathbf{G}^{t_0})$ から $\Delta(\mathbf{G}^{t_1})$ への，錐の交わりと包含を保つ全単射を与える．

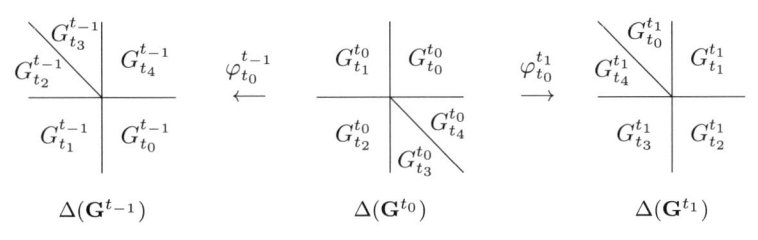

図 **7.3** A_2 型の G 扇の間の全単射.

証明 後半の主張は (7.32) から得られるので，(7.32) を示す．写像 $\varphi_{t_0}^{t_1}$ は線形写像ではないので，条件 (7.30) だけからは主張は得られないことに注意する．命題 7.9 より，各錐 $\sigma(G_t^{t_0})$ は，それぞれ $\mathbb{R}_{k,+}^n$ または $\mathbb{R}_{k,-}^n$ のいずれかに属するので，$\varphi_{t_0}^{t_1}$ のもとで線形に変換される．よって，(7.30) より，その像は $\sigma(G_t^{t_1})$ となる． ∎

例 7.12 7.2 節の A_2 型の G 扇について，命題 7.11 を確かめよう．G 扇 $\Delta(\mathbf{G}^{t_{-1}})$, $\Delta(\mathbf{G}^{t_0})$, $\Delta(\mathbf{G}^{t_1})$ はそれぞれ図 7.3 のようになる．一方，区分線形写像 $\varphi_{t_0}^{t_1}$, $\varphi_{t_0}^{t_{-1}}$ は以下の線形写像の組み合わせで与えられる．

$$J_1 + [B_{t_0}]_+^{\bullet 1} = \begin{pmatrix} -1 & 0 \\ 1 & 1 \end{pmatrix}, \quad J_1 + [-B_{t_0}]_+^{\bullet 1} = \begin{pmatrix} -1 & 0 \\ 0 & 1 \end{pmatrix}, \quad (7.33)$$

$$J_2 + [B_{t_0}]_+^{\bullet 2} = \begin{pmatrix} 1 & 0 \\ 0 & -1 \end{pmatrix}, \quad J_2 + [-B_{t_0}]_+^{\bullet 2} = \begin{pmatrix} 1 & 1 \\ 0 & -1 \end{pmatrix}. \quad (7.34)$$

これを用いて，命題 7.11 の対応が成り立つことが，図 7.3 より確かめられる．

上の写像 $\varphi_{t_0}^{t_1}$ を $\mathbb{T}_n$ に沿って繰り返し適用することで，以下の事実が得られる．

命題 7.13 (隣接とはかぎらない) 任意の頂点 t_0, $t_1 \in \mathbb{T}_n$ に対して，対応 $\mathbf{g}_{i;t}^{t_0} \mapsto \mathbf{g}_{i;t}^{t_1}$ は，錐の集合 $\Delta(\mathbf{G}^{t_0})$ から $\Delta(\mathbf{G}^{t_1})$ への，錐の交わりと包含関係を保つ全単射を与える．

以上の準備のもとで，定理 7.8 の証明を与える．

定理 7.8 の証明　命題 7.13 により，条件 7.7 における t' に対して，基点 t_0 を t' ととり直しても一般性を失わない．よって，条件 7.7 は（あらためて t' を t_0 とおいて）以下の条件と同値である．

条件 7.14　任意の $t_0, t \in \mathbb{T}_n$ に対して，G 錐 $\sigma(G_t^{t_0})$ と $\sigma(I) = \sigma(\mathbf{e}_1, \ldots, \mathbf{e}_n)$ は（余次元 1 とはかぎらない）共通面で貼り合う．

　この条件は，g ベクトルを用いて，さらに以下のように言い換えることができる．

条件 7.15　g ベクトル $\mathbf{g}_{i;t}^{t_0}$ が $\sigma(I)$ に含まれるならば，ある ℓ に対して $\mathbf{g}_{i;t}^{t_0} = \mathbf{e}_\ell$ である．

　以下では，条件 7.15 を証明する．部分集合 $J \subset \{1, \ldots, n\}$ に対して，$J^c = \{1, \ldots, n\} \backslash J$ をその補集合とする．$\sigma_J(G_t^{t_0})$ を，$\mathbf{g}_{j;t}^{t_0}$ $(j \in J^c)$ たちで生成される $\sigma(G_t^{t_0})$ の面とする．たとえば，$\sigma_{\{1, \ldots, n\}}(G_t^{t_0}) = \{0\}$, $\sigma_{\{i\}^c}(G_t^{t_0}) = \sigma(\mathbf{g}_{i;t}^{t_0})$ である．命題 7.6 より，

$$\sigma_J(G_t^{t_0}) = \sigma(G_t^{t_0}) \cap \left(\bigcap_{j \in J} (\mathbf{c}_{j;t}^{t_0})^\perp \right) \tag{7.35}$$

となる．一方，符号同一性により c ベクトル $\mathbf{c}_{j;t}^{t_0}$ は正または負であるから，

$$\sigma(I) \cap (\mathbf{c}_{j;t}^{t_0})^\perp = \sigma(I) \cap \bigcap_{k \in K[j]} (\mathbf{e}_k)^\perp = \sigma_{K[j]}(I) \tag{7.36}$$

となる．ただし，$K[j]$ は，$\mathbf{c}_{j;t}^{t_0}$ の第 k 成分が非 0 となる k の集合である．したがって，

$$\sigma_J(G_t^{t_0}) \cap \sigma(I) = \sigma(G_t^{t_0}) \cap \left(\bigcap_{j \in J} \sigma_{K[j]}(I) \right) = \sigma(G_t^{t_0}) \cap \sigma_{K[J]}(I) \tag{7.37}$$

となる．ただし，$K[J]$ は，ある $j \in J$ に対して $\mathbf{c}_{j;t}^{t_0}$ の第 k 成分が非 0 であるような k の集合である．ここで，$J = \{i\}^c$ の場合を考える．このとき，$\sigma_J(G_t^{t_0}) = \sigma(\mathbf{g}_{i;t}^{t_0})$ である．また，ユニモジュラー性 (6.20) より C 行列は正則であるので，$K[J] = \{1, \ldots, n\}$，または，ある ℓ に対して $\{\ell\}^c$ のいずれか

である. 前者の場合は $\sigma_{K[J]}(I) = \{0\}$ である. よって, (7.37) より, $\sigma(\mathbf{g}_{i;t}^{t_0})$ と $\sigma(I)$ の交わりは $\{0\}$ となり, $\mathbf{g}_{i;t}^{t_0}$ は $\sigma(I)$ に含まれない. 一方, 後者の場合は $\sigma_{K[J]}(I) = \sigma(\mathbf{e}_\ell)$ である. よって, (7.37) より,

$$\sigma(\mathbf{g}_{i;t}^{t_0}) \cap \sigma(I) = \sigma(G_t^{t_0}) \cap \sigma(\mathbf{e}_\ell) \tag{7.38}$$

となる. もし $\mathbf{g}_{i;t}^{t_0}$ が $\sigma(I)$ に含まれるならば, $\sigma(\mathbf{g}_{i;t}^{t_0}) \cap \sigma(I) \neq \{0\}$ である. したがって (7.38) より, $\sigma(\mathbf{g}_{i;t}^{t_0}) = \sigma(\mathbf{e}_\ell)$ であり, これと系 6.14 より, $\mathbf{g}_{i;t}^{t_0} = \mathbf{e}_\ell$ となる. 以上で定理 7.8 が示された. ∎

7.4 G 扇の完備性

7.2 節で見たように, ランク 2 の場合は, 有限型の団パターンの G 扇は完備であった. これは一般のランクでも成り立つ. G パターン $\mathbf{G}$ の異なる G 行列の個数を $\#\mathbf{G}$ と表す. $\#\mathbf{G} < \infty$ または $\#\mathbf{G} = \infty$ である.

命題 7.16 ([41])　団パターン $\boldsymbol{\Sigma}$ が有限型ならば, $\boldsymbol{\Sigma}$ の G 扇 $\Delta(\mathbf{G})$ は完備である.

証明　命題 7.13 より, G パターン $\mathbf{G}$ の完備性は B パターンのみに依存する. また, 定理 3.12 より, 団パターンの有限性も B パターンのみに依存する. よって, $\boldsymbol{\Sigma}$ は t_0 を基点とする有限型主係数団パターンとしてよい. すると, 団の個数は有限個であるから, G 行列の定義 (定義 4.8) より, $\#\mathbf{G} < \infty$ である.

以下, $\#\mathbf{G} < \infty$ ならば $\Delta(\mathbf{G})$ は完備であることを示す. 正則木 $\mathbb{T}_n$ の部分グラフ T に対して, $t \in T$ であるすべての G 扇 $\sigma(G_t)$ のすべての面からなる $\Delta(\mathbf{G})$ の部分集合を Δ_T とおく. Δ_T の台 $|\Delta_T| = \bigcup_{\sigma \in \Delta_T} \sigma$ に対して, $\mathbb{R}^n$ におけるその補集合を $|\Delta_T|^c$ とする. S^{n-1} を $\mathbb{R}^n$ における単位球面とする. $D_T = |\Delta_T|^c \cap S^{n-1}$ とおく. $T = \{t_0\}$ に対しては, D_T は位相的には $n-1$ 次元開球である. $\mathbb{T}_n$ の連結部分グラフの増加列 $T_1 = \{t_0\} \subsetneq T_2 \subsetneq T_3 \subsetneq \cdots$ で, $|T_s| = s$ であるものを考える. これに対して, S^{n-1} の部分集合の減少

列 $D_{T_1} \supset D_{T_2} \supset D_{T_3} \supset \cdots$ が得られる. すると, 隣接する t, t' に対する G 扇 $\sigma(G_t), \sigma(G_{t'})$ の隣接性と条件 7.7 より, D_{T_s} は有限個の開球の非交和であり, 各減少過程 $D_{T_s} \supset D_{T_{s+1}}$ で以下のいずれかがおこる.

- $D_{T_{s+1}} = D_{T_s}$.

- D_{T_s} の 1 個の開球が縮小する.

- D_{T_s} の 1 個の開球が 2 個に分裂する.

- D_{T_s} の 1 個の開球が消滅する.

もし $\#\mathbf{G}$ が有限であるとすると, D_{T_s} の減少過程はある s で停止しなければならない. これがおこるのは $D_{T_s} = \emptyset$ であるときにかぎる. よって, $\Delta(\mathbf{G})$ は完備である. ∎

注意 7.17　9 章で見るように, $\#\mathbf{G}$ が有限であることと, $\mathbf{G}$ を G パターンに持つ団パターン Σ が有限型であることは同値である（定理 9.22）. また, 詳細は省くが, Σ が有限型でないならば, ランク 2 のアフィン型における「すき間」, あるいは非アフィン型における「悪地」と同様の $\Delta(\mathbf{G})$ で覆うことのできない領域が必ず生ずる.（次節の $A_2^{(1)}$ 型の例を参照.）よって, 命題 7.16 の逆も成り立つ.

7.5　ランク 3 の G 扇

この節では, 参考として, ランク 3 の団パターンの G 扇の例をいくつか図示する.（導出の詳細は省略する. 興味のある読者は, Quiver Mutation を用いて c ベクトルを計算することにより, 図を確認することができる.）

まず, 有限型を考える. 例 3.9 より, 交換行列が分解不能なランク 3 の有限型団パターンは A_3, B_3, C_3 型の三つである. それぞれのカルタン行列 (3.23) に対応する以下の初期交換行列を考える.

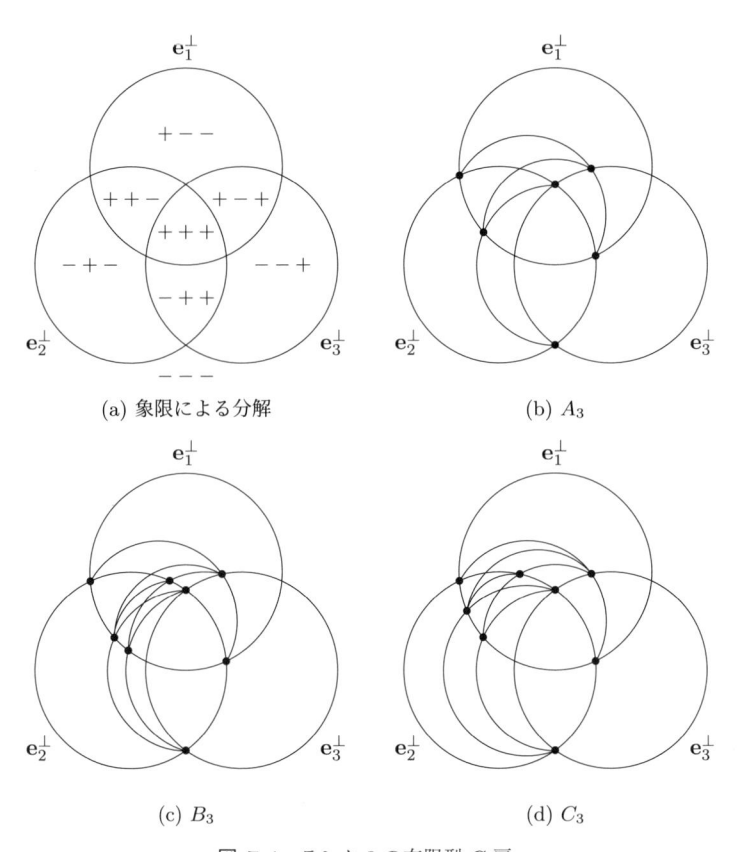

(a) 象限による分解 (b) A_3

(c) B_3 (d) C_3

図 **7.4** ランク 3 の有限型 G 扇.

$$\begin{pmatrix} 0 & -1 & 0 \\ 1 & 0 & -1 \\ 0 & 1 & 0 \end{pmatrix}, \quad \begin{pmatrix} 0 & -1 & 0 \\ 1 & 0 & -1 \\ 0 & 2 & 0 \end{pmatrix}, \quad \begin{pmatrix} 0 & -1 & 0 \\ 1 & 0 & -2 \\ 0 & 1 & 0 \end{pmatrix}. \tag{7.39}$$

ランク 3 の G 扇 $\Delta(\mathbf{G})$ を平面上で図示するために，命題 7.16 の証明と同様に，$\mathbb{R}^3$ における単位球面 S^2 と G 錐の交わりを考え，さらにそれを立体射影する．立体射影は，ふつう北極点を光源として，南極点で球に接する平面（あるいは赤道で交わる平面）に射影するが，ここでは，点 $(-1, -1, -1)/\sqrt{3}$ を光源として，点 $(1, 1, 1)/\sqrt{3}$ で接する平面に射影する．ただし，以下の図

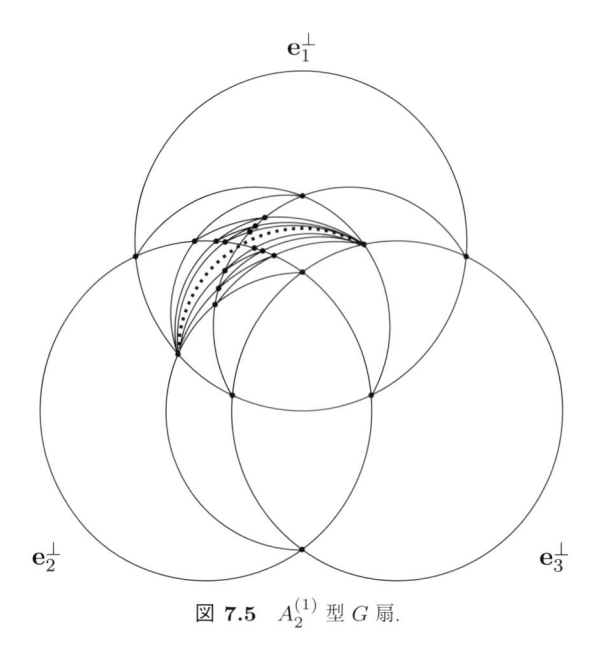

$$\text{図 } \mathbf{7.5} \quad A_2^{(1)} \text{ 型 } G \text{ 扇.}$$

はすべて位相的な概形であり，距離は正確なものではない．

　この表示のもとで，図 7.4 (a) は，三つの平面 $\mathbf{e}_1^{\perp}$, $\mathbf{e}_2^{\perp}$, $\mathbf{e}_3^{\perp}$ による $\mathbb{R}^3$ の 8 個の象限への分解を表している．たとえば図の領域 $+-+$ は，第 1, 第 3 成分が正，第 2 成分が負の象限を表す．ランク 3 の G 錐は三角錐であるので，S^2 による断面は（位相的な）三角形で表され，また，G 錐の 2 次元面は円弧で表される．以上を用いて，A_3 型，B_3 型，C_3 型の G 扇は，それぞれ図 7.4 (b)–(d) で表されたものとなる．図からわかるように，B_3 型と C_3 型の G 扇は，位相的に等しい．

　最後に，有限型でない例を一つあげる．以下の初期交換行列

$$\begin{pmatrix} 0 & -1 & -1 \\ 1 & 0 & -1 \\ 1 & 1 & 0 \end{pmatrix} \tag{7.40}$$

を考える．これは，アフィン型であり，カッツの分類 [23] で $A_2^{(1)}$ 型と呼ば

れる．この G 扇は図 7.5 のようになる．図の点線の円弧は，$A_1^{(1)}$ 型の G 扇
の境界（図 7.2 の点線）に相当する．図では詳細を表示しきれないが，実際
には無限個の G 錐があり，点線の円弧を除いた部分を埋め尽くす．

文献ノート

G 扇は，符号同一性の仮定のもとで，[41] により系統的に調べられた．[41]
では，変異扇 (mutation fan) というものをまず考え，G 扇はその部分扇とな
ることを示した．団散乱図と団パターンの関係において G 扇の重要性が再認
識された [20, 43]．本章の内容は，主に [35] にしたがった．

第8章

Fock-Goncharov 分解と二重対数関数

　この章では，C 行列の符号同一性を用いて，変異のトロピカル部分と非トロピカル部分への分解（Fock-Goncharov 分解）を考える．また，y 変数に関して変異両立なポアソン括弧を導入する．これらを組み合わせることにより，変異の背後にある二重対数関数が姿をあらわす．

8.1　Fock-Goncharov 分解

　$\boldsymbol{\Sigma}$ を任意の $\mathbb{P}$ 係数団パターンとする．任意の基点 $t_0 \in \mathbb{T}_n$ を固定し，$\varepsilon_{i;t}$ を t_0 に関するトロピカル符号（定義 6.10）とする．$t, t' \in \mathbb{T}_n$ を k 隣接な頂点として，x および y 変数の変異の ε 表示 (2.9), (2.10) において，$\varepsilon = \varepsilon_{k;t}$ とおくことにより，以下が得られる．

$$x_{i;t'} = \begin{cases} x_{k;t}^{-1}\left(\displaystyle\prod_{j=1}^n x_{j;t}^{[-\varepsilon_{k;t}b_{jk;t}]_+}\right)\dfrac{1+\hat{y}_{k;t}^{\varepsilon_{k;t}}}{1 \oplus y_{k;t}^{\varepsilon_{k;t}}} & (i = k), \\ x_{i;t} & (i \neq k), \end{cases} \tag{8.1}$$

$$y_{i;t'} = \begin{cases} y_{k;t}^{-1} & (i = k), \\ y_{i;t}y_{k;t}^{[\varepsilon_{k;t}b_{ki;t}]_+}(1 \oplus y_{k;t}^{\varepsilon_{k;t}})^{-b_{ki}} & (i \neq k). \end{cases} \tag{8.2}$$

この ε の特殊化は，命題 6.12 において，C 行列と G 行列の変異の ε 表示に用いたものと同じであることに注意する．

x 変数 $x_{i;t}$ と y 変数 $y_{i;t}$ は，それぞれ周囲体 $\mathcal{F}$ と係数半体 $\mathbb{P}$ の元であり，上の変異公式はそれらの関係を与えるものであった．ここでは，別の見方あるいは定式化を導入しよう．各 t に対して，$\mathbf{y}_t$ の生成する $\mathbb{P}$ の部分半体と同型な半体を $\mathbb{P}_t$ とおき，同型を通して $\mathbf{y}_t$ をその生成元とみなす．また，$\mathbf{x}_t$ を変数とみなし，$\mathcal{F}_t = \mathbb{QP}_t(\mathbf{x}_t)$ とおく．以上のもとで，変異 (8.1)，(8.2) に対応して，以下で定まる同型写像を考える．ただし，$\mu_{k;t}^x$ においては，係数体に対して $\mu_{k;t}^y$ を同時に適用する．（すなわち，$\mathbb{QP}_{t'}$ の元と $\mathbb{QP}_t$ の元を $\mu_{k;t}^y$ により同一視したもとで，$\mu_{k;t}^x$ を体の同型写像と考える．）

$$\mu_{k;t}^x \colon \mathcal{F}_{t'} \to \mathcal{F}_t, \quad \mu_{k;t}^y \colon \mathbb{P}_{t'} \to \mathbb{P}_t, \tag{8.3}$$

$$\mu_{k;t}^x(x_{i;t'}) = \begin{cases} x_{k;t}^{-1}\left(\displaystyle\prod_{j=1}^n x_{j;t}^{[-\varepsilon_{k;t}b_{jk;t}]_+}\right)\dfrac{1+\hat{y}_{k;t}^{\varepsilon_{k;t}}}{1\oplus y_{k;t}^{\varepsilon_{k;t}}} & (i=k), \\ x_{i;t} & (i\neq k), \end{cases} \tag{8.4}$$

$$\mu_{k;t}^y(y_{i;t'}) = \begin{cases} y_{k;t}^{-1} & (i=k), \\ y_{i;t}\,y_{k;t}^{[\varepsilon_{k;t}b_{ki;t}]_+}(1\oplus y_{k;t}^{\varepsilon_{k;t}})^{-b_{ki;t}} & (i\neq k). \end{cases} \tag{8.5}$$

写像の向きが t' から t であることに注意する．また，これらの写像は符号の特殊化 $\varepsilon = \varepsilon_{k;t}$ には依存しない．以下，$\mu_{k;t}^x$ と $\mu_{k;t}^y$ に対してパラレルに成り立つことを述べるさいに，$\mu_{k;t}^\bullet$ ($\bullet = x, y$) と表すことにする．写像 $\mu_{k;t}^\bullet$ のことも**変異**という．

つぎに，写像 $\mu_{k;t}^\bullet$ の以下のような分解を考える．

$$\mu_{k;t}^\bullet = \rho_{k;t}^\bullet \circ \tau_{k;t}^\bullet. \tag{8.6}$$

ここで，$\tau_{k;t}^\bullet$ は以下の同型写像である．ただし，$\tau_{k;t}^x$ においては，係数に対して $\tau_{k;t}^y$ を同時に適用する．

$$\tau_{k;t}^x \colon \mathcal{F}_{t'} \to \mathcal{F}_t, \quad \tau_{k;t}^y \colon \mathbb{P}_{t'} \to \mathbb{P}_t, \tag{8.7}$$

$$\tau_{k;t}^x(x_{i;t'}) = \begin{cases} x_{k;t}^{-1}\displaystyle\prod_{j=1}^n x_{j;t}^{[-\varepsilon_{k;t}b_{jk;t}]_+} & (i=k), \\ x_{i;t} & (i\neq k), \end{cases} \tag{8.8}$$

$$\tau_{k;t}^y(y_{i;t'}) = \begin{cases} y_{k;t}^{-1} & (i = k), \\ y_{i;t} y_{k;t}^{[\varepsilon_{k;t} b_{ki;t}]_+} & (i \neq k). \end{cases} \tag{8.9}$$

また，$\rho_{k;t}^\bullet$ は以下の自己同型写像である．ただし，$\rho_{k;t}^x$ においては，係数に対して $\rho_{k;t}^y$ を同時に適用する．（したがって，正確には $\rho_{k;t}^x$ は通常の意味の自己同型写像ではなく，係数体を $\rho_{k;t}^y$ で捻ったもとでの同型写像である．）

$$\rho_{k;t}^x : \mathcal{F}_t \to \mathcal{F}_t, \quad \rho_{k;t}^y : \mathbb{P}_t \to \mathbb{P}_t, \tag{8.10}$$

$$\rho_{k;t}^x(x_{i;t}) = x_{i;t} \left(\frac{1 + \hat{y}_{k;t}^{\varepsilon_{k;t}}}{1 \oplus y_{k;t}^{\varepsilon_{k;t}}} \right)^{-\delta_{ki}}, \tag{8.11}$$

$$\rho_{k;t}^y(y_{i;t}) = y_{i;t}(1 \oplus y_{k;t}^{\varepsilon_{k;t}})^{-b_{ki;t}}. \tag{8.12}$$

分解 (8.6) を，変異 $\mu_{k;t}^\bullet$ の **Fock-Goncharov 分解** (Fock-Goncharov decomposition) という．C 行列の符号同一性が示されて初めて分解自体が定義されることに注意する．また，写像 $\mu_{k;t}^\bullet$ 自体は基点 t_0 のとり方に依存しないが，$\tau_{k;t}^\bullet, \rho_{k;t}^\bullet$ は（トロピカル符号を通じて）t_0 に依存する．すなわち，分解は基点 t_0 のとり方に依存する．

変換 (8.8)，(8.9) は，g ベクトルと c ベクトルの変異公式 (6.34)，(6.33) の指数形と見ることができる．このことより，$\tau_{k;t}^\bullet, \rho_{k;t}^\bullet$ を，それぞれ変異 $\mu_{k;t}^\bullet$ の**トロピカル部分**，**非トロピカル部分**という．

命題 8.1 $t, t' \in \mathbb{T}_n$ を k 隣接な頂点とすると，以下が成り立つ．

$$\mu_{k;t'}^\bullet \circ \mu_{k;t}^\bullet = \mathrm{id}, \tag{8.13}$$

$$\tau_{k;t'}^\bullet \circ \tau_{k;t}^\bullet = \mathrm{id}. \tag{8.14}$$

証明 (8.13) は，x 変数，y 変数に対する変異の対合性に他ならない．(8.14) は，以下を用いて示される．

$$\varepsilon_{k;t'} = -\varepsilon_{k;t}, \quad b_{ki;t'} = -b_{ki;t}, \quad b_{jk;t'} = -b_{jk;t}. \tag{8.15}$$

∎

8.2 合成変異の Fock-Goncharov 分解

以下では Fock-Goncharov 分解の基点 t_0 と初期頂点を同一にとり，$\mathbf{x}_{t_0} = \mathbf{x}$，$\mathbf{y}_{t_0} = \mathbf{y}$ を初期変数とする．任意の頂点 $t \in \mathbb{T}_n$ に対して，$t_0, t_1, \ldots, t_r = t$ を，ラベルが $k_0, \ldots, k_{r-1}$ の辺で順次隣接する $\mathbb{T}_n$ の頂点とする．これに対して，以下の合成を考える．（t_0 は固定し，簡単のため t_0 への依存性は明示しない．）

$$\boldsymbol{\mu}_t^\bullet := \mu_{k_0;t_0}^\bullet \circ \mu_{k_1;t_1}^\bullet \circ \cdots \circ \mu_{k_{r-1};t_{r-1}}^\bullet : \mathcal{F}_t \to \mathcal{F}_{t_0}, \ \mathbb{P}_t \to \mathbb{P}_{t_0}, \tag{8.16}$$

$$\boldsymbol{\tau}_t^\bullet := \tau_{k_0;t_0}^\bullet \circ \tau_{k_1;t_1}^\bullet \circ \cdots \circ \tau_{k_{r-1};t_{r-1}}^\bullet : \mathcal{F}_t \to \mathcal{F}_{t_0}, \ \mathbb{P}_t \to \mathbb{P}_{t_0}. \tag{8.17}$$

とくに，$\boldsymbol{\mu}_t^\bullet$ を（始点 t_0，終点 t の）**合成変異** (composite mutation) という．命題 8.1 より，$\boldsymbol{\mu}_t^\bullet, \boldsymbol{\tau}_t^\bullet$ は始点 t_0 と終点 t にしか依存をしない．すなわち，列 $k_0, \ldots, k_{r-1}$ において重複 $k_{s+1} = k_s$ があってもかまわない．

分離公式（定理 4.16）より，以下が成り立つ．

$$\mu_t^x(x_{i;t}) = x^{\mathbf{g}_{i;t}} \frac{F_{i;t}(\hat{\mathbf{y}})}{F_{i;t}|_{\mathbb{P}_{t_0}}(\mathbf{y})}, \tag{8.18}$$

$$\mu_t^y(y_{i;t}) = y^{\mathbf{c}_{i;t}} \prod_{j=1}^n F_{j;t}|_{\mathbb{P}_{t_0}}(\mathbf{y})^{b_{ji;t}}. \tag{8.19}$$

一方，$\boldsymbol{\tau}_t^\bullet$ に対しては，以下が成り立つ．

命題 8.2

$$\tau_t^x(x_{i;t}) = x^{\mathbf{g}_{i;t}}, \tag{8.20}$$

$$\tau_t^y(y_{i;t}) = y^{\mathbf{c}_{i;t}}. \tag{8.21}$$

証明 x 変数について，$d = d(t_0, t)$ に関する帰納法で示す．$t = t_0$ に対しては，右辺は $x^{\mathbf{g}_{i;t_0}} = x^{\mathbf{e}_i} = x_i$ であるので主張は成り立つ．つぎに，$d(t_0, t) = d$ である $t \in \mathbb{T}_n$ に対して主張が成り立つとする．t' を t と k 隣接で $d(t_0, t') = d+1$ である頂点とする．このとき，

$$\boldsymbol{\tau}_{t'}^x(x_{i;t'}) = (\boldsymbol{\tau}_t^x \circ \tau_{k;t})(x_{i;t'})$$

$$= \begin{cases} \boldsymbol{\tau}_t^x\left(x_{k;t}^{-1}\prod_{j=1}^n x_{j;t}^{[-\varepsilon_{k;t}b_{jk;t}]_+}\right) = x^{-\mathbf{g}_{k;t}+\sum_{j=1}^n[-\varepsilon_{k;t}b_{jk;t}]_++\mathbf{g}_{j;t}} & (i=k), \\ \boldsymbol{\tau}_t^x(x_{i;t}) = x^{\mathbf{g}_{i;t}} & (i \neq k) \end{cases}$$

$$= x^{\mathbf{g}_{i;t'}}$$

となる. ただし, 最後の等号で (6.34) を用いた. y 変数についても同様である. ∎

ここで, トロピカル x 変数 (4.44) およびトロピカル y 変数 (4.43) の概念を思い出そう. すると, (8.18)–(8.21) の結果より, $\boldsymbol{\tau}_t^\bullet$ は合成変異 $\boldsymbol{\mu}_t^\bullet$ のトロピカル部分とみなすことができる.

$\hat{y}$ 変数についても, 同様の結果が成り立つ.

命題 8.3 以下が成り立つ.

$$\boldsymbol{\tau}_t^x(\hat{y}_{i;t}) = \hat{y}^{\mathbf{c}_{i;t}}. \tag{8.22}$$

証明 (8.20), (8.21), (4.46) より, (8.22) が得られる. ∎

(8.18)–(8.21) より, 非トロピカル部分 $\rho_{k;t}^\bullet$ が分離公式の非トロピカル部分 (あるいは F 多項式) の生成に関与することは明らかである. 以下では, このことをより具体的に記述しよう. そのために, いくつかの概念を導入する.

定義 8.4(反対称分解) 任意の n 次反対称化可能行列 B に対して, ある n 次正整数対角行列 Δ と n 次有理反対称行列 Ω により

$$B = \Delta\Omega \tag{8.23}$$

となるとき, これを B の**反対称分解** (skew-symmetric decomposition) という.

今考えている団パターン $\boldsymbol{\Sigma}$ の初期交換行列 $B = B_{t_0}$ の反対称分解を一つ固定する. このとき, $D = \Delta^{-1}$ とおくと, D は B の反対称化子であり,

$DB = \Omega$ となる. また, $\Delta = \mathrm{diag}(\delta_1, \ldots, \delta_n)$ とおくと, D はちょうど (7.3) の形になる. $\mathbb{R}^n$ の内積 $(\cdot, \cdot)_D = (\cdot, \cdot)_{\Delta^{-1}}$ を, (7.4) で定めたものとする. また, Ω の定める $\mathbb{R}^n$ の反対称双線形形式

$$\{\mathbf{u}, \mathbf{v}\}_\Omega := \mathbf{u}^T \Omega \mathbf{v} = (\mathbf{u}, B\mathbf{v})_D \tag{8.24}$$

を考える.

命題 8.5　　以下の等式が成り立つ. ((8.25) は, (8.26) との比較のために (7.6) を再掲したものである.)

$$(\delta_k \mathbf{c}_{k;t}, \mathbf{g}_{i;t})_D = \delta_{ki}, \tag{8.25}$$

$$\{\delta_k \mathbf{c}_{k;t}, \mathbf{c}_{i;t}\}_\Omega = b_{ki;t}. \tag{8.26}$$

証明　　(8.26) は, (6.31) を用いて, 以下のように示される.

$$D^{-1}(C_t^T DBC_t) = D^{-1}(DB_t) = B_t. \tag{8.27}$$

∎

c ベクトル $\mathbf{c}_{k;t}$ とそのトロピカル符号 $\varepsilon_{k;t}$ に対して,

$$\mathbf{c}_{k;t}^+ := \varepsilon_{k;t} \mathbf{c}_{k;t} \tag{8.28}$$

は正ベクトルとなる. これを c^+ **ベクトル** (c^+-vector) という.

以上の準備のもとで, 自己同型写像 $\eta_{k;t}^\bullet$ を以下のように定める. ただし, $\eta_{k;t}^x$ においては, 係数に対して $\eta_{k;t}^y$ を同時に適用する.

$$\eta_{k;t}^x \colon \mathcal{F}_{t_0} \to \mathcal{F}_{t_0}, \quad \eta_{k;t}^y \colon \mathbb{P}_{t_0} \to \mathbb{P}_{t_0}, \tag{8.29}$$

$$\eta_{k;t}^x(x^{\mathbf{m}}) = x^{\mathbf{m}} \left(\frac{1 + \hat{y}^{\mathbf{c}_{k;t}^+}}{1 \oplus y^{\mathbf{c}_{k;t}^+}} \right)^{-(\delta_k \mathbf{c}_{k;t}, \mathbf{m})_D} \quad (\mathbf{m} \in \mathbb{Z}^n), \tag{8.30}$$

$$\eta_{k;t}^y(y^{\mathbf{n}}) = y^{\mathbf{n}} (1 \oplus y^{\mathbf{c}_{k;t}^+})^{-\{\delta_k \mathbf{c}_{k;t}, \mathbf{n}\}_\Omega} \quad (\mathbf{n} \in \mathbb{Z}^n). \tag{8.31}$$

命題 8.6　　(1) 以下が成り立つ.

$$\eta_{k;t}^{x}(x^{\mathbf{g}_{i;t}}) = x^{\mathbf{g}_{i;t}} \left(\frac{1 + \hat{y}^{\mathbf{c}_{k;t}^{+}}}{1 \oplus y^{\mathbf{c}_{k;t}^{+}}} \right)^{-\delta_{ki}}, \tag{8.32}$$

$$\eta_{k;t}^{y}(y^{\mathbf{c}_{i;t}}) = y^{\mathbf{c}_{i;t}} (1 \oplus y^{\mathbf{c}_{k;t}^{+}})^{-b_{ki;t}}. \tag{8.33}$$

(2) 以下の図式は可換である.

$$\begin{array}{ccc}
\mathcal{F}_t & \xrightarrow{\;\boldsymbol{\tau}_t^x\;} & \mathcal{F}_{t_0} \\
\rho_{k;t}^x \downarrow & & \downarrow \eta_{k;t}^x, \\
\mathcal{F}_t & \xrightarrow{\;\boldsymbol{\tau}_t^x\;} & \mathcal{F}_{t_0}
\end{array}
\qquad
\begin{array}{ccc}
\mathbb{P}_t & \xrightarrow{\;\boldsymbol{\tau}_t^y\;} & \mathbb{P}_{t_0} \\
\rho_{k;t}^y \downarrow & & \downarrow \eta_{k;t}^y. \\
\mathbb{P}_t & \xrightarrow{\;\boldsymbol{\tau}_t^y\;} & \mathbb{P}_{t_0}
\end{array}
\tag{8.34}$$

(3) 頂点 t, t' が k 隣接のとき,

$$\eta_{k;t'} \circ \eta_{k;t} = \mathrm{id}. \tag{8.35}$$

証明 (1) 写像 $\eta_{k;t}^{\bullet}$ の定義と命題 8.5 より得られる.

(2) (8.32) と命題 8.2, 命題 8.3 より,

$$x_{i;t} \overset{\rho_{k;t}^x}{\mapsto} x_{i;t} \left(\frac{1 + \hat{y}_{k;t}^{\varepsilon_{k;t}}}{1 \oplus y_{k;t}^{\varepsilon_{k;t}}} \right)^{-\delta_{ki}} \overset{\tau_t^x}{\mapsto} x^{\mathbf{g}_{i;t}} \left(\frac{1 + \hat{y}^{\mathbf{c}_{k;t}^{+}}}{1 \oplus y^{\mathbf{c}_{k;t}^{+}}} \right)^{-\delta_{ki}}, \tag{8.36}$$

$$x_{i;t} \overset{\tau_t^x}{\mapsto} x^{\mathbf{g}_{i;t}} \overset{\eta_{k;t}^k}{\mapsto} x^{\mathbf{g}_{i;t}} \left(\frac{1 + \hat{y}^{\mathbf{c}_{k;t}^{+}}}{1 \oplus y^{\mathbf{c}_{k;t}^{+}}} \right)^{-\delta_{ki}} \tag{8.37}$$

となる. 同様に,

$$y_{i;t} \overset{\rho_{k;t}^y}{\mapsto} y_{i;t} (1 \oplus y_{k;t}^{\varepsilon_{k;t}})^{-b_{ki;t}} \overset{\tau_t^y}{\mapsto} y^{\mathbf{c}_{i;t}} (1 \oplus y^{\mathbf{c}_{k;t}^{+}})^{-b_{ki;t}}, \tag{8.38}$$

$$y_{i;t} \overset{\tau_t^y}{\mapsto} y^{\mathbf{c}_{i;t}} \overset{\eta_{k;t}^y}{\mapsto} y^{\mathbf{c}_{i;t}} (1 \oplus y^{\mathbf{c}_{k;t}^{+}})^{-b_{ki;t}} \tag{8.39}$$

となる. よって, 図式 (8.34) は可換である.

(3) $\mathbf{c}_{k;t'} = -\mathbf{c}_{k;t}$ より得られる. ∎

頂点 t_0, t_1, ..., $t_r = t$ を $\boldsymbol{\mu}_t^{\bullet}$, $\boldsymbol{\tau}_t^{\bullet}$ に対するものと同じとして, 以下の写像

を定める.

$$\boldsymbol{\eta}_t^\bullet := \eta_{k_0;t_0} \circ \eta_{k_1;t_1} \circ \cdots \circ \eta_{k_{r-1};t_{r-1}} : \mathcal{F}_{t_0} \to \mathcal{F}_{t_0},\ \mathbb{P}_{t_0} \to \mathbb{P}_{t_0}. \tag{8.40}$$

命題 8.6 (3) より, $\boldsymbol{\eta}_t^\bullet$ は始点 t_0 と終点 t にしか依存をしない.

命題 8.7　以下の分解が成り立つ.

$$\boldsymbol{\mu}_t^\bullet = \boldsymbol{\eta}_t^\bullet \circ \boldsymbol{\tau}_t^\bullet. \tag{8.41}$$

証明　x 変数について示す. まず, (8.32) において $t = t_0$ おくと, 以下が得られる.

$$\rho_{k_0;t_0}^x = \eta_{k_0;t_0}^x. \tag{8.42}$$

これと, 定理 8.6 (2) より, 以下の可換図式が得られる.

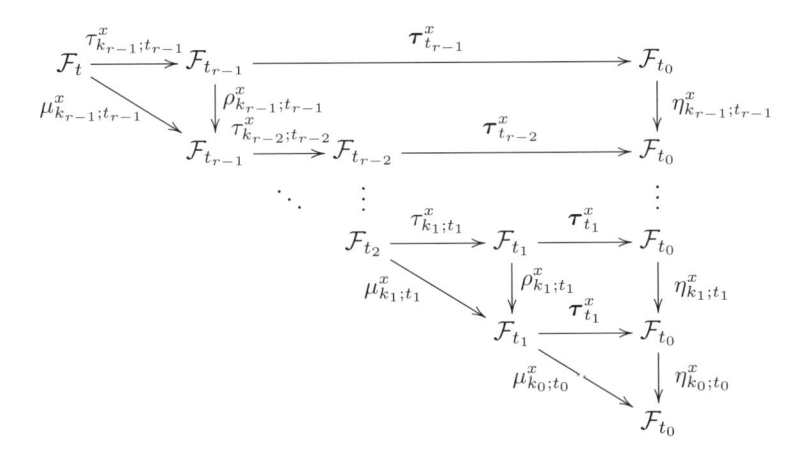

よって, 主張が示された. y 変数についても同様である.　∎

　分解 (8.41) を, 合成変異 $\boldsymbol{\mu}_t^\bullet$ の **Fock-Goncharov 分解**という. $\boldsymbol{\eta}_t^\bullet$ は, 以下の意味で $\boldsymbol{\mu}_t^\bullet$ の非トロピカル部分とみなせる.

定理 8.8　以下が成り立つ.

$$\eta_t^x(x^{\mathbf{g}_{i;t}}) = x^{\mathbf{g}_{i;t}} \frac{F_{i;t}(\hat{\mathbf{y}})}{F_{i;t}|_{\mathbb{P}_{t_0}}(\mathbf{y})}, \tag{8.43}$$

$$\boldsymbol{\eta}_t^y(y^{\mathbf{c}_{i;t}}) = y^{\mathbf{c}_{i;t}} \prod_{j=1}^n F_{j;t}|_{\mathbb{P}_{t_0}}(\mathbf{y})^{b_{ji;t}}, \tag{8.44}$$

$$\boldsymbol{\eta}_t^x(\hat{y}^{\mathbf{c}_{i;t}}) = \hat{y}^{\mathbf{c}_{i;t}} \prod_{j=1}^n F_{j;t}(\hat{\mathbf{y}})^{b_{ji;t}}. \tag{8.45}$$

証明 x 変数について示す．命題 8.2 と命題 8.7 より，

$$\boldsymbol{\eta}_t^x(x^{\mathbf{g}_{i;t}}) = \boldsymbol{\eta}_t^x(\boldsymbol{\tau}_t^x(x_{i;t})) = \boldsymbol{\mu}_t^x(x_{i;t}) = x^{\mathbf{g}_{i;t}} \frac{F_{i;t}(\hat{\mathbf{y}})}{F_{i;t}|_{\mathbb{P}_{t_0}}(\mathbf{y})} \tag{8.46}$$

となる．他の場合も同様である． ■

注意 8.9 良い機会であるので，ここで主拡大（6.5 節）の使い方の例を述べよう．とくに無係数団パターンに対して，(8.43) は，

$$\boldsymbol{\eta}_t^x(x^{\mathbf{g}_{i;t}}) = x^{\mathbf{g}_{i;t}} F_{i;t}(\hat{\mathbf{y}}) \tag{8.47}$$

と簡略化される．交換行列 B が正則の場合には，$\hat{y}$ 変数 $\hat{\mathbf{y}}$ は代数的独立であり，(8.47) は F 多項式 $F(\mathbf{y})$ を一意的に定める．この意味で，$\boldsymbol{\eta}_t^x$ は F 多項式を生成する．一方，B が正則でない場合は (8.47) からは多項式 $F(\mathbf{y})$ は一意的に定まらない．しかし，主拡大法（命題 6.24）を適用すると，主拡大 $\overline{B}$ に対する $\boldsymbol{\eta}_t^x$ が（一意的に）定める F 多項式が，B に対する F 多項式を与える．

8.3 変異両立ポアソン括弧

本章の後半では，Fock-Goncharov 分解を用いて，y 変数の変異には古典力学におけるハミルトン系の描像があることを示す．本節では，その準備として変異両立ポアソン括弧を導入する．

まず，通常のポアソン括弧の定義から始めよう．

定義 8.10（ポアソン括弧） 滑らかな多様体 M に対して，M 上の滑らかな実関数のなす $\mathbb{R}$ 上の可換代数を $\mathcal{C}(M)$ とする．双線形写像 $\{\cdot, \cdot\} : \mathcal{C}(M) \times$

$\mathcal{C}(M) \to \mathcal{C}(M)$ が以下をみたすとき，$\mathcal{C}(M)$ 上の（あるいは M 上の）**ポアソン括弧** (Poisson bracket) という．

(i) 反対称性：$\{f, g\} = -\{g, f\}$.

(ii) ライプニッツ則：$\{f, gh\} = \{f, g\}h + g\{f, h\}$.

(iii) ヤコビ恒等式：$\{\{f, g\}, h\} + \{\{g, h\}, f\} + \{\{h, f\}, g\} = 0$.

ポアソン括弧を持つ多様体を**ポアソン多様体** (Poisson manifold) という．

　簡単のため，大域座標 $\mathbf{y} = (y_1, \ldots, y_n)$ を持つ多様体 $M \simeq \mathbb{R}^n$ を考える．このとき，$\mathcal{C}(M)$ はすべての滑らかな $\mathbf{y}$ の関数のなす代数 $\mathcal{C}(\mathbf{y})$ と同一視できる．以下はリーによる定理である．

定理 8.11　(1) $\{\cdot, \cdot\}$ を $\mathcal{C}(\mathbf{y})$ 上の任意のポアソン括弧とする．このとき，以下の公式が成り立つ．

$$\{f, g\} = \sum_{i,j=1}^{n} \frac{\partial f}{\partial y_i} \frac{\partial g}{\partial y_j} \{y_i, y_j\}. \tag{8.48}$$

(2) 逆に，データ $w_{ij} \in \mathcal{C}(\mathbf{y})$ $(i, j = 1, \ldots, n)$ が条件

$$w_{ij} = -w_{ji}, \tag{8.49}$$

$$\sum_{\ell=1}^{n} \left(\frac{\partial w_{ij}}{\partial y_\ell} w_{\ell k} + \frac{\partial w_{jk}}{\partial y_\ell} w_{\ell i} + \frac{\partial w_{ki}}{\partial y_\ell} w_{\ell j} \right) = 0 \tag{8.50}$$

をみたすとする．このとき，$\{y_i, y_j\} = w_{ij}$ とおき，$\{f, g\}$ を (8.48) で定めると，$\{\cdot, \cdot\}$ は $\mathcal{C}(\mathbf{y})$ 上のポアソン括弧となる．また，条件 (8.50) は，以下と同値である．

$$\{\{y_i, y_j\}, y_k\} + \{\{y_j, y_k\}, y_i\} + \{\{y_k, y_i\}, y_j\} = 0. \tag{8.51}$$

証明　よく知られた定理であるが，読者の便宜のため証明の概略 [48] を述べる．

(1) $\{\cdot,\cdot\}$ をポアソン括弧とする. $\mathbf{y}$ の多項式関数 f, g に対しては, ライプニッツ則より (8.48) が得られる. また, 滑らかな関数に対しては, ワイエルシュトラスの近似定理により多項式の場合に帰着される.

(2) 非自明なのはヤコビ恒等式である. $\partial f/\partial y_i = f_i$, $\partial^2 f/\partial y_i \partial y_j = f_{ij}$ と表す. すると,

$$\{\{f,g\},h\} = \left\{\sum_{i,j} f_i g_j w_{ij}, h\right\}$$

$$= \sum_{i,j,k,\ell} (f_i g_j)_k h_\ell w_{ij} w_{k\ell} + \sum_{i,j,k,\ell} f_i g_j h_\ell (w_{ij})_k w_{k\ell}$$

$$= \sum_{i,j,k,\ell} (f_{ik} g_j h_\ell - g_{ik} h_j f_\ell) w_{ij} w_{k\ell} + \sum_{i,j,k,\ell} f_i g_j h_\ell (w_{ij})_k w_{k\ell}$$

となる. ただし, 最後の等式で反対称性 (8.49) を用いた. 最後の表示と条件 (8.50) より, ヤコビ恒等式が得られる. ∎

命題 8.12 任意の n 次正方実反対称行列 $\Omega = (\omega_{ij})$ に対して, データ $w_{ij} \in \mathcal{C}(\mathbf{y})$ $(i, j = 1, \ldots, n)$ を

$$w_{ij} = \{y_i, y_j\} := \omega_{ij} y_i y_j \tag{8.52}$$

と定める. すると, それらは条件 (8.49), (8.50) をみたし, $\mathcal{C}(\mathbf{y})$ 上のポアソン括弧を与える.

証明 (8.49) は明らかである. また, (8.50) は, 巡回的な表示

$$\{\{y_i, y_j\}, y_k\} = (\omega_{ij}\omega_{ik} - \omega_{jk}\omega_{ji}) y_i y_j y_k \tag{8.53}$$

より得られる. ∎

(8.52) の形のポアソン括弧を **2 次ポアソン括弧** (quadratic Poisson bracket) という.

ここで, 前節までの状況に戻ろう. まず, 以下では y 変数だけを考えるので, 団パターン Σ の代わりに Y パターン Υ を考える. さらに, Υ は基点 t_0 の自由 Y パターンとする. このとき, 任意の $t \in \mathbb{T}_n$ に対して, $\mathbf{y}_t$ は (代数

的独立な）変数とみなせて，$\mathbb{P}_t = \mathbb{Q}_{sf}(\mathbf{y}_t)$ となる．$\mathbb{P}_t$ の和 $\oplus$ は有理関数の通常の和であるので，記号 $+$ に置き換えることにする．また，$\mu^y_{k;t}, \tau^y_{k;t}, \rho^y_{k;t}$ やそれらの合成に対して，添字 y は省略することにする．たとえば，

$$\tau_{k;t}\colon \mathbb{Q}_{sf}(\mathbf{y}_{t'}) \to \mathbb{Q}_{sf}(\mathbf{y}_t), \tag{8.54}$$

$$\tau_{k;t}(y_{i;t'}) = \begin{cases} y^{-1}_{k;t} & (i = k), \\ y_{i;t}y^{[\varepsilon_{k;t}b_{ki;t}]_+}_{k;t} & (i \neq k) \end{cases} \tag{8.55}$$

となる．そこで，各 $t \in \mathbb{T}_n$ に対して，$U_t = \mathbb{R}^n_{>0}$ として，上の y 変数 $\mathbf{y}_t$ を $\mathbb{R}^n_{>0}$ に制限したものを U_t の座標とみなす．また，k 隣接な頂点 $t, t' \in \mathbb{T}_n$ に対して，座標変換

$$\tau^*_{k;t}\colon U_t \to U_{t'}, \quad \mathbf{y}_t \mapsto \mathbf{y}_{t'}, \tag{8.56}$$

$$y_{i;t'} = \begin{cases} y^{-1}_{k;t} & (i = k), \\ y_{i;t}y^{[\varepsilon_{k;t}b_{ki;t}]_+}_{k;t} & (i \neq k) \end{cases} \tag{8.57}$$

を定める．これにより，大域座標系の族 $U_t \ (t \in \mathbb{T}_n)$ を持つ多様体 $M_+ \simeq \mathbb{R}^n_{>0}$ が定まる．ここで，座標系の貼り合わせは，変異 $\mu_{k;t}$ そのものではなく，そのトロピカル部分 $\tau_{k;t}$ に対応する変換 $\tau^*_{k;t}$ により行ったことを強調する．

つぎに，M_+ 上の滑らかな関数のなす代数 $\mathcal{C}(M_+)$ を考える．これは，各座標系 U_t において，$\mathbb{R}^n_{>0}$ 上のすべての滑らかな $\mathbf{y}_t$ の関数のなす代数 $\mathcal{C}_+(\mathbf{y}_t)$ と

✍ 対数正準変数

2 次ポアソン括弧は，$y_i > 0$ の仮定のもとで，以下と同値になる．

$$\{\log y_i, \log y_j\} = \omega_{ij}.$$

このため，Gekhtman-Shapiro-Vainshtein [18] は，座標（変数）$\mathbf{y}$ を対数正準変数 (log-canonical variables) と呼んだ．しかしながら，この名称は少々紛らわしく注意を要する．なぜなら，$\log y_i$ たちは，古典力学の意味での正準変数 (canonical variables) になっていないからである．

同一視される. また, k 隣接な頂点 $t, t' \in \mathbb{T}_n$ に対して, 座標変換 $\tau_{k;t}^*$ (8.56) は, 同型写像

$$
\begin{array}{ccc}
\mathcal{C}_+(\mathbf{y}_{t'}) & \to & \mathcal{C}_+(\mathbf{y}_t) \\
f(\mathbf{y}_{t'}) & \mapsto & f(\tau_{k;t}^*(\mathbf{y}_t))
\end{array}
\tag{8.58}
$$

を誘導する. とくに, 変数 $y_{i;t'}$ を $\mathcal{C}_+(\mathbf{y}_{t'})$ の元とみなすとき,

$$
y_{i;t'} \mapsto \tau_{k;t}(y_{i;t'})
\tag{8.59}
$$

となり, この写像は写像 $\tau_{k;t}$ (8.55) の拡張となるので, 同じ記号 $\tau_{k;t}$ で表すことにする. すなわち,

$$
\tau_{k;t}(f(\mathbf{y}_{t'})) = f(\tau_{k;t}^*(\mathbf{y}_t))
\tag{8.60}
$$

である. 同様の方法で,

$$
\mu_{k;t} \colon \mathcal{C}_+(\mathbf{y}_{t'}) \to \mathcal{C}_+(\mathbf{y}_t),
\tag{8.61}
$$

$$
\rho_{k;t} \colon \mathcal{C}_+(\mathbf{y}_t) \to \mathcal{C}_+(\mathbf{y}_t),
\tag{8.62}
$$

$$
\eta_{k;t} \colon \mathcal{C}_+(\mathbf{y}) \to \mathcal{C}_+(\mathbf{y}), \quad \mathbf{y} = \mathbf{y}_{t_0}
\tag{8.63}
$$

を定める.

さて, 初期行列 $B = B_{t_0}$ の反対称分解 $B = \Delta\Omega$ に対して, $D = \Delta^{-1}$ は B_t $(t \in \mathbb{T}_n)$ の共通反対称化子であった. よって, $\Omega_t = DB_t$ は, 反対称有理行列であり, B パターン $\mathbf{B}$ に共通の対角行列 Δ による反対称分解

$$
B_t = \Delta\Omega_t
\tag{8.64}
$$

が得られる. 行列 $\Omega_t = (\omega_{ij;t})$ の変異は以下のように直接表すことができる.

命題 8.13 $t, t' \in \mathbb{T}_n$ は k 隣接な頂点とする. このとき, 任意の $\varepsilon \in \{1, -1\}$ に対して, 以下が成り立つ.

$$
\omega_{ij;t'} = \begin{cases}
-\omega_{ij;t} & (i = k \text{ または } j = k), \\
\omega_{ij;t} + [\varepsilon b_{kj;t}]_+ \omega_{ik;t} + [\varepsilon b_{ki;t}]_+ \omega_{kj;t} & (i, j \neq k).
\end{cases}
\tag{8.65}
$$

証明 (2.11) の両辺に d_i をかけて得られる. ∎

以上の準備のもとで, 各 $t \in \mathbb{T}_n$ に対して, $\mathcal{C}_+(\mathbf{y}_t)$ 上の 2 次ポアソン括弧 $\{\cdot,\cdot\}_t$ を

$$\{y_{i;t}, y_{j;t}\}_t := \omega_{ij;t} y_{i;t} y_{j;t} \tag{8.66}$$

と定める. このとき, 以下が成り立つ.

定理 8.14 (変異両立性 [18])　k 隣接な頂点 $t, t' \in \mathbb{T}_n$ に対して, 以下が成り立つ.

$$\{\mu_{k;t}(f), \mu_{k;t}(g)\}_t = \mu_{k;t}(\{f,g\}_{t'}) \quad (f, g \in \mathcal{C}_+(\mathbf{y}_{t'})), \tag{8.67}$$

$$\{\tau_{k;t}(f), \tau_{k;t}(g)\}_t = \tau_{k;t}(\{f,g\}_{t'}) \quad (f, g \in \mathcal{C}_+(\mathbf{y}_{t'})), \tag{8.68}$$

$$\{\rho_{k;t}(f), \rho_{k;t}(g)\}_t = \rho_{k;t}(\{f,g\}_t) \quad (f, g \in \mathcal{C}_+(\mathbf{y}_t)). \tag{8.69}$$

すなわち, 写像 $\mu_{k;t}, \tau_{k;t}, \rho_{k;t}$ は, ポアソン括弧 (8.66) と可換である.

証明　はじめに, 一番容易な (8.69) を示す. 以下, 簡単のため, $\rho_{k;t}, y_{i;t}$ を, ρ, y_i と略記する. また, ρ に対応する座標変換を $\rho^* : U_t \mapsto U_t$ とおく. この記号のもとで,

$$\rho(f(\mathbf{y})) := f(\rho^*(\mathbf{y})) \tag{8.70}$$

となる. まず, (8.69) が関数 $f(\mathbf{y}) = y_i$, $g(\mathbf{y}) = y_j$ について成り立つと仮定する. すると, (8.48) より, 一般の $f(\mathbf{y}), g(\mathbf{y}) \in \mathcal{C}_+(\mathbf{y}_t)$ に対して,

$$\{\rho(f(\mathbf{y})), \rho(g(\mathbf{y}))\}_t \stackrel{(8.70)}{=} \{f(\rho^*(\mathbf{y})), g(\rho^*(\mathbf{y}))\}_t$$

$$\stackrel{(8.48)}{=} \sum_{i,j=1}^n \frac{\partial f}{\partial y_i}(\rho^*(\mathbf{y})) \frac{\partial g}{\partial y_j}(\rho^*(\mathbf{y})) \{\rho(y_i), \rho(y_j)\}_t$$

$$= \sum_{i,j=1}^n \rho\left(\frac{\partial f}{\partial y_i}(\mathbf{y}) \frac{\partial g}{\partial y_j}(\mathbf{y})\right) \rho(\{y_i, y_j\}_t) \quad \text{(仮定より)}$$

$$= \rho\left(\sum_{i,j=1}^n \frac{\partial f}{\partial y_i}(\mathbf{y}) \frac{\partial g}{\partial y_j}(\mathbf{y}) \{y_i, y_j\}_t\right)$$

$$\overset{(8.48)}{=} \rho(\{f(\mathbf{y}), g(\mathbf{y})\}_t)$$

となる. よって, $f(\mathbf{y}) = y_i$, $g(\mathbf{y}) = y_j$ について (8.69) を示せば十分である. 実際,

$$
\begin{aligned}
\{\rho(y_i), \rho(y_j)\}_t &= \{y_i(1 + y_k^{\varepsilon_k})^{-b_{ki}}, y_j(1 + y_k^{\varepsilon_k})^{-b_{kj}}\}_t \\
&= (1 + y_k^{\varepsilon_k})^{-b_{ki}}(1 + y_k^{\varepsilon_k})^{-b_{kj}}\{y_i, y_j\}_t \quad (\text{ライプニッツ則}) \\
&\quad + y_i(1 + y_k^{\varepsilon_k})^{-b_{kj}}\{(1 + y_k^{\varepsilon_k})^{-b_{ki}}, y_j\}_t \\
&\quad + (1 + y_k^{\varepsilon_k})^{-b_{ki}}y_j\{y_i, (1 + y_k^{\varepsilon_k})^{-b_{kj}}\}_t \\
&\overset{(8.66)}{=} \omega_{ij}(1 + y_k^{\varepsilon_k})^{-b_{ki}}(1 + y_k^{\varepsilon_k})^{-b_{kj}}y_i y_j \\
&= \omega_{ij}\rho(y_i)\rho(y_j) = \rho(\{y_i, y_j\}_t)
\end{aligned}
$$

となり, 主張が示された. (8.68) も同様に示される. $\tau_{k;t}$, $y_{i;t'}$, $\omega_{ij;t}$, $\omega_{ij;t'}$ を τ, y_i', ω_{ij}, ω_{ij}' とおくと, たとえば, $i, j \neq k$ に対して,

$$
\begin{aligned}
\{\tau(y_i'), \tau(y_j')\}_t &= \{y_i y_k^{[\varepsilon_k b_{ki}]_+}, y_j y_k^{[\varepsilon_k b_{ki}]_+}\}_t \\
&= y_k^{[\varepsilon_k b_{ki}]_+} y_k^{[\varepsilon_k b_{kj}]_+}\{y_i, y_j\}_t + y_i y_k^{[\varepsilon_k b_{kj}]_+}\{y_k^{[\varepsilon_k b_{ki}]_+}, y_j\}_t \\
&\quad + y_k^{[\varepsilon_k b_{ki}]_+} y_j\{y_i, y_k^{[\varepsilon_k b_{kj}]_+}\}_t \\
&\overset{(8.66)}{=} (\omega_{ij} + [\varepsilon_k b_{ki}]_+ \omega_{kj} + [\varepsilon_k b_{kj}]_+ \omega_{ik}) \\
&\quad \times y_k^{[\varepsilon_k b_{ki}]_+} y_k^{[\varepsilon_k b_{kj}]_+} y_i y_j \\
&\overset{(8.65)}{=} \omega_{ij}' \tau(y_i')\tau(y_j') = \tau(\{y_i', y_j'\}_{t'})
\end{aligned}
$$

となる. (8.67) は, (8.68), (8.69), および (8.6) より得られる. ∎

Gekhtman-Shapiro-Vainshtein [18] は, とくに (8.67) を示した. 一方, この章の観点では, (8.68) が重要であり, これにより, ポアソン括弧 (8.66) は座標系 U_t に依存せず, したがって多様体 M_+ 上のポアソン括弧を定めることが示された. ポアソン括弧 (8.66) が (8.67)–(8.69) をみたすことを**変異両立** (mutation-compatible) という.

8.4 二重対数関数

この節では，二重対数関数を導入する．この関数はオイラーに見出されて以来長い歴史を持ち，数学や物理学などさまざまの分野と関連して深く研究されている．

まず，自然数 k に対して，以下のべき級数

$$\mathrm{Li}_k(x) = \sum_{n=1}^{\infty} \frac{x^n}{n^k} \tag{8.71}$$

を考える．この級数は収束半径が 1 であり，複素平面の単位円盤 $|x| < 1$ 上で複素関数を定める．これを次数 k の**多重対数関数** (polylogarithm) という．記号 Li は logarithmic integral を意味する．$k = 1$ のときは，$\mathrm{Li}_1(x) = -\log(1-x)$ ($|x| < 1$) であり，対数関数を与える．$\mathrm{Li}_2(x)$ を**二重対数関数** (dilogarithm) という．

定義 (8.71) より，

$$x\frac{d}{dx}\mathrm{Li}_2(x) = \sum_{n=1}^{\infty} \frac{x^n}{n} = \mathrm{Li}_1(x) = -\log(1-x) \quad (|x| < 1) \tag{8.72}$$

となる．よって，積分表示

$$\mathrm{Li}_2(x) = -\int_0^x \frac{\log(1-y)}{y}\, dy \tag{8.73}$$

が得られ，これにより，$\mathrm{Li}_2(x)$ は複素平面 $\mathbb{C}$ 全体へと解析接続される．このとき，以下の多価性に注意する必要がある．第一に，被積分関数 $\log(1-x)$ の多価性に起因する $x = 1$ の周りの多価性である．第二に，$x = 0$ の周りではもともとのべき級数 (8.71) は 1 価であるが，積分路がたとえば $x = 1$ を反時計回りに回った後に $x = 0$ に戻ってくると，$\log(1-x)$ の多価性により，$2\pi\sqrt{-1}/y$ という項が被積分関数に加わり，その結果 $x = 0$ の周りでも多価となる．ここでは，関数 (8.73) の定義域を実数 $x \le 1$ に制限し，積分を通常の実軸上の積分とみなすことで，多価性の問題を排除する．

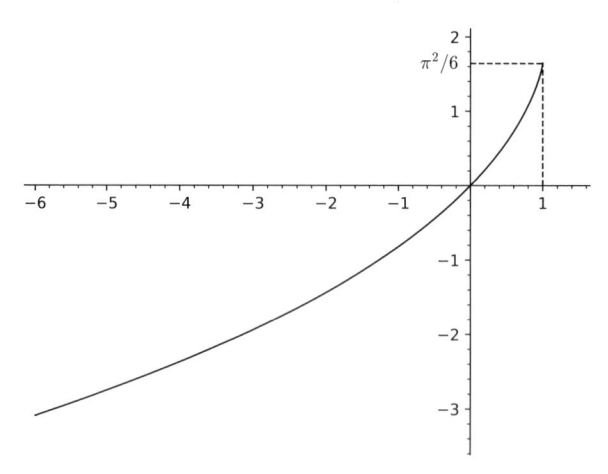

図 **8.1** 二重対数関数 $\mathrm{Li}_2(x)$ のグラフ.

以下の特殊値は重要であり，後者はオイラーによる有名な結果（バーゼル問題の解）である.

$$\mathrm{Li}_2(0) = 0, \quad \mathrm{Li}_2(1) = \sum_{n=1}^{\infty} \frac{1}{n^2} = \zeta(2) = \frac{\pi^2}{6} = 1.6449\ldots. \tag{8.74}$$

ただし，$\zeta(s)$ はリーマンゼータ関数である.

$\mathrm{Li}_2(x)$ の微分 $-\log(1-x)/x$ は $x < 1$ で正であり，よって $\mathrm{Li}_2(x)$ は単調増加である. $\mathrm{Li}_2(x)$ のグラフは図 8.1 のようになるが，これを眺めてもこれといった特徴を見出すことはできない. しかし，$\mathrm{Li}_2(x)$ は数多くの（無限個の）興味深い関数等式をみたすことが知られている. これらを**二重対数恒等式** (dilogarithm identity) という. 以下では，最も基本的かつ重要な二つの例をあげる.

例 8.15 (1)（**オイラー恒等式** (Euler's identity)）　$0 \le x \le 1$ に対して，

$$\mathrm{Li}_2(x) + \mathrm{Li}_2(1-x) = \frac{\pi^2}{6} - \log x \log(1-x). \tag{8.75}$$

ただし，

$$\log 0 \log 1 := \lim_{x \to 0^+} \log x \log(1-x) = 0 \tag{8.76}$$

とする. 実際, (8.73) と (8.74) より, 両辺の微分および $x = 0$ での値がそれぞれ等しいことが確かめられる.

(2)(アーベル恒等式 (Abel's identity)) 以下は, (8.75) の二変数版とみなすことができる. $0 \leq x, y < 1$ に対して,

$$
\mathrm{Li}_2(x) + \mathrm{Li}_2(y) + \mathrm{Li}_2\left(\frac{1-x}{1-xy}\right) + \mathrm{Li}_2(1-xy) + \mathrm{Li}_2\left(\frac{1-y}{1-xy}\right)
$$
$$
= \frac{\pi^2}{2} - \log x \log(1-x) - \log y \log(1-y) - \log\left(\frac{1-x}{1-xy}\right) \log\left(\frac{1-y}{1-xy}\right).
$$
$$
\tag{8.77}
$$

これはまた, **五項関係式** (five-term relation), **五角恒等式** (pentagon identity) とも呼ばれる. 証明は, オイラー恒等式と同様に, 両辺の x と y に関する偏微分と $x = y = 0$ における値がそれぞれ等しいことを確かめればよい.

積分表示 (8.73) で変数変換 $y = -y'$ をすると, 以下の式が得られる.

$$
\mathrm{Li}_2(-x) = -\int_0^x \frac{\log(1+y)}{y}\, dy \quad (-1 \leq x), \tag{8.78}
$$
$$
\frac{d}{dx}\mathrm{Li}_2(-x) = -\frac{\log(1+x)}{x}. \tag{8.79}
$$

8.5 変異のハミルトニアン

以下では, 木グラフ $\mathbb{T}_n$ の頂点 t と区別するために, 連続時間を通常の記号 t の代わりに T ($T \in \mathbb{R}$) で表すことにする. 一般に**ハミルトン系** (Hamiltonian system) においては, ポアソン括弧 $\{\cdot, \cdot\}$ を持つポアソン多様体 M に対して, **ハミルトニアン** (Hamiltonian) $\mathscr{H} \in \mathcal{C}(M)$ と呼ばれる関数が与えられ, 時間 T をパラメーターに持つ関数の族 $f_T \in \mathcal{C}(M)$ ($T \in \mathbb{R}$) の時間変化が, **運動方程式** (equations of motion)

$$
\frac{d}{dT} f_T = \{\mathscr{H}, f_T\} \tag{8.80}
$$

により与えられる.

　この概念を 8.3 節の多様体 $M_+ \simeq \mathbb{R}^n_{>0}$ と変異両立ポアソン括弧 (8.66) に適用して, 自己同型写像 (変異の非トロピカル部) $\rho_{k;t}$ (8.62) をハミルトン系により記述することを考える. 天下りであるが, ハミルトニアン $\mathscr{H}_{k;t} \in \mathcal{C}_+(\mathbf{y}_t)$ を, 二重対数関数を用いて以下で定める.

$$\mathscr{H}_{k;t}(\mathbf{y}_t) := \varepsilon_{k;t}\delta_k \mathrm{Li}_2(-y_{k;t}^{\varepsilon_{k;t}}) = -\varepsilon_{k;t}\delta_k \int_0^{y_{k;t}^{\varepsilon_{k;t}}} \frac{\log(1+y)}{y}\, dy. \quad (8.81)$$

関数 $\mathscr{H}_{k;t}(\mathbf{y}_t)$ は変数 $y_{k;t}$ にしか依存しないことに注意する. とくに, (8.48) より,

$$\{\mathscr{H}_{k;t}, y_{k;t}\}_t = 0 \quad (8.82)$$

が成り立つ. また, 任意の $i = 1, \ldots, n$ に対して, (8.48), (8.79) より,

$$\begin{aligned}
\{\mathscr{H}_{k;t}, y_{i;t}\}_t &= \varepsilon_{k;t}\delta_k \{\mathrm{Li}_2(-y_{k;t}^{\varepsilon_{k;t}}), y_{i;t}\}_t \\
&= -\delta_k \frac{\log(1+y_{k;t}^{\varepsilon_{k;t}})}{y_{k;t}^{\varepsilon_{k;t}}} \omega_{ki;t} y_{k;t}^{\varepsilon_{k;t}} y_{i;t} \\
&= y_{i;t} \log(1+y_{k;t}^{\varepsilon_{k;t}})^{-b_{ki;t}} \quad (8.83)
\end{aligned}$$

となる. ((8.82) も (8.83) の特別な場合である.) そこで, 時間 $T \in \mathbb{R}$ をパラメーターに持つ関数の属 $f_T \in \mathcal{C}(M)$ が時刻 $T = 0$ で初期条件 $f_0 = y_{i;t}$ をみたすとする. すると, (8.82) より $y_{k;t}$ は時間によらないことを考慮に入れると, 運動方程式 (8.83) の解は

> ✎ **二重対数恒等式と団代数**
>
> 二重対数関数がハミルトニアンとして団代数に組み込まれていることから, 任意の団パターンの周期に対して二重対数恒等式が得られる [17]. そして, それを最も簡単な場合である A_1 型, A_2 型の周期に適用したものが, それぞれオイラー恒等式, アーベル恒等式を与える. このように, 250 年以上の長い歴史を持つ二重対数関数に対して, 団代数はまったく新しい視点をもたらした.

$$f_T = y_{i;t}(1 + y_{k;t}^{\varepsilon_{k;t}})^{-b_{ki;t}T} \tag{8.84}$$

で与えられる. とくに, $T=1$ とおくと, 右辺は (8.12) あるいは (8.62) の写像の像 $\rho_{k;t}(y_{i;t})$ に他ならない.

時刻 $T=0$ から $T=1$ へのハミルトニアンによる f_T の変換を**単位時間流** (time-one flow) という. これを用いて上の結果をまとめると, 「自己同型写像 $\rho_{k;t}$ は, 二重対数関数によるハミルトニアン $\mathcal{H}_{k;t}$ による単位時間流により与えられる」ことがわかった. 古典力学の用語を用いると, 「ハミルトニアン $\mathcal{H}_{k;t}$ は自己同型写像 $\rho_{k;t}$ の(無限小)生成子である」と述べることもできる. この重要な事実は, Fock-Goncharov [8] により見出された.

同型写像

$$\boldsymbol{\tau}_t := \tau_{k_0;t_0} \circ \tau_{k_1;t_1} \circ \cdots \circ \tau_{k_{r-1};t_{r-1}} : \mathcal{C}_+(\mathbf{y}_t) \to \mathcal{C}_+(\mathbf{y}) \tag{8.85}$$

は (8.17) の写像 $\boldsymbol{\tau}_t^y$ の $\mathcal{C}_+(\mathbf{y}_t)$ 上への拡張を与える. これについても, (8.34) と同様の可換図式

$$
\begin{array}{ccc}
\mathcal{C}_+(\mathbf{y}_t) & \xrightarrow{\boldsymbol{\tau}_t} & \mathcal{C}_+(\mathbf{y}) \\
{\scriptstyle \rho_{k;t}} \downarrow & & \downarrow {\scriptstyle \eta_{k;t}} \\
\mathcal{C}_+(\mathbf{y}_t) & \xrightarrow{\boldsymbol{\tau}_t} & \mathcal{C}_+(\mathbf{y})
\end{array} \tag{8.86}
$$

が成り立つ. また, (8.68) より, $\boldsymbol{\tau}_t$ はポアソン括弧と可換である. よって, 可換図式 (8.86) を通して, 上の結果を $\mathcal{C}_+(\mathbf{y})$ の自己同型写像 $\eta_{k;t}$ (8.63) に対して翻訳することができる. すなわち,

$$\mathcal{H}_{k;t}^{t_0}(\mathbf{y}) := \boldsymbol{\tau}_t(\mathcal{H}_{k;t}(\mathbf{y}_t)) = \varepsilon_{k;t}\delta_k \mathrm{Li}_2(-y^{\mathbf{c}_{k;t}^+}) \in \mathcal{C}_+(\mathbf{y}) \tag{8.87}$$

とおく. すると, 各 t に対する $\eta_{k;t}$ は, ポアソン括弧 $\{\cdot,\cdot\}_{t_0}$ のもとで, ハミルトニアン $\mathcal{H}_{k;t}^{t_0}$ による単位時間流により与えられる. また, 写像 $\eta_{k;t}$ は関数に作用するため, 写像の合成は時間発展と逆向きになることに注意する. すると, 合成変異の非トロピカル部分 $\boldsymbol{\eta}_t$ を, 単位時間ごとに変化するハミルトニアン $\mathcal{H}_{k;t}^{t_0}$ を持つ連続時間を持つ(初期座標 $\mathbf{y}$ を持つ大域座標系上の)

ハミルトン系とみなすことができる. すなわち, η_t はもともと離散時間を持つ力学系とみなすことができたが, 連続時間を持つハミルトン系による自然な補間が得られたことになる.

以上で見たように, 団代数の最も根源的な概念である変異の内部に二重対数関数が「組み込まれている」ことが明らかになった. そして, (8.83) の計算を観察してその原因を突き詰めると, $1 + y$ という二項式が両者に共有されているという単純な事実に帰着される.

文献ノート

変異の Fock-Goncharov 分解は $\varepsilon = 1$ に対して, [7, 8] において導入された. その主たる目的は変異の自然な量子化を与えるためであった. 符号付きの分解は, Donaldson-Thomas 不変量の研究において [32, 25] に現れた. 合成変異の Fock-Goncharov 分解を本書の形で述べたのは [35] である.

ポアソン幾何学の基本的文献として, [48] がある. 変異両立なポアソン括弧は [18] で導入され, より包括的に [19] で論じられている.

二重対数関数に関する基本文献として, [29, 26, 49] がある. 変異と二重対数関数の関係を指摘したのは [7] であり, また量子化との関係も [7, 8] で調べられた. 団代数と二重対数恒等式との関係については [33, 17] で明らかにされた.

第**9**章

ローラン正値性と同期性

この章では，C 行列の符号同一性とローラン正値性という二つの基本定理から，団パターンの脱トロピカル化および種々の同期性を導く．これらの性質が，さまざまな応用において団代数構造を真に有用なものとする．

9.1　ローラン正値性

団代数の導入とともに，Fomin-Zelevinsky は以下の予想を与えた．

予想 9.1（ローラン正値性 (Laurent positivity) [CA1]）　　任意の $\mathbb{P}$ 係数団パターンに対して，任意の団変数 $x_{i;t}$ の初期団変数によるローラン多項式表示の非 0 係数は（$\mathbb{ZP}$ における）$\mathbb{P}$ の元の正整数線形結合である．

たとえば，2.3 節の例では確かに成り立っている．一方，そこでの計算を見ても（このような簡単な場合ですら）成り立つ理由は明らかではない．

任意の B パターン **B** と基点 t_0 の定める F パターン **F** を考える．分離公式 (4.24) より，上の予想は F 多項式によって以下のように言い換えられる．

予想 9.2（[CA4]）　　任意の F 多項式 $F_{i;t}(\mathbf{y}) \in \mathbb{Z}[\mathbf{y}]$ の非 0 係数は正である．

この予想は，C 行列の符号同一性予想（予想 6.5，予想 6.7）とともに団代数論における基本問題と認識され，いろいろな特別な場合にさまざまな方

法で証明が与えられたが，一般の場合については長い間手つかずであった．GHKK [20] は，団散乱図を用いて C 行列の符号同一性とともにこの問題を解決した．

定理 9.3 ([20])　　予想 9.1 と予想 9.2 は正しい．

　本章においては，C 行列の符号同一性（定理 6.9）とあわせて定理 9.3 を認め，この二つの定理から得られる一連の重要な性質について述べる．

9.2　脱トロピカル化

　4.4 節で見たように，y 変数のトロピカル化とは，F 多項式を 1 とおく，すなわち y 変数の高次の情報を「すべて捨て去る」操作であった．にもかかわらず，トロピカル部分である C 行列 C_t は，「団パターンにおいて」もともとの係数組 $\mathbf{y}_t$ を一意的に定める，という著しい性質が成り立つ．これを**脱トロピカル化** (detropicalization) という．さらに，同じことは x 変数でも成り立つ．「団パターンにおいて」という断り書きが重要であるが，正確なことは以下（定理 9.9）で述べる．本節では，団パターンについて今まで得られた事実を駆使して，この事実を証明しよう．

　任意の B パターンと基点 t_0 に対して，それらの定める CGF パターンを $(\mathbf{C}, \mathbf{G}, \mathbf{F})$ とする．また，置換 $\nu \in S_n$ に対して，n 次正方行列 P_ν を

$$P_\nu = (p_{ij}), \quad p_{ij} = \delta_{i\nu^{-1}(j)} = \delta_{\nu(i)j} \tag{9.1}$$

と定める．このとき，

$$P_\nu^T = P_\nu^{-1} = P_{\nu^{-1}} \tag{9.2}$$

となる．また，ν の B_t, C_t, G_t への作用 (2.15)，(4.38) は，

$$\nu B_t = P_\nu^T B_t P_\nu, \quad \nu C_t = C_t P_\nu, \quad \nu G_t = G_t P_\nu \tag{9.3}$$

と表される．

置換 $\nu \in S_n$ と対角行列 $D = \mathrm{diag}(d_1, \ldots, d_n)$ に対して,

$$d_{\nu(i)} = d_i \quad (i = 1, \ldots, n) \tag{9.4}$$

となるとき, ν は D と**両立する** (compatible) という. 上の行列 P_ν を用いて, 条件 (9.4) は以下のように表すことができる.

$$DP_\nu = P_\nu D. \tag{9.5}$$

4.3 節における種子の周期の条件 (4.36), および C 行列, G 行列, F 多項式の周期の条件 (4.41) を思い出そう.

命題 9.4 ([34]) D を B パターン $\mathbf{B}$ の共通反対称化子とする. このとき, 置換 $\nu \in S_n$ に対して, 以下が成り立つ.

(1) ある $t_1, t_2 \in \mathbb{T}_n$ に対して $C_{t_1} = \nu C_{t_2}$ ならば, ν は D と両立する.

(2) ある $t_1, t_2 \in \mathbb{T}_n$ に対して $G_{t_1} = \nu G_{t_2}$ ならば, ν は D と両立する.

証明 (1) 仮定より, $C_{t_2}^{-1} C_{t_1} = P_\nu$ である. また, 第二双対性 (6.21) より, $DC_{t_1} D^{-1} = (G_{t_1}^T)^{-1}$ および $DC_{t_2}^{-1} D^{-1} = G_{t_2}^T$ が成り立つ. よって, $DP_\nu D^{-1} = G_{t_2}^T (G_{t_1}^T)^{-1}$ となる. 一方, ユニモジュラー性 (6.20) より, 右辺は整数行列である. したがって, 任意の i に対して, $d_i d_{\nu(i)}^{-1}$ は整数である. よって, 任意の i に対して, $d_{\nu(i)} \le d_i$ となる. p を ν の位数とすると, $\nu^p = \mathrm{id}$ であるので, $d_i = d_{\nu^p(i)} \le d_{\nu(i)} \le d_i$ となる. よって, $d_{\nu(i)} = d_i$ である. (2) についても同様である. ∎

命題 9.4 と 6 章の結果から, 以下を得る.

命題 9.5 ([34]) 任意の $t_1, t_2 \in \mathbb{T}_n$ と置換 $\nu \in S_n$ に対して, 以下が成り立つ. ただし, t_0 は C 行列と G 行列の基点である.

$$C_{t_1} = \nu C_{t_2} \iff G_{t_1} = \nu G_{t_2} \implies B_{t_1} = \nu B_{t_2}, \tag{9.6}$$

$$C_{t_1} = P_\nu \iff G_{t_1} = P_\nu \implies B_{t_1} = \nu B_{t_0}. \tag{9.7}$$

とくに, C 行列と G 行列の周期は一致する.

証明　(9.6) を示す．$C_{t_1} = C_{t_2} P_\nu$ とする．すると，命題 9.4 (1) の証明と同様に，$DP_\nu D^{-1} = G_{t_2}^T (G_{t_1}^T)^{-1}$ となる．また，命題 9.4 (1) より，$DP_\nu D^{-1} = P_\nu$ となる．よって，$G_{t_1} = G_{t_2} P_\nu$ となる．逆も同様である．また，$C_{t_1} = \nu C_{t_2}$ とすると，命題 6.17 と命題 9.4 より，

$$DB_{t_1} = C_{t_1}^T DB_{t_0} C_{t_1} = P_\nu^T C_{t_2}^T DB_{t_0} C_{t_2} P_\nu$$
$$= P_\nu^T DB_{t_2} P_\nu = D(\nu B_{t_2})$$

となる．よって，$B_{t_1} = \nu B_{t_2}$ を得る．(9.7) は，(9.6) において $t_2 = t_0$ とおいて得られる．　∎

　つぎに，C 行列，G 行列，F 多項式への置換 ν の作用と変異の関係を述べる．簡単のため，まとめて $\Gamma_t = (C_t, G_t, \mathbf{F}_t)$ とおく．置換 $\nu \in S_n$ の作用を，(4.38) と (4.39) を用いて，$\nu\Gamma_t = (\nu C_t, \nu G_t, \nu\mathbf{F}_t)$ と定める．

　以下は，命題 2.8 とパラレルな結果である．

命題 9.6　ある $t_1, t_2 \in \mathbb{T}_n$ と置換 $\nu \in S_n$ に対して，$\Gamma_{t_1} = \nu\Gamma_{t_2}$ とする．このとき，任意の $k = 1, \ldots, n$ に対して，t_1' を t_1 と $\nu(k)$ 隣接な頂点，t_2' を t_2 と k 隣接な頂点とすると，以下が成り立つ．

$$\Gamma_{t_1'} = \nu\Gamma_{t_2'}. \tag{9.8}$$

証明　命題 2.8 を主係数団パターンに適用すると，

$$\Sigma_{t_1'} = \nu\Sigma_{t_2'} \tag{9.9}$$

となる．これより，(9.8) が得られる．　∎

　上の結果を，見やすく可換図式

$$
\begin{array}{ccc}
\Gamma_{t_2} & \overset{k}{\mapsto} & \Gamma_{t_2'} \\
\nu \downarrow & & \downarrow \nu \\
\Gamma_{t_1} & \overset{\nu(k)}{\mapsto} & \Gamma_{t_1'}
\end{array}
\tag{9.10}
$$

で表す．

F 多項式の単位定数性（定理 6.9）とローラン正値性（定理 9.3）をともに用いて，F 多項式が 1 となる十分条件を与える．（本章において，定理 9.3 を直接用いるのはここだけである．）

補題 9.7 ([34])　　無係数団パターン $\mathbf{\Sigma} = \{(\mathbf{x}_t, B_t)\}$ に対して，$\hat{y}$ 変数を

$$\hat{y}_{i;t} = \prod_{j=1}^{n} x_{j;t}^{b_{ji;t}} \tag{9.11}$$

とおく．このとき，任意の $t_1 \in \mathbb{T}_n$ における特殊化

$$x_{1;t_1} = \cdots = x_{n;t_1} = 1 \tag{9.12}$$

に対して，以下の不等式が成り立つ．

$$F_{i;t}(\hat{\mathbf{y}}_{t'})|_{x_{1;t_1}=\cdots=x_{n;t_1}=1} \geq 1 \quad (t, t' \in \mathbb{T}_n;\ i = 1, \ldots, n). \tag{9.13}$$

さらに，等式が成り立つのは，$F_{i;t}(\mathbf{y}) = 1$ のとき，またそのときに限る．

証明　　変異 (2.5) は負号を含まないので，特殊化 (9.12) のもとで，任意の t と i に対して，$x_{i;t} > 0$ が成り立つ．よって，(9.11) より，任意の t と i に対して，$\hat{y}_{i;t} > 0$ が成り立つ．すると，F 多項式の定数項が 1 であること（定理 6.9）と係数が非負整数であること（定理 9.3）より，主張が得られる．∎

以下の定理が脱トロピカル化の核心部分である．

定理 9.8 ([4, 34])　　任意の $t_1, t_2 \in \mathbb{T}_n$ と置換 $\nu \in S_n$ に対して，以下が成り立つ．

$$G_{t_1} = P_\nu \quad \Longrightarrow \quad F_{i;t_1}(\mathbf{y}) = 1 \quad (i = 1, \ldots, n), \tag{9.14}$$

$$G_{t_1} = \nu G_{t_2} \quad \Longrightarrow \quad \mathbf{F}_{t_1} = \nu \mathbf{F}_{t_2}. \tag{9.15}$$

証明　　まず，(9.14) を示す．以下，基点 t_0 を明示して，$C_t^{t_0}, G_t^{t_0}, F_{i;t}^{t_0}(\mathbf{y})$ と表す．

ステップ 1：ある t_1 に対して，$G_{t_1}^{t_0} = P_\nu$ とする．すると，命題 9.5 より，$C_{t_1}^{t_0} = P_\nu$ となる．今考えている B パターン $\mathbf{B}$ と基点 t_0 に対して，基点 t_0 の

主 Y パターンを $\mathbf{\Upsilon}^{t_0} = \{(\mathbf{y}_t, B_t)\}$ とする. このとき, C 行列の定義式 (4.4) より,

$$y_{i;t_1} = y_{\nu^{-1}(i);t_0} \quad (i = 1, \dots, n) \tag{9.16}$$

となる. ここで, 同じ B パターン $\mathbf{B}$ と上の t_1 に対して, 基点 t_1 の主 Y パターンを $\mathbf{\Upsilon}^{t_1} = \{(\mathbf{y}_t', B_t)\}$ とする. すると, (9.16) より, 半体同型写像

$$\varphi \colon \mathrm{Trop}(\mathbf{y}_{t_1}') \to \mathrm{Trop}(\mathbf{y}_{t_0}), \quad y_{i;t_1}' \mapsto y_{i;t_1} \tag{9.17}$$

が定まる. このとき, φ は変異と可換であるので, 任意の t に対して, $\varphi(y_{i;t}') = y_{i;t}$ となる. (これは注意 4.2 に対する例外的な状況であることに注意する.) よって, (9.16) より,

$$y_{i;t_0}' = y_{\nu(i);t_1}' \quad (i = 1, \dots, n) \tag{9.18}$$

となる. これより, $C_{t_0}^{t_1} = P_{\nu^{-1}}$ となり, 再び命題 9.5 より, $G_{t_0}^{t_1} = P_{\nu^{-1}}$ を得る.

ステップ 2：つぎに, 同じ B パターン $\mathbf{B}$ に対して, $\mathbf{\Sigma} = \{(\mathbf{x}_t, B_t)\}$ を無係数団パターンとする. t_0 と t_1 をステップ 1 の頂点とする. t_0 と t_1 を基点としてそれぞれ分離公式 (4.24) を適用し, 上の結果 $G_{t_1}^{t_0} = P_\nu$, $G_{t_0}^{t_1} = P_{\nu^{-1}}$ を用いて,

$$x_{i;t_1} = x_{\nu^{-1}(i);t_0} F_{i;t_1}^{t_0}(\hat{\mathbf{y}}_{t_0}), \quad \hat{y}_{i;t_0} = \prod_{j=1}^n x_{j;t_0}^{b_{ji;t_0}}, \tag{9.19}$$

$$x_{i;t_0} = x_{\nu(i);t_1} F_{i;t_0}^{t_1}(\hat{\mathbf{y}}_{t_1}), \quad \hat{y}_{i;t_1} = \prod_{j=1}^n x_{j;t_1}^{b_{ji;t_1}} \tag{9.20}$$

を得る. (9.20) において, i を $\nu^{-1}(i)$ に置き換え, (9.19) とかけると,

$$1 = F_{i;t_1}^{t_0}(\hat{\mathbf{y}}_{t_0}) F_{\nu^{-1}(i);t_0}^{t_1}(\hat{\mathbf{y}}_{t_1}) \tag{9.21}$$

を得る. ここで, 点 $t \in \mathbb{T}_n$ を任意に選び, 特殊化 $x_{1;t} = \cdots = x_{n;t} = 1$ をすると, 補題 9.7 より, $F_{i;t_1}^{t_0}(\mathbf{y}) = F_{\nu^{-1}(i);t_0}^{t_1}(\mathbf{y}) = 1$ が得られ, (9.14) が示された.

つぎに，(9.15) を示す．ある t_1, t_2 に対して，$G_{t_1}^{t_0} = \nu G_{t_2}^{t_0}$ が成り立つとする．ここで，t_0 と t_2 が $\mathbb{T}_n$ において以下のように辺で結ばれているとする．

$$t_0 \xrightarrow{k_1} \cdots \xrightarrow{k_p} t_2. \tag{9.22}$$

このとき，t_3 を以下のような頂点とする．

$$t_3 \xrightarrow{\nu(k_1)} \cdots \xrightarrow{\nu(k_p)} t_1. \tag{9.23}$$

すると，(9.6) より，命題 2.8 と同様にして，以下の可換図式

$$
\begin{array}{ccccc}
C_{t_0}^{t_0} = I & \xrightarrow{k_1} & \cdots & \xrightarrow{k_p} & C_{t_2}^{t_0} \\
\nu \downarrow & & & & \downarrow \nu \\
C_{t_3}^{t_0} & \xrightarrow{\nu(k_1)} & \cdots & \xrightarrow{\nu(k_p)} & C_{t_1}^{t_0}
\end{array}
\tag{9.24}
$$

が得られる．これより，$C_{t_3}^{t_0} = P_\nu$, $G_{t_3}^{t_0} = P_\nu$ となる．また，(9.14) より，$F_{i;t_3}^{t_0}(\mathbf{y}) = 1$ となる．すると，(9.10) より，可換図式

$$
\begin{array}{ccccc}
\mathbf{F}_{t_0}^{t_0} = (1,\ldots,1) & \xrightarrow{k_1} & \cdots & \xrightarrow{k_p} & \mathbf{F}_{t_2}^{t_0} \\
\nu \downarrow & & & & \downarrow \nu \\
\mathbf{F}_{t_3}^{t_0} = (1,\ldots,1) & \xrightarrow{\nu(k_1)} & \cdots & \xrightarrow{\nu(k_p)} & \mathbf{F}_{t_1}^{t_0}
\end{array}
\tag{9.25}
$$

が得られる．よって，$\mathbf{F}_{t_1}^{t_0} = \nu \mathbf{F}_{t_2}^{t_0}$ が得られ，(9.15) が示された． ∎

上の定理より，以下の重要な事実が得られる．

定理 9.9（脱トロピカル化 [4, 34]）　任意の団パターン $\boldsymbol{\Sigma}$ に対して，基点 t_0 の CG パターンを $(\mathbf{C}, \mathbf{G})$ とする．このとき，以下が成り立つ．

$$G_{t_1} = \nu G_{t_2} \implies \mathbf{x}_{t_1} = \nu \mathbf{x}_{t_2}, \tag{9.26}$$

$$C_{t_1} = \nu C_{t_2} \implies \mathbf{y}_{t_1} = \nu \mathbf{y}_{t_2}. \tag{9.27}$$

証明　(9.26) を示す．$G_{t_1} = \nu G_{t_2}$ とすると，定理 9.8 より，$\mathbf{F}_{t_1}(\mathbf{y}) = \nu \mathbf{F}_{t_2}(\mathbf{y})$ となる．すると，分離公式 (4.24) より，$\mathbf{x}_{t_1} = \nu \mathbf{x}_{t_2}$ を得る．(9.27) について

も，仮定と命題 9.5 より，$G_{t_1} = \nu G_{t_2}$ が得られ，あとは同様の議論を行えばよい． ■

定理 9.9 は，団 $\mathbf{x}_t$ と係数組 $\mathbf{y}_t$ が，「団パターンにおいて」それぞれのトロピカル部である G 行列 G_t と C 行列 C_t から一意的に定まることを意味する．また，G 行列と C 行列の共通の周期性から，団 $\mathbf{x}_t$ と係数組 $\mathbf{y}_t$ の周期性が得られることも意味する．

注意 9.10　実は，x 変数に対しては，より強い意味での脱トロピカル化

$$\mathbf{g}_{i;t} = \mathbf{g}_{i';t'} \quad \Longrightarrow \quad x_{i;t} = x_{i';t'} \tag{9.28}$$

が成り立つ [20]．これは散乱図を用いることで得られるさらに非自明な事実である．一方，y 変数に対しては，これは成り立たない．たとえば，すでに A_2 型の例（例 2.17，例 4.17）において，$\mathbf{c}_{2;t_0} = \mathbf{c}_{2;t_1} = \mathbf{e}_2$ であるが，$y_{2;t_0} \neq y_{2;t_1}$ である．

9.3　xy/GC 同期性

本書の冒頭（1.2 節）において，A_2 型の x 変数と（自由な）y 変数は同じ五角周期を持つことを見た．このように，団パターンにおける異なる対象が同じ周期を持つことを**同期性** (synchronicity) という．最も基本的な同期性

✍ **Y 系の周期性と脱トロピカル化**

脱トロピカル化は，団パターンに帰着できる離散力学系に対する強力な応用を持つ．たとえば，1990 年代に共形場理論に関連して導入された離散力学系である Y 系に対して，Zamolodchikov により興味深い周期性が予想された [50]．これを証明することは団代数の導入以前では困難であったが，この周期性をある Y パターンの周期性に帰着させ，さらに脱トロピカル化によって C 行列の周期性に帰着させることにより証明がなされた [22].

である一つの団パターン Σ における x 変数, y 変数, G 行列, C 行列の同期性 (xy/GC 同期性) を示そう.

まず, C 行列と G 行列の周期は基点のとり方によらないことを示す.

命題 9.11 任意の $t_0, t_0', t_1, t_2 \in \mathbb{T}_n$ と置換 $\nu \in S_n$ に対して, 以下が成り立つ.

$$C_{t_1}^{t_0} = \nu C_{t_2}^{t_0} \iff C_{t_1}^{t_0'} = \nu C_{t_2}^{t_0'}, \tag{9.29}$$

$$G_{t_1}^{t_0} = \nu G_{t_2}^{t_0} \iff G_{t_1}^{t_0'} = \nu G_{t_2}^{t_0'}. \tag{9.30}$$

とくに, C 行列と G 行列の共通周期は, 基点のとり方によらない.

証明 (9.6) より, (9.30) のみを示せばよい. (7.30) の写像 $\varphi_{t_0}^{t_1}$ を t_0 と t_0' を結ぶ隣接する頂点に繰り返し適用することで, (9.30) が得られる. ∎

xy/GC 同期性においては, とくに y 変数について配慮が必要となる. なぜなら, 団 $\mathbf{x}_t$ と異なり, 係数組 $\mathbf{y}_t$ には代数的独立性に相当する条件が課されていないため, 係数体 $\mathbb{P}$ や初期 y 変数のとり方により, 周期が「縮退する」ことがあるからである. たとえば, 極端な場合として $\mathbb{P} = \mathbb{1}$ とすると, t によらず $\mathbf{y}_t = (1, \ldots, 1)$ であり, 任意の変異列が y 変数の周期となる. 一方, x 変数については, 係数のとり方にかかわらずこのような周期の縮退がおこらないことが以下の議論で明らかになる. これを念頭に, xy/GC 同期性の主張を二段階に分けて与える.

定理 9.12 (xy/GC 同期性 (xy/GC synchronicity) (I) [34]) 任意の団パターン $\Sigma = \{(\mathbf{x}_t, \mathbf{y}_t, B_t)\}$ に対して, $(\mathbf{C}, \mathbf{G})$ を基点 t_0 の CG パターンとする. このとき, 任意の $t_1, t_2 \in \mathbb{T}_n$ と置換 $\nu \in S_n$ に対して, 以下の三つの条件は同値である.

(i) $G_{t_1} = \nu G_{t_2}$.

(ii) $C_{t_1} = \nu C_{t_2}$.

(iii) $\mathbf{x}_{t_1} = \nu \mathbf{x}_{t_2}$.

さらに，同値な条件 (i)–(iii) から以下の条件が得られる．

(iv) $\mathbf{y}_{t_1} = \nu \mathbf{y}_{t_2}$．

証明　(i) $\Longleftrightarrow$ (ii)．これは，(9.6) で示した．

(i) $\Longrightarrow$ (iii), (iv)．これは，定理 9.9 で示した．

(iii) $\Longrightarrow$ (i)．$\mathbf{x}_{t_1} = \nu \mathbf{x}_{t_2}$ とする．$\mathbf{x}_t$ の係数に自明化写像 (1.25) を適用することにより，無係数団パターン $\underline{\boldsymbol{\Sigma}} = \{(\underline{\mathbf{x}}_t, B_t)\}$ が得られ，$\underline{\mathbf{x}}_{t_1} = \nu \underline{\mathbf{x}}_{t_2}$ が成り立つ．ここで，今考えている B パターン $\mathbf{B}$ と上の t_2 に対して，基点 t_2 の CGF パターン $(\mathbf{C}^{t_2}, \mathbf{G}^{t_2}, \mathbf{F}^{t_2})$ を考える．すると，分離公式 (4.24) より，

$$\underline{x}_{i;t_1} = \left(\prod_{j=1}^{n} \underline{x}_{j;t_2}^{g_{ji;t_1}^{t_2}}\right) F_{i;t_1}^{t_2}(\hat{\underline{\mathbf{y}}}_{t_2}), \quad \hat{\underline{y}}_{i;t_2} = \prod_{j=1}^{n} \underline{x}_{j;t_2}^{b_{ji;t_2}} \tag{9.31}$$

となる．ここで，$\underline{\mathbf{x}}_{t_1} = \nu \underline{\mathbf{x}}_{t_2}$ であったので，

$$\underline{x}_{\nu^{-1}(i);t_2} = \left(\prod_{j=1}^{n} \underline{x}_{j;t_2}^{g_{ji;t_1}^{t_2}}\right) F_{i;t_1}^{t_2}(\hat{\underline{\mathbf{y}}}_{t_2}) \tag{9.32}$$

となる．この式を，t_2 において $\underline{x}_{1;t_2} = \cdots = \underline{x}_{n;t_2} = 1$ と特殊化すると，

$$F_{i;t_1}^{t_2}(\hat{\underline{\mathbf{y}}}_{t_2})|_{\underline{x}_{1;t_2}=\cdots=\underline{x}_{n;t_2}=1} = 1 \tag{9.33}$$

を得る．よって，補題 9.7 より，$F_{i;t_1}^{t_2}(\mathbf{y}) = 1$ となる．すると，再び (9.32) より，$G_{t_1}^{t_2} = P_\nu = \nu G_{t_2}^{t_2}$ となる．よって，命題 9.11 より，$G_{t_1}^{t_0} = \nu G_{t_2}^{t_0}$ を得る．　■

とくに，x 変数の周期は係数のとり方に依存しないことがわかった．一方，すでに述べたように，y 変数はとり方によって周期の縮退が生じ得る．したがって，定理 9.12 において，(iv) $\Longrightarrow$ (i), (ii), (iii) は一般には成り立たない．以下では，これが成り立つための十分条件を与える．

定義 9.13 (Y パターンの被覆)　共通の B パターンを持つ $\mathbb{P}$ 係数 Y パターン $\boldsymbol{\Upsilon} = \{(\mathbf{y}, B_t)\}$ と $\mathbb{P}'$ 係数 Y パターン $\boldsymbol{\Upsilon}' = \{(\mathbf{y}'_t, B_t)\}$ を考える．また，

$\mathbb{P}_t$ を $\mathbf{y}_t$ の生成する $\mathbb{P}$ の部分半体とする. これに対して, ある $t_0 \in \mathbb{T}_n$ が存在して,

$$\varphi: \quad \begin{array}{ccc} \mathbb{P}_{t_0} & \to & \mathbb{P}' \\ y_{i;t_0} & \mapsto & y'_{i;t_0} \end{array} \qquad (9.34)$$

をみたす半体準同型写像が存在するとき, Υ は Υ' を**被覆する** (cover) といい, φ を**被覆写像** (covering map) という.

被覆写像 φ は y 変数の変異と可換であるから, 任意の $t \in \mathbb{T}_n$ に対して,

$$\varphi: y_{i;t} \mapsto y'_{i;t} \qquad (9.35)$$

となる. これより, 任意の Υ の周期は Υ' の周期となる. (逆は一般に成り立たない.) これが, 被覆という言葉の意味である.

例 9.14 任意の $t_0 \in \mathbb{T}_n$ に対して, 基点 t_0 の自由 Y パターン Υ は, 基点 t_0 の主 Y パターン Υ' を被覆する. 被覆写像は, トロピカル化写像 $\varphi_{\mathrm{trop}}: \mathbb{Q}_{\mathrm{sf}}(\mathbf{y}_{t_0}) \to \mathrm{Trop}(\tilde{\mathbf{y}}_{t_0})$ で与えられる. また, 注意 2.21 (3) より, Υ の基点は任意に動かしてもかまわない. よって, Υ は, 任意の $t \in \mathbb{T}_n$ を基点とする主 Y パターンを被覆する.

xy/GC 同期性の第二の主張は以下で与えられる.

定理 9.15 (xy/GC 同期性 (II) [34]) $\Sigma = \{(\mathbf{x}_t, \mathbf{y}_t, B_t)\}$ に対して, その Y パターン Υ がある基点 t'_0 の主 Y パターン $\tilde{\Upsilon} = \{(\tilde{\mathbf{y}}_t, B_t)\}$ を被覆するとする. このとき, 定理 9.12 における条件 (iv) から条件 (i), (ii), (iii) が得られる. (t'_0 と定理 9.12 における t_0 は同じである必要はない.)

証明 (iv) $\Longrightarrow$ (ii) を示せば十分である. $\mathbf{y}_{t_1} = \nu \mathbf{y}_{t_2}$ と仮定する. Υ は $\tilde{\Upsilon}$ を被覆するので, $\tilde{\mathbf{y}}_{t_1} = \nu \tilde{\mathbf{y}}_{t_2}$ となる. すなわち, $C^{t'_0}_{t_1} = \nu C^{t'_0}_{t_2}$ が成り立つ. すると, 命題 9.11 より, $C^{t_0}_{t_1} = \nu C^{t_0}_{t_2}$ を得る. ■

x 変数と G 行列の同期性を, 合成変異の Fock-Goncharov 分解 (8.41) を用いて言い換える. 任意の $t_1, t_2 \in \mathbb{T}_n$ と置換 $\nu \in S_n$ に対して,

$$\nu^x_{t_2,t_1}: \quad \mathbb{Q}(\mathbf{x}_{t_1}) \quad \to \quad \mathbb{Q}(\mathbf{x}_{t_2}) \tag{9.36}$$
$$x_{i;t_1} \quad \mapsto \quad x_{\nu^{-1}(i);t_2}$$

と定める. すると, 周期性 $\mathbf{x}_{t_1} = \nu\mathbf{x}_{t_2}$, $G_{t_1} = \nu G_{t_2}$ は, それぞれ写像の等式

$$\boldsymbol{\mu}^x_{t_1} = \boldsymbol{\mu}^x_{t_2} \circ \nu^x_{t_2,t_1}, \tag{9.37}$$
$$\boldsymbol{\tau}^x_{t_1} = \boldsymbol{\tau}^x_{t_2} \circ \nu^x_{t_2,t_1} \tag{9.38}$$

で表される.

定理 9.16 ([35])　(1) 以下の条件は同値である.

(i) $\boldsymbol{\mu}^x_{t_1} = \boldsymbol{\mu}^x_{t_2} \circ \nu_{t_2,t_1}$.

(ii) $\boldsymbol{\tau}^x_{t_1} = \boldsymbol{\tau}^x_{t_2} \circ \nu_{t_2,t_1}$.

(2) (1) の同値な条件のどちらか一方が成り立つならば,

$$\boldsymbol{\eta}^x_{t_1} = \boldsymbol{\eta}^x_{t_2}. \tag{9.39}$$

証明　(1) は定理 9.12 の言い換えである.　(2) を示す.　仮定と (8.41) より,

$$\boldsymbol{\eta}^x_{t_1} \circ \boldsymbol{\tau}^x_{t_1} = \boldsymbol{\mu}^x_{t_1} = \boldsymbol{\mu}^x_{t_2} \circ \nu_{t_2,t_1} = \boldsymbol{\eta}^x_{t_2} \circ \boldsymbol{\tau}^x_{t_2} \circ \nu_{t_2,t_1} = \boldsymbol{\eta}^x_{t_2} \circ \boldsymbol{\tau}^x_{t_1}. \tag{9.40}$$

よって, $(\boldsymbol{\tau}^x_{t_1})^{-1}$ を右からかけて,　(9.39) を得る.　∎

(9.39) には置換 ν は含まれないことに注意する.　上の事実は, 次章における準団散乱図の整合条件と関連する（定理 10.7）.

9.4　交換グラフの係数不変性

本節では, 定理 9.12, 定理 9.15 から得られる重要な帰結について述べる. まず, 以下の概念を導入する.

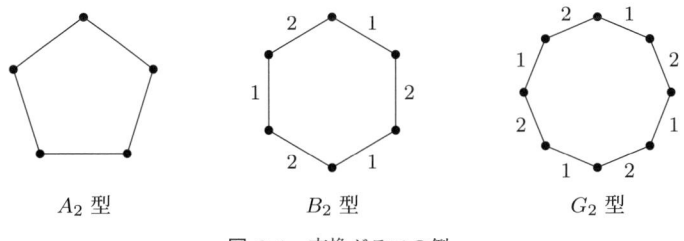

A_2 型 　　　　　　　 B_2 型 　　　　　　　 G_2 型

図 **9.1**　交換グラフの例.

定義 9.17（交換グラフ）　$\mathbf{\Sigma} = \{\Sigma_t\}$ を任意の団パターンとする.種子 Σ_t に対して,$[\Sigma_t]$ を対応するラベルなし種子（定義 2.7）とする.木グラフ $\mathbb{T}_n$ の頂点集合における同値関係を

$$t \sim t' \iff [\Sigma_t] = [\Sigma_{t'}] \tag{9.41}$$

により定める.すると命題 2.8 より,この同値関係による $\mathbb{T}_n$ の商グラフ $\Gamma(\mathbf{\Sigma})$ が定まる.これを,$\mathbf{\Sigma}$ の**交換グラフ** (exchange graph) という.このとき,異なるラベルを持つ $\mathbb{T}_n$ の辺が同値関係により同一視されることがある.すると,交換グラフの辺のラベルは一意的に定まらない.その場合にはその辺にはラベルをつけないことにする.同様の定義により,Y パターン $\mathbf{\Upsilon} = \{\Upsilon_t\}$ に対しても,$\mathbf{\Upsilon}$ の交換グラフ $\Gamma(\mathbf{\Upsilon})$ が定まる.

例 9.18　ランク 2 の場合を考える.2.3 節の結果より,有限型の団パターンの交換グラフは,図 9.1 のようになる.とくに,A_2 型に対しては,五角周期性における互換 τ_{12} のため,辺のラベルは定まらない.無限型の場合は,非自明な周期が存在しないため,交換グラフは $\mathbb{T}_2$ と等しい.

　二つの団パターンに対して,交換グラフが一致するための必要十分条件は,両者の種子の周期がすべて一致することである.また,交換グラフ $\Gamma(\mathbf{\Sigma})$ が有限であるための必要十分条件は,$\mathbf{\Sigma}$ が有限型（定義 3.10）であることである.

　さて,定理 9.12 と定理 9.15 により,x 変数と（主 Y パターンを被覆する）y 変数の周期は,G 行列（あるいは C 行列）の周期と一致する.一方,後者は係数のとり方によらず B パターンのみから決まってしまう.これより,以下が得られる.

定理 **9.19** (交換グラフの**係数不変性** (coefficient invariance))

(1) ([5]) 任意の団パターン $\boldsymbol{\Sigma} = \{\Sigma_t = (\mathbf{x}_t, \mathbf{y}_t, B_t)\}$ に対して, 団 $\mathbf{x}_t$ の周期と種子 Σ_t の周期は, ともに任意の基点 t_0 の G 行列 (あるいは C 行列) の周期と一致する. とくに, $\boldsymbol{\Sigma}$ の交換グラフ $\Gamma(\boldsymbol{\Sigma})$ は係数によらず B パターンにのみ依存する.

(2) ([34]) Y パターン $\boldsymbol{\Upsilon} = \{\Upsilon_t = (\mathbf{y}_t, B_t)\}$ がある基点の主 Y パターンを被覆するとき, 係数組 $\mathbf{y}_t$ の周期と Y 種子 Υ_t の周期は, ともに任意の基点 t_0 の G 行列 (あるいは C 行列) の周期と一致する. とくに, $\boldsymbol{\Upsilon}$ の交換グラフ $\Gamma(\boldsymbol{\Upsilon})$ は B パターンにのみ依存する.

証明 (1) $\mathbf{x}_t$ と Σ_t の周期の一致を見るためには,

$$\mathbf{x}_{t_1} = \nu \mathbf{x}_{t_2} \quad \Longrightarrow \quad \mathbf{y}_{t_1} = \nu \mathbf{y}_{t_2}, \quad B_{t_1} = \nu B_{t_2} \tag{9.42}$$

を示せばよい. これは, 定理 9.12 と命題 9.5 より得られる. 他の主張は, 定理 9.12 ですでに示した.

(2) 同様に,

$$\mathbf{y}_{t_1} = \nu \mathbf{y}_{t_2} \quad \Longrightarrow \quad B_{t_1} = \nu B_{t_2} \tag{9.43}$$

を示せばよい. これは, 定理 9.15 と命題 9.5 より得られる. ∎

以下の定理は, 定理 9.12, 定理 9.15, 定理 9.19 の中にすでに含まれているが, 重要な事実なので定理としてとり出しておく.

定理 9.20 ([34]) $\boldsymbol{\Sigma} = \{(\mathbf{x}_t, \mathbf{y}_t, B_t)\}$ と $\boldsymbol{\Upsilon} = \{(\mathbf{y}'_t, B_t)\}$ を共通の B パターンを持つ団パターンと Y パターンとして, $\boldsymbol{\Upsilon}$ はある基点の主 Y パターンを被覆するとする. このとき, 以下が成り立つ.

(1) $\boldsymbol{\Sigma}$ の x 変数 $\mathbf{x}_t$ と $\boldsymbol{\Upsilon}$ の y 変数 $\mathbf{y}'_t$ の周期は一致する.

(2) $\Gamma(\boldsymbol{\Sigma})$ と $\Gamma(\boldsymbol{\Upsilon})$ は一致する.

例 9.21 定理 9.20 の特別な場合として, 共通の B パターン $\mathbf{B}$ に対して, 無係数団パターン $\boldsymbol{\Sigma} = \{(\mathbf{x}_t, B_t)\}$ と自由 Y パターン $\boldsymbol{\Upsilon} = \{\Upsilon_t = (\mathbf{y}_t, B_t)\}$ を考える. これに対して,

$$\mathbf{x}_{t_1} = \nu \mathbf{x}_{t_2} \quad \Longleftrightarrow \quad \mathbf{y}_{t_1} = \nu \mathbf{y}_{t_2} \tag{9.44}$$

が成り立つ．以上の長い議論の末に，本書の冒頭（1.2 節）で観察した x 変数と y 変数の周期性の一致の一般的な仕組みが解明された．

定理 9.19 の系として，団パターンが有限型であることと同値な条件が得られる．

定理 9.22 団パターン $\mathbf{\Sigma} = \{(\mathbf{x}_t, \mathbf{y}_t, B_t)\}$ に対して，以下の条件はすべて同値である．

(1) $\mathbf{\Sigma}$ は有限型である．（すなわち，$\#\mathbf{\Sigma} < \infty$.）

(2) $\#\{\mathbf{x}_t\} < \infty$.

(3) $\mathbf{\Sigma}$ に対するある基点の G パターン $\mathbf{G}$ に対して，$\#\mathbf{G} < \infty$.

(4) $\mathbf{\Sigma}$ に対する任意の基点の G パターン $\mathbf{G}$ に対して，$\#\mathbf{G} < \infty$.

証明 定理 9.19 より，ただちに得られる． ■

9.5 双対 B パターンに対する同期性

前節までで見た同期性は，一つの B パターンに付随する種々の対象とパターンの同期性であった．以下では，定理 9.19 の応用として，B パターンの双対に対する同期性を導く．

$\mathbf{B} = \{B_t\}$ を任意の B パターンとして，D をその共通反対称化子とする．これに対して，6 章で導入した以下の三つの B パターンを考える．（これらの名称は [7] による．）

(1) ラングランズ双対 $-\mathbf{B}^T = \{-B_t^T\}$. D^{-1} は共通反対称化子である．

(2) 転置双対 $\mathbf{B}^T = \{B_t^T\}$. D^{-1} は共通反対称化子である．

(3) カイラル双対 $-\mathbf{B} = \{-B_t\}$. D は共通反対称化子である．

置換 $\nu \in S_n$ に対して，ν が D と両立することと ν が D^{-1} と両立することは同値であることに注意する．今まで得た同期性と 6 章における C 行列と G 行列の双対性に関する結果を組み合わせて，これらの B パターンの双対に対する団パターンの交換グラフの不変性を示す.

まず，ラングランズ双対を考える．これは C 行列と G 行列のラングランズ双対性（系 6.16）と関連する.

定理 9.23（ラングランズ双対性 [34]）　任意の B パターン $\mathbf{B} = \{B_t\}$ に対して，団パターン $\mathbf{\Sigma} = \{(\mathbf{x}_t, \mathbf{y}_t, B_t)\}$ と $\mathbf{\Sigma}' = \{(\mathbf{x}'_t, \mathbf{y}'_t, -B_t^T)\}$ の交換グラフは一致する.

証明　定理 9.19 より，x 変数の同期性

$$\mathbf{x}_{t_1} = \nu \mathbf{x}_{t_2} \quad \Longleftrightarrow \quad \mathbf{x}'_{t_1} = \nu \mathbf{x}'_{t_2} \tag{9.45}$$

を示せばよい．任意の $t_0 \in \mathbb{T}_n$ を選び，$\mathbf{B}$ と基点 t_0 の定める C パターンを $\mathbf{C} = \{C_t\}$，$-\mathbf{B}^T$ と基点 t_0 の定める G 行列を $\check{\mathbf{G}} = \{\check{G}_t\}$ とおく．すると，(6.30) より，

$$C_t = (\check{G}_t^T)^{-1} \tag{9.46}$$

が成り立つ．これと (9.2) より，

$$C_{t_1} = \nu C_{t_2} \quad \Longleftrightarrow \quad \check{G}_{t_1} = \nu \check{G}_{t_2} \tag{9.47}$$

となる．すると，定理 9.12 より，(9.45) が得られる．　∎

つぎに，転置双対を考える．これは C 行列と G 行列の第三双対性（定理 6.19）と関連する.

定理 9.24（転置双対性 (transpose duality) [34]）　任意の B パターン $\mathbf{B} = \{B_t\}$ に対して，団パターン $\mathbf{\Sigma} = \{(\mathbf{x}_t, \mathbf{y}_t, B_t)\}$ と $\mathbf{\Sigma}' = \{(\mathbf{x}'_t, \mathbf{y}'_t, B_t^T)\}$ の交換グラフは一致する.

証明 定理 9.19 より，x 変数の同期性

$$\mathbf{x}_{t_1} = \nu \mathbf{x}_{t_2} \quad \Longleftrightarrow \quad \mathbf{x}'_{t_1} = \nu \mathbf{x}'_{t_2} \tag{9.48}$$

を示せばよい．この t_1, t_2 に対して，$\mathbf{B}$ と基点 t_2 の定める C パターンを $\mathbf{C}^{t_2} = \{C_t^{t_2}\}$，$\mathbf{B}^T$ と基点 t_1 の定める G パターンを $\tilde{\mathbf{G}}^{t_1} = \{\tilde{G}_t^{t_1}\}$ とおく．第三双対性 (6.37) より，

$$C_{t_1}^{t_2} = (\tilde{G}_{t_2}^{t_1})^T \tag{9.49}$$

であった．$\mathbf{x}_{t_1} = \nu \mathbf{x}_{t_2}$ と仮定する．すると，定理 9.12 より，$C_{t_1}^{t_2} = \nu C_{t_2}^{t_2} = P_\nu$ である．よって，(9.2) と (9.49) より，$\tilde{G}_{t_2}^{t_1} = P_{\nu^{-1}} = \nu^{-1}\tilde{G}_{t_1}^{t_1}$ となる．すると，再び定理 9.12 より，$\mathbf{x}'_{t_2} = \nu^{-1}\mathbf{x}'_{t_1}$ である．よって，$\mathbf{x}'_{t_1} = \nu \mathbf{x}'_{t_2}$ となる．逆は，対称性から得られる． ∎

　最後に，カイラル双対を考える．これは C 行列と G 行列のカイラル双対性（系 6.21）と関連する．

定理 9.25（**カイラル双対性** [34]）　任意の B パターン $\mathbf{B} = \{B_t\}$ に対して，団パターン $\boldsymbol{\Sigma} = \{(\mathbf{x}_t, \mathbf{y}_t, B_t)\}$ と $\boldsymbol{\Sigma}' = \{(\mathbf{x}'_t, \mathbf{y}'_t, -B_t)\}$ の交換グラフは一致する．

証明　証明 1：団パターンのカイラル双対（例 2.12）と定理 9.19 より得られる．証明 2：定理 9.23 と定理 9.24 を組み合わせて得られる．証明 3：(6.58) を用いて，定理 9.24 の証明と同様の議論を行えばよい． ∎

9.6　周期の拡大不変性

　自然数 $n < m$ に対して，n 次反対称化可能行列 B と m 次反対称化可能行列 $\overline{B}$ に対して，$\overline{B}$ の行と列の同時交換を行うことにより，B が以下の形の部分行列になるとする．

$$\overline{B} = \begin{pmatrix} B & * \\ * & * \end{pmatrix}. \tag{9.50}$$

このとき，$\overline{B}$ を B の**拡大** (extension)，B を $\overline{B}$ の**縮小** (reduction) という．簡単のため，以下でははじめからこの形になっていることを仮定する．主拡大（定義 6.23）の場合と同様に，木グラフ $\mathbb{T}_n$ を $\mathbb{T}_m$ の部分木グラフとみなし，また，$\mathbb{T}_n$ の初期頂点 t_0 を $\mathbb{T}_m$ の初期頂点とみなす．$\mathbb{T}_n$ の B パターン $\mathbf{B}$ に対して，$B = B_{t_0}$ の拡大 $\overline{B} = \overline{B}_{t_0}$ の定める $\mathbb{T}_n$ 上の B パターン $\overline{\mathbf{B}}$ を $\mathbf{B}$ の**拡大**という．このとき，$t \in \mathbb{T}_n$ に対して，

$$\overline{B}_t = \begin{pmatrix} B_t & * \\ * & * \end{pmatrix} \tag{9.51}$$

となることは，行列の変異の定義 (1.39) よりただちにわかる．したがって，この定義は t_0 のとり方によらない．

$\mathbf{B}, \overline{\mathbf{B}}$ に対して，基点 t_0 の CG パターン $(\mathbf{C}, \mathbf{G})$，$(\overline{\mathbf{C}}, \overline{\mathbf{G}})$ を考える．

命題 9.26 ([33])　任意の $t_1, t_2 \in \mathbb{T}_n \subset \mathbb{T}_m$ と置換 $\nu \in S_n \subset S_m$ に対して，以下が成り立つ．

$$C_{t_1} = \nu C_{t_2} \quad \Longleftrightarrow \quad \overline{C}_{t_1} = \nu \overline{C}_{t_2}, \tag{9.52}$$

$$G_{t_1} = \nu G_{t_2} \quad \Longleftrightarrow \quad \overline{G}_{t_1} = \nu \overline{G}_{t_2}. \tag{9.53}$$

証明　$m = n+1$ のときに示せば十分である．ν を S_{n+1} の元として見たときの，P_ν に対応する $n+1$ 次正方行列を

$$\overline{P}_\nu = \begin{pmatrix} P_\nu & O \\ O & 1 \end{pmatrix} \tag{9.54}$$

とする．命題 9.11 より，基点を t_2 にとり直して，

$$C_{t_1} = P_\nu \quad \Longleftrightarrow \quad \overline{C}_{t_1} = \overline{P}_\nu, \tag{9.55}$$

$$G_{t_1} = P_\nu \quad \Longleftrightarrow \quad \overline{G}_{t_1} = \overline{P}_\nu \tag{9.56}$$

を示せば十分である．一方，C 行列および G 行列の定義（あるいは変異公式）と (9.51) より，$t \in \mathbb{T}_n$ に対して，

$$\overline{C}_t = \begin{pmatrix} C_t & * \\ O & 1 \end{pmatrix}, \quad \overline{G}_t = \begin{pmatrix} G_t & O \\ * & 1 \end{pmatrix} \tag{9.57}$$

となる. よって, 両式の $\Longleftarrow$ は成り立つ. 両式の $\Longrightarrow$ を同時に示す. (こちらが非自明である.) 両式の左辺を仮定する. ((9.7) より, 二つは同値であった.) すると,

$$\overline{C}_{t_1} = \begin{pmatrix} P_\nu & * \\ O & 1 \end{pmatrix}, \quad \overline{G}_{t_1} = \begin{pmatrix} P_\nu & O \\ *' & 1 \end{pmatrix} \tag{9.58}$$

となる. また, C 行列の列符号同一性と G 行列の行符号同一性より, $*, *'$ の成分はすべて非負整数である. ここで, $\overline{D}$ を $\overline{\mathbf{B}}$ の共通反対称化子とすると, 命題 9.4 より, P_ν は $\overline{D}^{-1}$ のうち最後の行と列を除いた行列と可換であるので,

$$\overline{C}_{t_1} \overline{D}^{-1} = \overline{D}^{-1} \begin{pmatrix} P_\nu & *'' \\ O & 1 \end{pmatrix} \tag{9.59}$$

となり, また, $*''$ の成分はすべて非負有理数である. すると, $\overline{C}_{t_1}$ と $\overline{G}_{t_1}$ に対する第二双対性 (6.22) より, $*', *''$ の成分はすべて 0 となる. これより, $*$ の成分もすべて 0 となる. 以上により, 主張が示された. ∎

命題 9.26 と定理 9.19 より, 以下がただちに得られる.

定理 9.27 (周期の**拡大不変性** (extension invariance) [33]) $\boldsymbol{\Sigma}$ と $\overline{\boldsymbol{\Sigma}}$ を, それぞれ $\mathbf{B}$ とその拡大 $\overline{\mathbf{B}}$ を B パターンとする任意の団パターンとする. このとき, $\boldsymbol{\Sigma}$ の任意の種子の周期は, $\overline{\boldsymbol{\Sigma}}$ の種子の周期となる.

例 9.28 団パターン $\boldsymbol{\Sigma}$ に対して, ある t と i, j が存在して, $b_{ij;t} = -b_{ji;t} = 1$ または -1 とする. このとき, 五角周期性

$$\mu_i \mu_j \mu_i \mu_j \mu_i (\Sigma_t) = \tau_{ij} \Sigma_t \tag{9.60}$$

が成り立つ. ただし, $\tau_{ij} \in S_n$ は i と j の互換である.

文献ノート

　本章の内容は，9.6 節を除き，[34] の内容を整理したものである．脱トロピカル化に関する定理 9.8，定理 9.9 は，[4] により $\nu = \mathrm{id}$ の場合に示され，[34] により一般の置換 ν に対して拡張された．定理 9.19 は（G 行列の周期との一致は除いて）[CA4] で予想され，(1) は [5] により d ベクトルを用いて示されたが，ここでは脱トロピカル化の方法を用いた．9.5 節の双対性は [CA4] で予想された．9.6 節は，反対称行列と $\nu = \mathrm{id}$ の場合に対する結果 [33] を拡張したものである．

　ローラン正値性の証明は，団散乱図の手法を用いて [20] により証明された．反対称団パターンに対しては，グラフを用いた組み合わせ論的証明も知られている [28].

第10章

団散乱図に向けて

「はじめに」でもふれたように，GHKK による団散乱図は，2010 年代における団代数論の重要な発展である．団散乱図の理論は複雑であるため，本書では団散乱図については直接は述べないが，ここでは，第 II 部で得られた諸結果を用いて，団パターンと団散乱図をつなぐ重要な中間的対象である準団散乱図を構成し，団変数が道順序積により実現されることを説明する．

10.1 準団散乱図

本節では，**準団散乱図**というものを導入する．（これは [35] で導入されたがとくに名称は与えられておらず，この用語は本書による．）まず，そのアイデアを簡単に述べておこう．7 章では，G 扇 $\Delta(\mathbf{G})$ という幾何的対象を導入した．これは，G パターン $\mathbf{G}$ を幾何的に表したものであり，$\mathbf{x}_t$ のトロピカル部分の情報を持つのであった．一方，8 章では，F 多項式で表される $\mathbf{x}_t$ の非トロピカル部分は，合成変異の Fock-Goncharov 分解の非トロピカル部分から得られる自己同型写像 $\boldsymbol{\eta}_t^x$ により生成されることを見た（定理 8.8）．そこで，これら両方の情報を含む幾何的対象を GHKK [20] による**散乱図** (scattering diagram) の定式化に準じて構成する．

以下では，初期頂点 $t_0 \in \mathbb{T}_n$ を任意に選び，初期種子 $(\mathbf{x}_{t_0}, B_{t_0}) = (\mathbf{x}, B)$ を持つ無係数団パターン $\boldsymbol{\Sigma} = \{(\mathbf{x}_t, B_t)\}$ を考える．初期交換行列 B に対して，

反対称分解 $B = \Delta\Omega$ (8.23) を一つ選び，$\Delta = \mathrm{diag}(\delta_1, \ldots, \delta_n)$，$D = \Delta^{-1}$ とする．また，$\mathbf{\Sigma}$ に対する上の t_0 を基点とする CGF パターンを $(\mathbf{C}, \mathbf{G}, \mathbf{F})$ とする．なお，行列 Δ は G 扇の記号 $\Delta(\mathbf{G})$ と重なり紛らわしいが，これ以降出てくるのは対角成分 δ_i のみで，行列 Δ そのものは出てこない．

　以下の概念は，[20] の散乱図における定義をもとに，準団散乱図に特化した形で定義したものである．

定義 10.1（壁，準団散乱図）　(1) $\mathbb{R}^n$ において，(7.4) の内積 $(\mathbf{u}, \mathbf{v})_D$ を考える．以下で定まる三つ組 $\mathbf{w}_{i;t} = (\mathfrak{d}_{i;t}, \mathfrak{p}_{i;t})_{\mathbf{c}_{i;t}^+}$ $(i = 1, \ldots, n; \, t \in \mathbb{T}_n)$ を壁 (wall) という．

(i) **法ベクトル** (normal vector)．$\mathbf{c}_{i;t}^+ = \varepsilon_{i;t}\mathbf{c}_{i;t}$ は c^+ ベクトル (8.28) である．

(ii) **台** (support)．$\mathfrak{d}_{i;t} = \sigma_i(G_t)$ は，G 錐 $\sigma(G_t)$ の余次元 1 の i 番目の面（定義 7.4）である．内積 $(\mathbf{u}, \mathbf{v})_D$ のもとで，$\sigma_i(G_t)$ は $\mathbf{c}_{i;t}^+$ と直交する（命題 7.6）．

(iii) **壁元** (wall element)．任意の $\mathbf{v} \in \mathbb{Z}^n$ に対して，初期 x 変数 $\mathbf{x}$ の有理関数に対する変換

$$\mathfrak{p}[\mathbf{v}]: x^{\mathbf{m}} \mapsto x^{\mathbf{m}}(1 + \hat{y}^{\mathbf{v}})^{(\mathbf{v}, \mathbf{m})_D} \quad (\mathbf{m} \in \mathbb{Z}^n) \tag{10.1}$$

を考える．$(\mathbf{v}, \mathbf{m})_D$ は整数とはかぎらないので，$\mathfrak{p}[\mathbf{v}]$ 自体は $\mathbb{Q}(\mathbf{x})$ の自己同型写像になるとはかぎらない．しかし，(7.6) より，$\mathbf{v} = \mathbf{c}_{i;t}$ に対しては，$\delta_i(\mathbf{v}, \mathbf{m})_D$ は整数となる．そこで，$\mathbf{x}$ の有理関数体 $\mathbb{Q}(\mathbf{x})$ の自己同型写像 $\mathfrak{p}_{i;t}$ を

$$\mathfrak{p}_{i;t} := \mathfrak{p}[\mathbf{c}_{i;t}^+]^{\delta_i} \tag{10.2}$$

と定める．これは，無係数団パターンの Fock-Goncharov 分解 $\rho_{i;t}^x$ から得られる $\mathbb{Q}(\mathbf{x})$ の自己同型写像 $\eta_{i;t}^x$ (8.30) と

$$\mathfrak{p}_{i;t} = (\eta_{i;t}^x)^{-\varepsilon_{i;t}} \tag{10.3}$$

のように関係する．

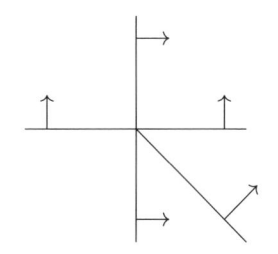

図 **10.1** A_2 型の準団散乱図の壁の台と法ベクトル.

壁の台を壁ということもある.（たとえば，二つの壁が交わる，曲線が壁と交わる，などというときに用いられる.）

(2) (1) で定めた壁全体の集合 $\mathfrak{D} = \mathfrak{D}(B) = \{\mathbf{w}_{i;t} \mid i = 1, \ldots, n; \ t \in \mathbb{T}_n\}$ を Σ の（初期頂点 t_0 についての）**準団散乱図** (quasi-cluster scattering diagram) という.ただし，$\mathfrak{D}$ において，等しい壁は区別しない.たとえば，k 隣接する t, $t' \in \mathbb{T}_n$ に対して $\mathbf{w}_{k;t} = \mathbf{w}_{k;t'}$ であるが，これらは区別しない.とくに，有限団パターンに対して，$\mathfrak{D}$ は有限集合である.

上の定義からわかるように，準団散乱図 $\mathfrak{D}$ は，G 扇の余次元 1 の各面 $\mathfrak{d}$ に，正の原始法ベクトル c^+ とそれの定める同型写像 $\mathfrak{p}$ の付加的な情報を加えたものである.（したがって c^+ も $\mathfrak{p}$ も台 $\mathfrak{d}$ から一意的に定まるが，はじめからこの形で与えておくと便利である.）

さらに用語を導入する.$i \neq j$ $(i, j = 1, \ldots, n)$ に対して，$\sigma_{ij}(G) = \sigma_i(G) \cap \sigma_j(G)$ を $\mathbf{g}_{1;t}, \ldots, \mathbf{g}_{n;t}$ のうち $\mathbf{g}_{i;t}$ と $\mathbf{g}_{j;t}$ を除いたものから生成される $\sigma(G)$ の余次元 2 の面とする.$\sigma_{ij}(G)$ は複数の壁に含まれることから，これを $\mathfrak{D}$ の**継目** (joint) という.準団散乱図 $\mathfrak{D}$ に対して，

$$\mathrm{Supp}(\mathfrak{D}) = \bigcup_{i,t} \sigma_i(G_t), \tag{10.4}$$

$$\mathrm{Sing}(\mathfrak{D}) = \bigcup_{i \neq j, t} \sigma_{ij}(G_t) \tag{10.5}$$

を，それぞれ $\mathfrak{D}$ の**台** (support)，**特異点集合** (singular locus) という.

例 10.2 (1) A_2 型.例 2.17 の初期交換行列 B に対する A_2 型の準団散乱図 $\mathfrak{D}$ は 5 個の壁からなり，壁の台と法ベクトルは図 10.1 で与えたものに

なる．$\mathrm{Supp}(\mathfrak{D})$ は，A_2 型の G 扇（図 7.2 (a)）と同じ図で表される．また，$\mathrm{Sing}(\mathfrak{D}) = \{0\}$ であり，原点 0 は継目でありすべての壁の台の共通境界である．

(2) A_3 型．同様にして，A_3 型の準団散乱図の台は，G 扇の図（図 7.4 (b)）で表される．位相的な三角形の各辺（円弧）が壁の台であり，法ベクトルは円弧の内側を向く．また円弧の端点が $\mathfrak{D}$ の継目である．

注意 10.3　本書では [20] における散乱図の定義は与えないが，準団散乱図 $\mathfrak{D}$ は，散乱図のみたすべき**有限性条件** (finiteness condition) をみたさない場合があり，その場合は [20] の意味の散乱図にはならない．しかし，有限性条件は次節で述べる道順序積が定義されるための十分条件であり，$\mathfrak{D}$ については道順序積が定義されるので，このことは本質的な問題とはならない．

10.2　道順序積と団変数

準団散乱図 $\mathfrak{D} = \mathfrak{D}(B)$ に対して，壁元の道順序積を定める．道順序積を定めることが準団散乱図の役割といってもよい．

定義 10.4（$\Delta(\mathbf{G})$ 許容曲線）　$\mathfrak{D}$ を準団散乱図とする．$\mathbb{R}^n$ のなめらかな曲線 $\gamma\colon [0,1] \to \mathbb{R}^n$ が以下をみたすとき，γ を $\mathfrak{D}$ の**許容曲線** (admissible curve) という．

(i) γ は $\mathrm{Sing}(\mathfrak{D})$ と交わらない．

(ii) γ の端点 $\gamma(0),\, \gamma(1)$ は $\mathrm{Supp}(\mathfrak{D})$ に属さない．

(iii) γ が $\mathrm{Supp}(\mathfrak{D})$ と交わるときは，横断的に交わる．（すなわち，$\mathfrak{D}$ の壁と接しない．）

始点と終点が等しい許容曲線を**許容閉曲線**という．また，許容曲線がさらに条件

(iv) γ は G 扇 $\Delta(\mathbf{G})$ に含まれる．

をみたすとき，$\Delta(\mathbf{G})$ **許容曲線**という．

以下では，もっぱら $\Delta(\mathbf{G})$ 許容曲線を考える．上の条件より，$\Delta(\mathbf{G})$ 許容曲線 γ は $\mathrm{Supp}(\mathfrak{D})$ と高々有限個の交点しか持たず，また，その交点は $\mathfrak{D}$ の壁の内部に属することがわかる．

$\Delta(\mathbf{G})$ 許容曲線 γ が $\mathfrak{D}$ の壁 $\mathbf{w} = (\mathfrak{d}, \mathfrak{p})_{\mathbf{c}^+}$（正確にはその台 $\mathfrak{d}$）と点 $\gamma(s)$ で交わるとき，その**交差符号** (intersection sign) ϵ を

$$\epsilon = \begin{cases} 1 & ((\gamma'(s), \mathbf{c}^+)_D < 0), \\ -1 & ((\gamma'(s), \mathbf{c}^+)_D > 0) \end{cases} \tag{10.6}$$

と定める．ただし，$\gamma'(s)$ は γ の s における速度ベクトルである．

定義 10.5（道順序積）　$\mathfrak{D}$ の $\Delta(\mathbf{G})$ 許容曲線 γ が，$0 < s_1 < \cdots < s_r < 1$ において $\mathfrak{D}$ の壁 $\mathbf{w}_1 = (\mathfrak{d}_1, \mathfrak{p}_1)_{\mathbf{c}_1^+}, \ldots, \mathbf{w}_r = (\mathfrak{d}_r, \mathfrak{p}_r)_{\mathbf{c}_r^+}$ と順に交わるとする．このとき，γ に沿った（壁元の）**道順序積** (path-ordered product) $\mathfrak{p}_\gamma$ を

$$\mathfrak{p}_\gamma := \mathfrak{p}_r^{\epsilon_r} \circ \cdots \circ \mathfrak{p}_1^{\epsilon_1} : \mathbb{Q}(\mathbf{x}) \to \mathbb{Q}(\mathbf{x}) \tag{10.7}$$

により定める．ただし，ϵ_i は，γ と $\mathbf{w}_i$ の交差符号である．

交差符号の定義により，$\mathfrak{p}_\gamma$ は，$\mathbb{R}^n \setminus \mathrm{Sing}(\mathfrak{D})$ における γ のホモトピー類にしか依存しない．また，γ と逆向きの曲線 γ^{-1} に対して，$\mathfrak{p}_{\gamma^{-1}} = \mathfrak{p}_\gamma^{-1}$ となる．

以下の例が重要である．

例 10.6　終点が初期 G 錐 $\Delta(I) = \mathbb{R}_{\geq 0}^n$ の内部 $\mathbb{R}_{>0}^n$ に属する $\Delta(\mathbf{G})$ 許容曲線 γ に対して，道順序積 $\mathfrak{p}_\gamma$ を求めよう．

仮定より，γ の始点はある G 錐の内部に属し，いくつかの壁を横切り初期 G 錐 $\sigma(G_{t_0})$ の内部へと至る．このとき，逆向きの曲線 γ^{-1} を考えると，$\mathbb{T}_n$ の隣接頂点の列 $t_0, \ldots, t_r = t$ が一意的に定まり，γ^{-1} は $\gamma(G_{t_0})$ の内部から出発し，順に G 錐 $\sigma(G_{t_1}), \sigma(G_{t_2}), \ldots$ を通り，$\sigma(G_t)$ の内部へと至る．このようにして γ に対して一意的に定まる頂点 t を γ の**始頂点** (starting vertex)

と呼ぶ. また，上の $t_0, \ldots, t_r$ を結ぶ $\mathbb{T}_n$ の辺のラベルを順に $k_0, \ldots, k_{r-1}$ とする. γ は，始点から順に壁 $\sigma_{k_{r-1}}(G_{t_{r-1}}), \ldots, \sigma_{k_0}(G_{t_0})$ を横切る. 以上の設定は，写像 $\boldsymbol{\eta}_t^x$ (8.40) に対するものと同じであることに注意する.

つぎに，γ の交差符号とトロピカル符号の関係を明らかにする. γ が壁 $\sigma_{k_i}(G_{t_i})$ を横切るとき，G 錐 $\sigma(G_{t_{i+1}})$ から出て $\sigma(G_{t_i})$ へ入る. 一方，命題 7.6 より，c ベクトルは G 錐に対してつねに内向きであった. これより，この点における γ の速度ベクトル $\mathbf{v}$ と c ベクトル $\mathbf{c}_{k_i;t_i} = -\mathbf{c}_{k_i;t_{i+1}}$ の内積は正となる. よって，内積 $(\mathbf{v}, \mathbf{c}_{k_i;t_i}^+)_D$ の符号はトロピカル符号 $\varepsilon_{k_i;t_i}$ と一致する. したがって，定義 (10.6) より，この点における交差符号は $-\varepsilon_{k_i;t_i}$ で与えられることがわかる.

以上のことと (10.3) より，γ に対する道順序積 (10.7) は，

$$
\begin{aligned}
\mathfrak{p}_\gamma &= \mathfrak{p}_{k_0;t_0}^{-\varepsilon_{k_0;t_0}} \circ \cdots \circ \mathfrak{p}_{k_{r-1};t_{r-1}}^{-\varepsilon_{k_{r-1};t_{r-1}}} \\
&= \eta_{k_0;t_0}^x \circ \cdots \circ \eta_{k_{r-1};t_{r-1}}^x \\
&= \boldsymbol{\eta}_t^x
\end{aligned}
$$

となる. すなわち，$\mathfrak{p}_\gamma$ は，合成変異 $\boldsymbol{\mu}_t^x$ の非トロピカル部分 $\boldsymbol{\eta}_t^x$ と一致する.

さて，$\Delta(\mathbf{G})$ 許容閉曲線 γ が継目の周りを回るとき，$\mathfrak{p}_\gamma$ は非自明となる（恒等写像でない）可能性がある. しかし，実際にはそのようなことはおこらない.

定理 10.7（$\Delta(\mathbf{G})$ 整合性 ($\Delta(\mathbf{G})$-consistency) [20, 35]）　$\mathfrak{D}$ の任意の $\Delta(\mathbf{G})$ 許容閉曲線 γ に対して，$\mathfrak{p}_\gamma = \mathrm{id}$ である. あるいは等価な主張として，任意の $\Delta(\mathbf{G})$ 許容曲線 γ に対して，$\mathfrak{p}_\gamma$ は γ の始点と終点にしか依存しない.

証明　$\Delta(\mathbf{G})$ 許容曲線 γ として，例 10.6 で考えた，終点が初期 G 錐 $\sigma(G_{t_0})$ の内部 $\mathbb{R}_{>0}^n$ に属するものを考える. 定理 10.7 を示すには，このような曲線に対して，$\mathfrak{p}_\gamma$ は γ の始点 $\gamma(0)$ にしか依存しないことを示せば十分である.（そうでない γ に対しては，γ の終点から正象限 $\mathbb{R}_{>0}^n$ への曲線をつけ足せばよい.）このとき，例 10.6 より，γ の始頂点 $t \in \mathbb{T}_n$ に対して，$\mathfrak{p}_\gamma = \boldsymbol{\eta}_t^x$ であった. また，γ と同じ始点を持つ $\Delta(\mathbf{G})$ 許容曲線 γ'（ここでは γ' は γ の微

分ではない）に対して，γ' の始頂点を t' とすると，$\mathfrak{p}_{\gamma'} = \boldsymbol{\eta}_{t'}^x$ となる．このとき，γ' と γ の始点が等しいという仮定より，$\sigma(G_{t'}) = \sigma(G_t)$ である．すなわち，ある置換 $\nu \in S_n$ が存在して，$G_{t'} = \nu G_t$ である．すると，定理 9.16 より，$\boldsymbol{\eta}_{t'}^x = \boldsymbol{\eta}_t^x$ となり，$\mathfrak{p}_{\gamma'} = \mathfrak{p}_\gamma$ が得られる． ∎

例 10.8（五角関係式）　例 10.2 (1) の A_2 型の準団散乱図の $\Delta(\mathbf{G})$ 整合性は，図 10.2 の曲線 γ_1, γ_2 についての等式 $\mathfrak{p}_{\gamma_1} = \mathfrak{p}_{\gamma_2}$ と等価である．具体的には，(10.2) より，この等式は

$$\mathfrak{p}[(0,1)] \circ \mathfrak{p}[(1,0)] = \mathfrak{p}[(1,0)] \circ \mathfrak{p}[(1,1)] \circ \mathfrak{p}[(0,1)] \tag{10.8}$$

と表される．これを**五角関係式** (pentagon relation) という．これは，$\mathbb{Q}(\mathbf{x})$ への作用を比べることにより直接確かめることもできる．一方，定理 10.7 の証明からわかるように，x 変数の五角周期性に対する脱トロピカル化の帰結でもある．

　定理 10.7 より，さらに以下の重要な事実が得られる．

定理 10.9 ([20, 35])　γ を，始点がある G 錐 G_t の内部に属し，終点が $\mathbb{R}_{>0}^n$ に属す $\Delta(\mathbf{G})$ 許容曲線とする．このとき，以下が成り立つ．

$$\mathfrak{p}_\gamma(x^{\mathbf{g}_{i;t}}) = x^{\mathbf{g}_{i;t}} F_{i;t}(\mathbf{y}) \quad (i = 1, \ldots, n). \tag{10.9}$$

証明　定理 10.7 より，γ の始頂点と定理における頂点 t は同じと仮定してもかまわない．（そのような γ は必ず存在する．）このとき，$\mathfrak{p}_\gamma = \boldsymbol{\eta}_t^x$ であるので，Fock-Goncharov 分解 (8.41) と (8.43) より，

$$\mathfrak{p}_\gamma(x^{\mathbf{g}_{i;t}}) = \boldsymbol{\eta}_t^x(\boldsymbol{\tau}_t^x(x_{i;t})) = \boldsymbol{\mu}_t^x(x_{i;t}) = x^{\mathbf{g}_{i;t}} F_{i;t}(\mathbf{y}) \tag{10.10}$$

となる． ∎

　分離公式 (4.24) により，(10.9) の右辺は無係数団変数 $x_{i;t}$ の初期変数 $\mathbf{x}$ による表示を与える．すなわち，団変数の情報は準団散乱図 $\mathfrak{D}$ に内在的に含まれ，道順序積 $\mathfrak{p}_\gamma$ を用いて取り出すことができるのである．

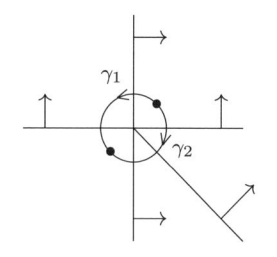

図 **10.2**　A_2 型の $\Delta(\mathbf{G})$ 整合性.

10.3　準団散乱図の双対変異

本節では，準団散乱図の双対変異について述べる.

準団散乱図 $\mathfrak{D} = \mathfrak{D}(B_{t_0})$ は，C 行列と G 行列を用いて構成された．これらはすべて CG パターンの基点（初期頂点）t_0 のとり方に依存する．t_1 を t_0 と k 隣接な頂点とする．$\mathfrak{D}$ と同じ B パターンに対して，初期頂点をとり替えて得られる準団散乱図を $\mathfrak{D}' = \mathfrak{D}(B_{t_1})$ とする．$\mathfrak{D}'$ の壁を $\mathbf{w}'_{i;t} = (\mathfrak{d}'_{i;t}, \mathfrak{p}'_{i;t})_{\mathbf{c}'^{+}_{i;t}}$ と表す．(7.29) の区分線形写像 $\varphi^{t_1}_{t_0}$ をここでは φ_k と表すことにする．(7.30) と命題 7.11 より，φ_k は $\mathfrak{d}_{i;t}$ を $\mathfrak{d}'_{i;t}$ に写し，よって，$\mathrm{Supp}(\mathfrak{D})$ を $\mathrm{Supp}(\mathfrak{D}')$ に写す．また，とくに，G 錐 $\sigma(G_{t_1})$ を正象限 $\sigma(G'_{t_1}) = \sigma(I) = \mathbb{R}^n_{\geq 0}$ に写す．

以下では，[20] のアイデアにしたがい，$\mathfrak{D}$ から新しい壁の集合 $T_k(\mathfrak{D})$ を構成する．これを $\mathfrak{D}$ の双対変異という．そして，$T_k(\mathfrak{D})$ と $\mathfrak{D}'$ は，ある線形変換によって同一視できることを示す．そのための準備として，いくつかの写像を導入する．$B = B_{t_0}$ として，まず，線形写像

$$
\begin{aligned}
\xi_k: \quad \mathbb{R}^b \quad &\to \quad \mathbb{R}^n \\
\mathbf{v} \quad &\mapsto \quad (J_k + [-B]^{\bullet k}_+)\mathbf{v}
\end{aligned}
\tag{10.11}
$$

を定める．とくに，(6.34) より，$\mathbf{g}_{i;t_0} = \mathbf{e}_i$ に対して，

$$
\xi_k(\mathbf{e}_i) = \mathbf{g}_{i;t_1}
\tag{10.12}
$$

となる．したがって，写像 ξ_k は $\mathfrak{d}'_{i;t_1}$ を $\mathfrak{d}_{i;t_1}$ に写す．また，補題 6.1 により，

$$(\xi_k)^2 = \mathrm{id} \tag{10.13}$$

となる．つぎに，線形写像

$$
\begin{array}{cccc}
S_k\colon & \mathbb{R}^n & \to & \mathbb{R}^n \\
& \mathbf{v} & \mapsto & (I + B^{\bullet k})\mathbf{v}
\end{array}
\tag{10.14}
$$

と，それにより定まる区分線形写像

$$
\begin{array}{cccc}
T_k\colon & \mathbb{R}^n & \to & \mathbb{R}^n \\
& \mathbf{v} & \mapsto & \begin{cases} S_k(\mathbf{v}) & (\mathbf{v} \in \mathbb{R}^n_{k,+}), \\ \mathbf{v} & (\mathbf{v} \in \mathbb{R}^n_{k,-}) \end{cases}
\end{array}
\tag{10.15}
$$

を導入する．

　線形写像 ξ_k は，二つの区分線形写像 φ_k, T_k を以下のように結びつける．

補題 10.10　　以下が成り立つ．

$$\varphi_k = \xi_k \circ T_k, \tag{10.16}$$

$$T_k = \xi_k \circ \varphi_k. \tag{10.17}$$

とくに，写像 T_k は $\mathfrak{d}_{i;t_1}$ を固定する．

証明　$(\xi_k)^2 = \mathrm{id}$ であるので，(10.16) のみ示せばよい．(7.29) と (10.15) を見比べると，$\mathbf{v} \in \mathbb{R}^n_{k,+}$ への作用が一致することのみ示せばよい．これは，以下の等式よりわかる．

$$(J_k + [-B]^{\bullet k}_+)(I + B^{\bullet k}) = J_k + B^{\bullet k} + [-B]^{\bullet k}_+ = J_k + [B]^{\bullet k}_+. \tag{10.18}$$

また，(10.17) より，

$$T_k(\mathfrak{d}_{i;t_1}) = \xi_k(\varphi_k(\mathfrak{d}_{i;t_1})) = \xi_k(\mathfrak{d}'_{i;t_1}) = \mathfrak{d}_{i;t_1} \tag{10.19}$$

となる．　　　　　　　　　　　　　　　　　　　　　　　　　　　　　■

　さらに，線形写像 ξ_k^*, S_k^* を

$$\xi_k^*: \quad \mathbb{R}^n \quad \to \quad \mathbb{R}^n$$
$$\mathbf{v} \quad \mapsto \quad (J_k + [B]_+^{k\bullet})\mathbf{v}, \tag{10.20}$$

$$S_k^*: \quad \mathbb{R}^n \quad \to \quad \mathbb{R}^n$$
$$\mathbf{v} \quad \mapsto \quad (I + B^{k\bullet})\mathbf{v} \tag{10.21}$$

と定める. とくに, (6.33) より, $\mathbf{c}_{i;t_0} = \mathbf{e}_i$ に対して,

$$\xi_k^*(\mathbf{e}_i) = \mathbf{c}_{i;t_1} \tag{10.22}$$

となる. ξ_k^*, S_k^* は, 以下の意味で ξ_k, S_k の双対である.

補題 10.11 以下が成り立つ.

$$(\xi_k^*(\mathbf{v}), \xi_k(\mathbf{v}'))_D = (\mathbf{v}, \mathbf{v}')_D, \tag{10.23}$$
$$\xi_k(B\mathbf{v}) = B'(\xi_k^*(\mathbf{v})), \tag{10.24}$$
$$(S_k^*(\mathbf{v}), S_k(\mathbf{v}'))_D = (\mathbf{v}, \mathbf{v}')_D, \tag{10.25}$$
$$S_k(B\mathbf{v}) = B(S_k^*(\mathbf{v})). \tag{10.26}$$

ただし, (10.24) において, $B' = B_{t_1}$ である.

証明 最初の 2 式は, 以下のように示される.

$$\begin{aligned}
(\xi_k^*(\mathbf{v}), \xi_k(\mathbf{v}'))_D &= \mathbf{v}^T (J_k + [B^T]_+^{\bullet k}) D (J_k + [-B]_+^{\bullet k}) \mathbf{v}' \\
&= \mathbf{v}^T (J_k + [B^T]_+^{\bullet k})(J_k + [B^T]_+^{\bullet k}) D \mathbf{v}' \\
&= \mathbf{v}^T D \mathbf{v}' = (\mathbf{v}, \mathbf{v}')_D, \\
\xi_k(B\mathbf{v}) &= (J_k + [-B]_+^{\bullet k}) B \mathbf{v} \\
&= B'(J_k + [B]_+^{k\bullet}) \mathbf{v} = B' \xi_k^*(\mathbf{v}).
\end{aligned} \tag{10.27}$$

ただし, (10.27) の最初の等号で (6.10) を用いた. 同様に,

$$\begin{aligned}
(S_k^*(\mathbf{v}), S_k(\mathbf{v}'))_D &= \mathbf{v}^T (I + (B^T)^{\bullet k}) D (I + B^{\bullet k}) \mathbf{v}' \\
&= \mathbf{v}^T (I + (B^T)^{\bullet k})(I - (B^T)^{\bullet k}) D \mathbf{v}' \\
&= \mathbf{v}^T D \mathbf{v}' = (\mathbf{v}, \mathbf{v}')_D,
\end{aligned}$$

$$S_k(B\mathbf{v}) = (I + B^{\bullet k})B\mathbf{v}$$
$$= B(I + B^{k\bullet})\mathbf{v} = B(S_k^*(\mathbf{v})). \tag{10.28}$$

ただし，(10.28) の最初の等号で (6.2) を用いた． ∎

例 10.12 (A_2 型)　　例 2.17 にしたがって，A_2 型の場合を考える．（例 7.12 も参照せよ．）このとき，

$$\xi_1 = \begin{pmatrix} -1 & 0 \\ 0 & 1 \end{pmatrix}, \quad \xi_1^* = \begin{pmatrix} -1 & 0 \\ 0 & 1 \end{pmatrix}, \quad S_1 = \begin{pmatrix} 1 & 0 \\ 1 & 1 \end{pmatrix}, \quad S_1^* = \begin{pmatrix} 1 & -1 \\ 0 & 1 \end{pmatrix}, \tag{10.29}$$

$$\xi_2 = \begin{pmatrix} 1 & 1 \\ 0 & -1 \end{pmatrix}, \quad \xi_2^* = \begin{pmatrix} 1 & 0 \\ 1 & -1 \end{pmatrix}, \quad S_2 = \begin{pmatrix} 1 & -1 \\ 0 & 1 \end{pmatrix}, \quad S_2^* = \begin{pmatrix} 1 & 0 \\ 1 & 1 \end{pmatrix} \tag{10.30}$$

となる．

定義 10.13 (準団散乱図の双対変異)　　準団散乱図 $\mathfrak{D} = \mathfrak{D}(B)$ と任意の $k = 1, \ldots, n$ に対して，$\mathfrak{D}$ の各壁 $\mathbf{w}_{i;t}$ への T_k の作用を以下で定める．（$T_k(\mathbf{w}_{i;t})$ も壁という．）

(i) 法ベクトル $\mathbf{c}_{i;t}^+$ が $\mathbf{e}_k$ でない壁 $\mathbf{w}_{i;t} = (\mathfrak{d}_{i;t}, \mathfrak{p}[\mathbf{c}_{i;t}^+]^{\delta_i})_{\mathbf{c}_{i;t}^+}$ に対して，

$$T_k(\mathbf{w}_{i;t}) := \begin{cases} (S_k(\mathfrak{d}_{i;t}), \mathfrak{p}[S_k^*(\mathbf{c}_{i;t}^+)]^{\delta_i})_{S_k^*(\mathbf{c}_{i;t}^+)} & (\mathfrak{d}_{i;t} \subset \mathbb{R}^n_{k,+}), \\ \mathbf{w}_{i;t} & (\mathfrak{d}_{i;t} \subset \mathbb{R}^n_{k,-}). \end{cases} \tag{10.31}$$

（とくに，台 $\mathfrak{d}_{i;t}$ の変換は，写像 T_k の像 $T_k(\mathfrak{d}_{i;t})$ で与えられる．）

(ii) 法ベクトル $\mathbf{c}_{i;t}^+$ が $\mathbf{e}_k$ である壁 $\mathbf{w}_{i;t} = (\mathfrak{d}_{i;t}, \mathfrak{p}[\mathbf{e}_k]^{\delta_i})_{\mathbf{e}_k}$ に対して，

$$T_k(\mathbf{w}_{i;t}) := (\mathfrak{d}_{i;t}, \mathfrak{p}[-\mathbf{e}_k]^{\delta_i})_{-\mathbf{e}_k}. \tag{10.32}$$

$T_k(\mathfrak{d}_{i;t}) = \mathfrak{d}_{i;t}$, $S_k^*(\mathbf{e}_k) = \mathbf{e}_k$ であるので，(10.32) は (10.31) から見ると法ベクトルと壁元の変換が例外的（符号が逆になる）である．（また，以下では必要ないが，$\mathbf{c}_{i;t}^+ = \mathbf{e}_k$ ならば $\delta_i = \delta_k$ となる．）

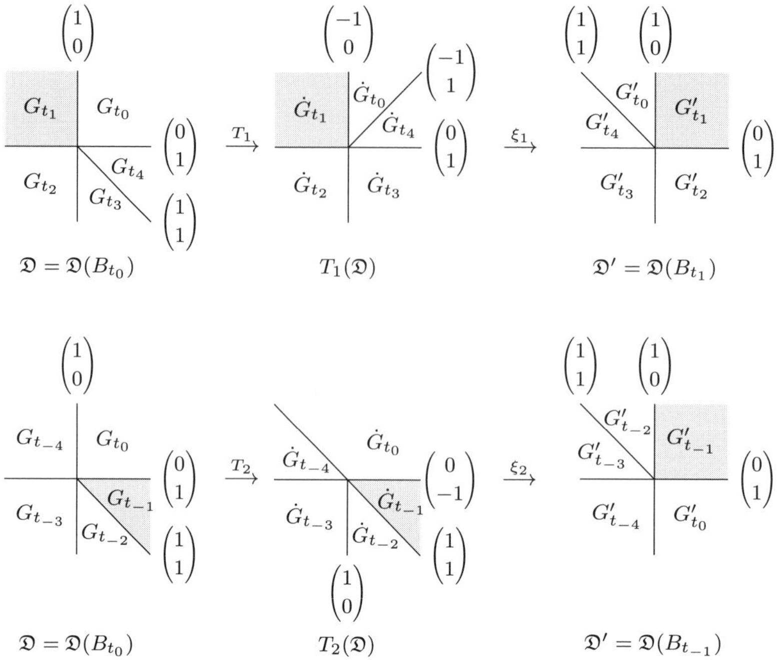

図 10.3 A_2 型の準団散乱図 $\mathfrak{D}$ の変異. ベクトルは壁の法ベクトルを表す.

このとき, すべての壁 $T_k(\mathbf{w}_{i;t})$ の集合 $T_k(\mathfrak{D})$ を $\mathfrak{D}$ の k 方向への**双対変異**という.

[20] では, 変換 $T_k(\mathfrak{D})$ は単に変異と呼ばれているが, 本書では基点または初期頂点のとり替えの誘導する変換を一貫して双対変異と呼ぶことにする.

例 10.14(例 10.12 つづき) A_2 型の準団散乱図 $\mathfrak{D}$ の双対変異 $T_k(\mathfrak{D})$ は, 図 10.3 で与えられる. ここで, $T_k(\mathfrak{D})$ の錐 $\dot{G}_t$ は, $\mathfrak{D}$ の錐 G_t の T_k による像である. 図のアミかけの部分が写像によって対応する. $T_1(\mathfrak{D})$ において, $\dot{G}_{t_1} = G_{t_1}$ であり, $T_2(\mathfrak{D})$ において, $\dot{G}_{t_{-1}} = G_{t_{-1}}$ であることに注意する. (補題 10.10 の後半による.)

双対変異 $T_k(\mathfrak{D})$ は, 線形写像 ξ_k により準団散乱図 $\mathfrak{D}' = \mathfrak{D}(B_{t_1})$ と以下のように同一視される.

定理 10.15 (双対変異不変性 (dual-mutation invariance) [20, 35]) $T_k(\mathfrak{D})$ の壁 $T_k(\mathbf{w}_{i;t}) = (\mathfrak{d}, \mathfrak{p}[\mathbf{v}]^{\delta_i})_{\mathbf{v}}$ に対して, ξ_k の作用を

$$\xi_k(T_k(\mathbf{w}_{i;t})) = (\xi_k(\mathfrak{d}), \mathfrak{p}[\xi_k^*(\mathbf{v})]^{\delta_i})_{\xi_k^*(\mathbf{v})} \tag{10.33}$$

と定める. このとき,

$$\xi_k(T_k(\mathbf{w}_{i;t})) = \mathbf{w}'_{i;t} \tag{10.34}$$

が成り立つ. ここで, $\mathbf{w}'_{i;t}$ は $\mathfrak{D}' = \mathfrak{D}(B_{t_1})$ の壁である.

証明 まず, 定義 10.13 の (i) の場合を考える. (10.34) の左辺を $(\mathfrak{d}', \mathfrak{p}[\mathbf{v}']^{\delta_i})_{\mathbf{v}'}$ とおく. すると, (10.16) より,

$$\mathfrak{d}' = (\xi_k \circ T_k)(\mathfrak{d}_{i;t}) = \varphi_k(\mathfrak{d}_{i;t}) = \mathfrak{d}'_{i;t} \tag{10.35}$$

となる. また, (7.6), (10.23), (10.25) より,

$$(\delta_i \mathbf{v}', \mathbf{g}'_{j;t})_D = (\delta_i \mathbf{c}^+_{i;t}, \mathbf{g}_{j;t})_D = \varepsilon_{i;t} \delta_{ij} \tag{10.36}$$

となる. したがって,

$$\mathbf{v}' = \varepsilon_{i;t} \mathbf{c}'_{i;t} \tag{10.37}$$

となる. よって, (10.34) を示すには,

$$\varepsilon_{i;t} = \varepsilon'_{i;t} \tag{10.38}$$

であることを示せばよい. (6.40) より, $C_t = C_t^{t_0}$ と $C'_t = C_t^{t_1}$ は, 第 k 行のみが異なる. 一方, 仮定より, $\mathbf{c}_{i;t} \neq \pm \mathbf{e}_k$ である. すなわち, C_t の第 i 行は, 第 k 成分以外に非 0 成分を持つ. これらと C 行列の符号同一性より, (10.38) が得られる.

つぎに, 定義 10.13 の (ii) の場合を考える. 上と同様の議論を繰り返して, 上とは反対に,

$$\varepsilon_{i;t} = -\varepsilon'_{i;t} \tag{10.39}$$

を示せばよい．実際，仮定より，$\mathbf{c}_{i;t} = \pm\mathbf{e}_k$ である．すると，(6.40) より，$\mathbf{c}'_{i;t} = \mp\mathbf{e}_k$ となり，(10.39) が得られる．（これが，定義 10.13 において (ii) を例外的に扱う理由でもある．）■

例 10.16（例 10.14 つづき）　図 10.3 で示すように，$T_k(\mathfrak{D})$ の壁は写像 ξ_k により $\mathfrak{D}'$ の壁に写される．

定理 10.15 の背景と意味を説明する．GHKK [20] の観点では，B パターンにおいて初期頂点 t_0 を選ぶことは，ランク n の自由アーベル群 N の基底 $e_1, \ldots, e_n$ を選ぶことに対応する．そして，初期頂点の k 隣接頂点へのとり替えは，N の基底を

$$e'_i = \begin{cases} -e_k & (i = k), \\ e_i + [b_{ki;t_0}]_+ e_k & (i \neq k) \end{cases} \tag{10.40}$$

により定まる基底 $e'_1, \ldots, e'_n$ にとり替えることに対応する．このとき，元の準団散乱図 $\mathfrak{D}$（図 10.3 の左端の二つの図）においては，錐 $\sigma(e_1, \ldots, e_n)$ は第一象限 G_{t_0} に，錐 $\sigma(e'_1, \ldots, e'_n)$ はアミかけされた部分に，それぞれ対応する．一方，新しい準団散乱図 $\mathfrak{D}'$（図 10.3 の右端の二つの図）においては，$\sigma(e'_1, \ldots, e'_n)$ は $\mathfrak{D}'$ の初期 G 錐であり第一象限に対応する．GHKK の団散乱図と G 扇から構成される準散乱図のこのような定式化の違い（基底のとり方の違い）が，線形写像 ξ_k (10.11) により補正される，というのが定理 10.15（あるいは図 10.3）の意味するところである．

10.4　整合性と団散乱図

本章の締めくくりとして，GHKK [20] による**団散乱図** (cluster scattering diagram) がおおよそどのようなものかを，細部にはふれずに説明する．まず結論を端的に述べると，定理 10.7 で $\Delta(\mathbf{G})$ 許容曲線に対する整合性を示したが，G 扇 $\Delta(\mathbf{G})$ 内にあるという条件を外した一般の許容曲線 γ に対しても整合性が成り立つように準団散乱図 $\mathfrak{D}$ を（ある条件の元で一意的に）拡大したものが団散乱図 $\overline{\mathfrak{D}}$ である．

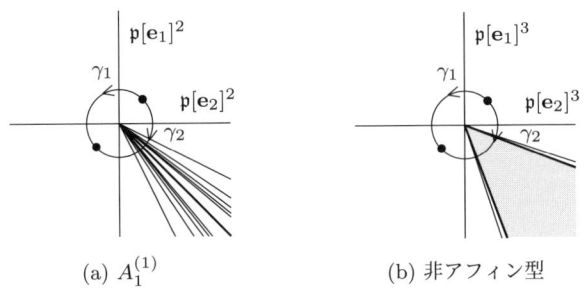

(a) $A_1^{(1)}$ (b) 非アフィン型

図 **10.4** ランク 2 の団散乱図の例.

簡単のため，ランクを 2 として，以下の初期交換行列 B の反対称分解を考える．

$$B = \begin{pmatrix} 0 & -\delta_1 \\ \delta_2 & 0 \end{pmatrix} = \begin{pmatrix} \delta_1 & 0 \\ 0 & \delta_2 \end{pmatrix} \begin{pmatrix} 0 & -1 \\ 1 & 0 \end{pmatrix}. \tag{10.41}$$

B が有限型（$\delta_1 \delta_2 \leq 3$）の場合は，G 扇は完備であった（7.2 節 (a)–(c)）ので，任意の許容曲線は $\Delta(\mathbf{G})$ 許容曲線であり，団散乱図 $\overline{\mathfrak{D}}$ は準団散乱図 $\mathfrak{D}$ と一致する．

つぎに，アフィン型 $A_1^{(1)}$（$\delta_1 = \delta_2 = 2$）の場合を考える．7.2 節 (d) で調べたように，$\Delta(\mathbf{G})$ は半直線 $\mathbb{R}_{>0}(1, -1)$ を除外し，また $\mathfrak{D}$ は半直線 $\mathbb{R}_{\geq 0}(1, -1)$ に収束する無限個の壁を持つ．この場合，整合性は A_2 型（例 10.8）の場合と同様に，図 10.4 の許容曲線 γ_1, γ_2 に対する条件

$$\mathfrak{p}_{\gamma_1} = \mathfrak{p}_{\gamma_2} \tag{10.42}$$

に他ならない．以下，見やすくするために，変換 (10.1) を

$$\begin{bmatrix} a \\ b \end{bmatrix} := \mathfrak{p}[(a, b)] \tag{10.43}$$

と表す．すると，左辺は A_2 型と同様に，

$$\mathfrak{p}_{\gamma_1} = \begin{bmatrix} 0 \\ 1 \end{bmatrix}^2 \begin{bmatrix} 1 \\ 0 \end{bmatrix}^2 \tag{10.44}$$

となる. 一方, 7.2 節 (d) の結果を用いて, $\mathfrak{D}$ に対して, 右辺は

$$\mathfrak{p}_{\gamma_2} = \begin{bmatrix} 1 \\ 0 \end{bmatrix}^2 \begin{bmatrix} 2 \\ 1 \end{bmatrix}^2 \begin{bmatrix} 3 \\ 2 \end{bmatrix}^2 \begin{bmatrix} 4 \\ 3 \end{bmatrix}^2 \cdots \begin{bmatrix} 3 \\ 4 \end{bmatrix}^2 \begin{bmatrix} 2 \\ 3 \end{bmatrix}^2 \begin{bmatrix} 1 \\ 2 \end{bmatrix}^2 \begin{bmatrix} 0 \\ 1 \end{bmatrix}^2 \tag{10.45}$$

となる. これは無限積であり, $\mathbb{Q}(\mathbf{x})$ への作用が定まらないが, 作用する空間を $\hat{y}$ 変数の形式的べき級数環 $\mathbb{Q}[[\hat{\mathbf{y}}]]$ に置き換えることで意味を持たせることができる. しかしその上で, 等式 (10.42) はやはり成り立たない. 実際, 以下の等式が成り立つことが知られている [44, 42].

$$\begin{bmatrix} 0 \\ 1 \end{bmatrix}^2 \begin{bmatrix} 1 \\ 0 \end{bmatrix}^2 = \begin{bmatrix} 1 \\ 0 \end{bmatrix}^2 \begin{bmatrix} 2 \\ 1 \end{bmatrix}^2 \begin{bmatrix} 3 \\ 2 \end{bmatrix}^2 \cdots \prod_{j=0}^{\infty} \begin{bmatrix} 2^j \\ 2^j \end{bmatrix}^{2^{2-j}} \cdots \begin{bmatrix} 2 \\ 3 \end{bmatrix}^2 \begin{bmatrix} 1 \\ 2 \end{bmatrix}^2 \begin{bmatrix} 0 \\ 1 \end{bmatrix}^2. \tag{10.46}$$

これは, $\mathfrak{D}$ に以下の壁

$$\mathbf{w} = (\sigma((1, -1)), \prod_{j=0}^{\infty} \mathfrak{p}[(2^j, 2^j)]^{2^{2-j}})_{(1,1)} \tag{10.47}$$

をつけ加えたものが整合的になることを意味する. これが, この場合の団散乱図 $\overline{\mathfrak{D}}$ である. (図 10.4 (a) の太線の部分に壁 (10.47) を加える.)

同様にして, 非アフィン型の例 ($\delta_1 = \delta_2 = 3$) を考える. この場合, $\mathfrak{D}$ に対して,

$$\mathfrak{p}_{\gamma_1} = \begin{bmatrix} 0 \\ 1 \end{bmatrix}^3 \begin{bmatrix} 1 \\ 0 \end{bmatrix}^3, \tag{10.48}$$

$$\mathfrak{p}_{\gamma_2} = \begin{bmatrix} 1 \\ 0 \end{bmatrix}^3 \begin{bmatrix} 3 \\ 1 \end{bmatrix}^3 \begin{bmatrix} 8 \\ 3 \end{bmatrix}^3 \begin{bmatrix} 21 \\ 8 \end{bmatrix}^3 \cdots \begin{bmatrix} 8 \\ 21 \end{bmatrix}^3 \begin{bmatrix} 3 \\ 8 \end{bmatrix}^3 \begin{bmatrix} 1 \\ 3 \end{bmatrix}^3 \begin{bmatrix} 0 \\ 1 \end{bmatrix}^3 \tag{10.49}$$

となるが, やはり等式 (10.42) は成り立たない. そして等式を成り立たせるためには, G 扇 $\Delta(\mathbf{G})$ の補集合 (7.2 節 (f) における悪地, 図 10.4 (b) のアミかけの部分) に無限個の壁を稠密に加えなければならないことが知られている. 一方, 壁元の具体的な形についてはまだごく一部しかわかっていない.

上の例では準団散乱図に壁を加える形で団散乱図を得たが，実際には団散乱図はこれとは異なる方法で構成される．すでに見たように，準団散乱図の構成要素は g ベクトルと c ベクトルであり，これらを構成する原理は「変異」であった．これに対して，団散乱図は，初期交換行列の反対称分解 $B = \Delta\Omega$ から定まる構造群 G_Ω と呼ばれる群を用いて，「整合性」を原理として構成される．すなわち，両者は「変異」と「整合性」というまったく異なる原理によって構成される．それにもかかわらず，上のランク 2 の例で見たように，準団散乱図はつねに団散乱図に「埋め込まれる」のである．これはまことに非自明な事実であり，この二つを結びつけるものが定理 10.15 の「双対変異不変性」である．GHKK は，定義 10.13 と同様の方法で団散乱図の双対変異を構成できることを示した．これと定理 10.15 を比べることにより，準団散乱図が団散乱図に埋め込まれることがわかるのである．

文献ノート

　団散乱図の基本文献は [27, 20] である．とくに [20] は C 行列の符号同一性やローラン正値性の証明も含む重要なものであるが，団パターンとの関係が必ずしも明白ではなく難解である．[27] ではより一般的な散乱図（wall-crossing structure (WCS) と呼ばれている）が扱われている．団パターンとの関係や団散乱図の構成の詳細な解説が [35] にある．本章の内容も主に [35] にしたがった．なお，ここでは x 変数に話を絞ったが，壁元 (10.3) を $\mathfrak{p}_{i;t} = (\eta_{i;t}^y)^{-\varepsilon_{i;t}}$ と置き換えることにより，y 変数を扱うこともできる [36]．

第**11**章

団代数の量子化

団代数の量子化は，団代数のさまざまな応用において重要である．この章では，団代数の量子化に関する基本的な事項について述べる．

11.1 自由 Y パターンの量子化

団代数における量子化は，

- 自由 Y パターンに対する y 変数の量子化 ([7, 8])

- 幾何型団パターンに対する x 変数の量子化 ([1, 47])

という二つの方向に対して定式化されている．変数を非可換化 (q 可換化) することが両者に共通する点である．まず，定式化がより簡単な y 変数の量子化から始める．

基点 t_0 の自由 Y パターン $\mathbf{\Upsilon} = \{(\mathbf{y}_t, B_t)\}_{t \in \mathbb{T}_n}$ に対して，共通の正整数対角行列 Δ を持つ交換行列 B_t の反対称分解 (8.23)

$$B_t = \Delta \Omega_t \tag{11.1}$$

を考え，$B = B_{t_0}$, $\Omega = \Omega_{t_0}$ とする．また，q を不定元として，

$$q_i := q^{1/\delta_i} \quad (i = 1, \ldots, n) \tag{11.2}$$

とおく.

まず, Υ の量子化の素朴な定義を述べる.

定義 11.1 (量子 Y パターン)　Y パターン $\Upsilon = \{(\mathbf{y}_t, B_t)\}_{t \in \mathbb{T}_n}$ に対して, 以下の変更を行う.

- 変数の量子化 (非可換化):初期 y 変数 $\mathbf{y} = (y_1, \dots, y_n)$ を, つぎの q **可換関係式** (q-commutative relation)

$$Y_i Y_j = q^{2\omega_{ij}} Y_j Y_i = q_i^{2b_{ij}} Y_j Y_i \tag{11.3}$$

をみたす非可換 (q 可換) 変数 $\mathbf{Y} = (Y_1, \dots, Y_n)$ で置き換える.

- 変異の量子化:y 変数の変異 (2.3) を,

$$Y_{i;t'} = \begin{cases} Y_{k;t}^{-1} & (i = k), \\ q^{\omega_{ki;t}[b_{ki;t}]_+} Y_{i;t} Y_{k;t}^{[b_{ki;t}]_+} \\ \quad \times \displaystyle\prod_{u=1}^{|b_{ki;t}|} (1 + q_k^{\mathrm{sgn}(b_{ki;t})(2u-1)} Y_{k;t})^{-\mathrm{sgn}(b_{ki;t})} & (i \neq k) \end{cases} \tag{11.4}$$

で置き換える. ただし, $\mathrm{sgn}(a)$ は $a \neq 0$ の符号であり, $b_{ki;t} = 0$ のときは, u についての積は 1 とみなす.

初期変数 $\mathbf{Y}$ から上の変異を繰り返して得られる $Y_{i;t}$ を**量子 y 変数** (quantum y-variables) という. また, $\mathbf{Y}_t = (Y_{1;t}, \dots, Y_{n;t})$ とおき, $\Upsilon_q = \{(\mathbf{Y}_t, B_t)\}_{t \in \mathbb{T}_n}$ を**量子 Y パターン** (quantum y-pattern) という.

　量子化したものと比べるとき, 通常の変数や変異などを**古典的** (classical) ということがしばしばある. 上の定義で $q = 1$ とおくと, 古典的なものを復元する. 関係式 (11.3) は, ポアソン括弧 (8.52) のある種の量子化とみなせる.

例 11.2 (A_2 型)　B を例 2.17 と同じものとし, $\Delta = I$ とする. このとき,

$$Y_1 Y_2 = q^{-2} Y_2 Y_1 \tag{11.5}$$

であり，これは以下とも同値である．

$$Y_1^{-1}Y_2 = q^2Y_2Y_1^{-1}, \quad Y_1Y_2^{-1} = q^2Y_2^{-1}Y_1, \quad Y_1^{-1}Y_2^{-1} = q^{-2}Y_2^{-1}Y_1^{-1}. \tag{11.6}$$

これらを用いて，(11.4) にしたがって量子 y 変数を順に計算すると，以下が得られる．（自分で計算すると，古典的な場合と比べて因数分解などにおける計算の複雑さが倍増することを実感するであろう．）

$$\begin{cases} Y_{1;1} = Y_1^{-1}, \\ Y_{2;1} = Y_2(1 + q^{-1}Y_1), \end{cases} \tag{11.7}$$

$$\begin{cases} Y_{1;2} = Y_1^{-1}(1 + q^{-1}Y_2 + Y_1Y_2), \\ Y_{2;2} = Y_2^{-1}(1 + qY_1)^{-1}, \end{cases} \tag{11.8}$$

$$\begin{cases} Y_{1;3} = Y_1(1 + qY_2 + q^2Y_1Y_2)^{-1}, \\ Y_{2;3} = qY_1^{-1}Y_2^{-1}(1 + q^{-1}Y_2), \end{cases} \tag{11.9}$$

$$\begin{cases} Y_{1;4} = Y_2^{-1}, \\ Y_{2;4} = qY_1Y_2(1 + qY_2)^{-1}, \end{cases} \tag{11.10}$$

$$\begin{cases} Y_{1;5} = Y_2, \\ Y_{2;5} = Y_1. \end{cases} \tag{11.11}$$

途中の q の入り方の不規則性にもかかわらず，五角周期性が量子化において保たれていることに注意する．

　定義 11.1 においては量子 y 変数がどこの元であるかを明示しなかったので，これを明確にしよう．δ_0 を $\delta_1, \ldots, \delta_n$ の最小公倍数とする．$\omega_{ij} \in (1/\delta_0)\mathbb{Z}$ に注意すると，反対称行列 $\Omega = \Omega_{t_0}$ より $\mathbb{Z}^n$ 上の反対称双線形形式

$$\{\mathbf{m}, \mathbf{m}'\} = \{\mathbf{m}, \mathbf{m}'\}_\Omega := \mathbf{m}^T \Omega \mathbf{m}' \in (1/\delta_0)\mathbb{Z} \tag{11.12}$$

が定まる．$q_0 = q^{1/\delta_0}$ とおき，$\mathbb{Q}(q_0)$ を $\mathbb{Q}$ 上の q_0 の有理関数体とする．Y を形式的なシンボルとして，Y の非負べき $Y^{\mathbf{m}}$ ($\mathbf{m} \in \mathbb{Z}_{\geq 0}^n$) を生成元とし，

$$Y^{\mathbf{m}}Y^{\mathbf{m}'} = q^{\{\mathbf{m},\mathbf{m}'\}}Y^{\mathbf{m}+\mathbf{m}'} = q^{\{\mathbf{m},\mathbf{m}'\}}Y^{\mathbf{m}'}Y^{\mathbf{m}} \tag{11.13}$$

を基本関係式に持つ $\mathbb{Q}(q_0)$ 上の非可換代数を $\mathcal{R}_\Omega$ とする. 積 (11.13) は, 結合則

$$\begin{aligned}(Y^{\mathbf{m}}Y^{\mathbf{m}'})Y^{\mathbf{m}''} &= Y^{\mathbf{m}}(Y^{\mathbf{m}'}Y^{\mathbf{m}''}) \\ &= q^{\{\mathbf{m},\mathbf{m}'\}+\{\mathbf{m}',\mathbf{m}''\}+\{\mathbf{m},\mathbf{m}''\}}Y^{\mathbf{m}+\mathbf{m}'+\mathbf{m}''}\end{aligned} \tag{11.14}$$

をみたす. より一般に, 左辺の結合則の意味での順序によらず,

$$Y^{\mathbf{m}_1}Y^{\mathbf{m}_2}\cdots Y^{\mathbf{m}_s} = q^{\sum_{i<j}\{\mathbf{m}_i,\mathbf{m}_j\}}Y^{\sum_i \mathbf{m}_i} \tag{11.15}$$

となる. また, $Y_i := Y^{\mathbf{e}_i}$ とおくと, $Y_1,\ldots,Y_n$ は関係式 (11.3) をみたす. すなわち, $\mathcal{R}_\Omega$ は, q 可換変数 $Y_1,\ldots,Y_n$ の多項式環である.

$\mathcal{R}_\Omega$ は整域(すなわち 0 以外の零因子を持たない)であるが,(非可換)分数体を考えるためにはさらに条件が必要となる.

定義 11.3(オーレ整域) 非可換整域 $\mathcal{R}$ に対して, 条件

$$a\mathcal{R} \cap b\mathcal{R} \neq \{0\} \quad (a, b \in \mathcal{R} \setminus \{0\}) \tag{11.16}$$

が成り立つとき, $\mathcal{R}$ を(左)**オーレ整域** (Ore domain) という.

オーレ整域 $\mathcal{R}$ に対して,(右)分数 ab^{-1} $(a, b \in \mathcal{R}, b \neq 0)$ の和と積を

$$ab^{-1} + cd^{-1} = (ae + cf)g^{-1} \quad (be = df = g \neq 0), \tag{11.17}$$

$$ab^{-1} \cdot cd^{-1} = ae \cdot (df)^{-1} \quad (cf = be \neq 0) \tag{11.18}$$

と定めることにより(非可換)分数体 $\mathcal{F}(\mathcal{R})$ が定まり, $\mathcal{R}$ は $\mathcal{F}(\mathcal{R})$ に埋め込まれる.

補題 11.4 ([1]) 代数 $\mathcal{R}_\Omega$ は, オーレ整域である.

証明 $\mathcal{R} = \mathcal{R}_\Omega$ とおく. $Y^{\mathbf{m}}$ $(\mathbf{m} = (m_i), 0 \leq m_i \leq r)$ で張られる $\mathcal{R}$ の部分空間を $\mathcal{R}_r$ とおく. $\mathcal{R}_r$ の次元は $(r+1)^n$ であり, r に関して多項式増大で

ある．ある $a, b \in \mathcal{R} \setminus \{0\}$ に対して，$a\mathcal{R} \cap b\mathcal{R} = \{0\}$ とする．十分大きな p に対して，$a, b \in \mathcal{R}_p$ となる．すると，任意の r に対して，$a\mathcal{R}_r \cap b\mathcal{R}_r = \{0\}$ であるので，

$$\dim \mathcal{R}_{r+p} \geq \dim a\mathcal{R}_r + \dim b\mathcal{R}_r \geq 2\dim \mathcal{R}_r \tag{11.19}$$

となる．よって，$\dim \mathcal{R}_{r+kp} \geq 2^k \dim \mathcal{R}_r$ となり，$\mathcal{R}_r$ の多項式増大性と矛盾する． ∎

補題 11.4 より，代数 $\mathcal{R}_\Omega$ に対して，その分数体 $\mathcal{F}_\Omega = \mathcal{F}(\mathcal{R}_\Omega)$ が定まる．定義 11.1 の量子 y 変数 $Y_{i;t}$ は $\mathcal{F}_\Omega$ の元である，というのがここでの結論である．

$\mathcal{R}_\Omega$ の構成において，生成元をローラン単項式 $Y^{\mathbf{m}}$（$\mathbf{m} \in \mathbb{Z}^n$）に置き換えて得られる代数 $\mathcal{T}_\Omega$ を，**量子トーラス（代数）**（quantum torus (algebra)）という．すなわち，$\mathcal{T}_\Omega$ はローラン多項式環の q 可換化である．$\mathcal{F}_\Omega$ は $\mathcal{T}_\Omega$ の分数体とみなすこともできる．

11.2 量子 $\boldsymbol{Y}$ パターンにおける Fock-Goncharov 分解

古典的な場合（命題 2.6）と同様に，変異 (11.4) は以下の ε 表示を持つ．

補題 11.5（ε 表示 [25]） 以下の表式は $\varepsilon \in \{1, -1\}$ のとり方によらない．

$$q^{\omega_{ki;t}[\varepsilon b_{ki;t}]_+} Y_{i;t} Y_{k;t}^{[\varepsilon b_{ki;t}]_+}$$
$$\times \prod_{u=1}^{|b_{ki;t}|} (1 + q_k^{\varepsilon \operatorname{sgn}(b_{ki;t})(2u-1)} Y_{k;t}^{\varepsilon})^{-\operatorname{sgn}(b_{ki;t})}. \tag{11.20}$$

証明 以下が成り立つ．

$$q^{\omega_{ki;t}[b_{ki;t}]_+} Y_{i;t} Y_{k;t}^{[b_{ki;t}]_+}$$
$$\times \prod_{u=1}^{|b_{ki;t}|} (1 + q_k^{\operatorname{sgn}(b_{ki;t})(2u-1)} Y_{k;t})^{-\operatorname{sgn}(b_{ki;t})}$$

$$= q^{\omega_{ki;t}[b_{ki;t}]_+} Y_{i;t} Y_{k;t}^{[b_{ki;t}]_+} q_k^{-b_{ki;t} b_{ki;t}} Y_{k;t}^{-b_{ki;t}}$$

$$\times \prod_{u=1}^{|b_{ki;t}|} (q_k^{-\mathrm{sgn}(b_{ki;t})(2u-1)} Y_{k;t}^{-1} + 1)^{-\mathrm{sgn}(b_{ki;t})}$$

$$= q^{\omega_{ki;t}[-b_{ki;t}]_+} Y_{i;t} Y_{k;t}^{[-b_{ki;t}]_+}$$

$$\times \prod_{u=1}^{|b_{ki;t}|} (1 + q_k^{-\mathrm{sgn}(b_{ki;t})(2u-1)} Y_{k;t}^{-1})^{-\mathrm{sgn}(b_{ki;t})}.$$

ただし，最後の等式で (1.37) と (11.2) を用いた． ∎

　上の ε 表示を用いて，古典的な場合と同様に，変異の Fock-Goncharov 分解が定まることを説明する．まず，(8.5) と同様に，ε 表示においてトロピカル符号による特殊化 $\varepsilon = \varepsilon_{k;t}$ を行う．また，(11.1) の反対称行列 Ω_t に対して，前節と同様に $Y_t^{\mathbf{m}}$ を生成元とする非可換代数 $\mathcal{R}_{\Omega_t}$ とその分数体 $\mathcal{F}_{\Omega_t}$ が定まる．$\mathcal{F}_{\Omega_t}$ において $Y_t^{\mathbf{e}_i} = Y_{i;t}$ とおくと，

$$Y_{i;t} Y_{j;t} = q^{\omega_{ij;t}} Y_t^{\mathbf{e}_i + \mathbf{e}_j} = q^{2\omega_{ij;t}} Y_{j;t} Y_{i;t} \tag{11.21}$$

となる．量子変異 (11.4) を以下の非可換体の同型写像とみなす．

$$\mu_{k;t}^Y \colon \mathcal{F}_{\Omega_{t'}} \to \mathcal{F}_{\Omega_t},$$

$$\mu_{k;t}^Y(Y_{i;t'}) = \begin{cases} Y_{k;t}^{-1} & (i = k), \\ Y_t^{\mathbf{e}_i + [\varepsilon_{k;t} b_{ki;t}]_+ \mathbf{e}_k} & \\ \quad \times \prod_{u=1}^{|b_{ki;t}|} (1 + q_k^{\varepsilon_{k;t} \mathrm{sgn}(b_{ki;t})(2u-1)} Y_{k;t}^{\varepsilon_{k;t}})^{-\mathrm{sgn}(b_{ki;t})} & (i \neq k). \end{cases} \tag{11.22}$$

実際，$\mathcal{F}_{\Omega_t}$ において，

$$Y_t^{\mathbf{e}_i + [\varepsilon_{k;t} b_{ki;t}]_+ \mathbf{e}_k} = q^{\omega_{ki;t}[\varepsilon_{k;t} b_{ki;t}]_+} Y_{i;t} Y_{k;t}^{[\varepsilon_{k;t} b_{ki;t}]_+} \tag{11.23}$$

であるので，これは (11.4)，(11.20) と同じ形である．（$\mu_{k;t}^Y$ が非可換体の同型写像であることは以下で示される．）$\mu_{k;t}^Y$ に対して，Fock-Goncharov 分解

$$\mu_{k;t}^Y = \rho_{k;t}^Y \circ \tau_{k;t}^Y \tag{11.24}$$

を以下の非可換体の同型写像により定める（(8.9), (8.12) 参照）.

$$\tau_{k;t}^Y: \quad \begin{aligned} \mathcal{F}_{\Omega_{t'}} &\to \mathcal{F}_{\Omega_t} \\ Y_{t'}^{\mathbf{m}} &\mapsto Y_t^{P_{k;t}\mathbf{m}}, \quad P_{k;t} = J_k + [\varepsilon_{k;t} B_t]_+^{k\bullet}, \end{aligned} \tag{11.25}$$

$$\rho_{k;t}^Y: \quad \begin{aligned} \mathcal{F}_{\Omega_t} &\to \mathcal{F}_{\Omega_t} \\ Y_t^{\mathbf{m}} &\mapsto Y_t^{\mathbf{m}} \prod_{u=1}^{|\alpha|} (1 + q_k^{\varepsilon_{k;t}\operatorname{sgn}(\alpha)(2u-1)} Y_{k;t}^{\varepsilon_{k;t}})^{-\operatorname{sgn}(\alpha)}. \end{aligned} \tag{11.26}$$

ただし，$\alpha = \{\delta_k \mathbf{e}_k, \mathbf{m}\}_{\Omega_t}$ とする．これらが，実際に非可換体の同型写像であることは以下よりわかる．

命題 11.6 ([7]) (1) $\tau_{k;t}^Y, \rho_{k;t}^Y$ は非可換体の準同型写像である．すなわち，以下が成り立つ.

$$\tau_{k;t}^Y(Y_{t'}^{\mathbf{m}} Y_{t'}^{\mathbf{m}'}) = \tau_{k;t}^Y(Y_{t'}^{\mathbf{m}}) \tau_{k;t}^Y(Y_{t'}^{\mathbf{m}'}), \tag{11.27}$$

$$\rho_{k;t}^Y(Y_t^{\mathbf{m}} Y_t^{\mathbf{m}'}) = \rho_{k;t}^Y(Y_t^{\mathbf{m}}) \rho_{k;t}^Y(Y_t^{\mathbf{m}'}). \tag{11.28}$$

(2) 以下が成り立つ.

$$\mu_{k;t'}^Y \circ \mu_{k;t}^Y = \mathrm{id}, \tag{11.29}$$

$$\tau_{k;t'}^Y \circ \tau_{k;t}^Y = \mathrm{id}. \tag{11.30}$$

証明 (1) まず，(11.27) を示す．主張は，

$$\{\mathbf{m}, \mathbf{m}'\}_{\Omega_{t'}} = \{P_{k;t}\mathbf{m}, P_{k;t}\mathbf{m}'\}_{\Omega_t}, \tag{11.31}$$

すなわち，$\Omega_{t'} = P_{k;t}^T \Omega_t P_{k;t}$ と同値であり，さらにこれは (8.65) と同値である．つぎに，(11.28) を示す.

$$q^{\{\mathbf{m}, \mathbf{m}'\}_{\Omega_t}} \rho_{k;t}^Y(Y_t^{\mathbf{m}+\mathbf{m}'}) = \rho_{k;t}^Y(Y_t^{\mathbf{m}}) \rho_{k;t}^Y(Y_t^{\mathbf{m}'}) \tag{11.32}$$

を示せばよい．$\alpha = \{\delta_k \mathbf{e}_k, \mathbf{m}\}_{\Omega_t}$, $\alpha' = \{\delta_k \mathbf{e}_k, \mathbf{m}'\}_{\Omega_t}$ とおくと，右辺は，

$$Y_t^{\mathbf{m}} \prod_{u=1}^{|\alpha|} (1 + q_k^{\varepsilon_{k;t}\,\mathrm{sgn}(\alpha)(2u-1)} Y_{k;t}^{\varepsilon_{k;t}})^{-\mathrm{sgn}(\alpha)}$$

$$\times Y_t^{\mathbf{m}'} \prod_{u=1}^{|\alpha'|} (1 + q_k^{\varepsilon_{k;t}\,\mathrm{sgn}(\alpha')(2u-1)} Y_{k;t}^{\varepsilon_{k;t}})^{-\mathrm{sgn}(\alpha')}$$

$$= q^{\{\mathbf{m},\mathbf{m}'\}\Omega_t} Y_t^{\mathbf{m}+\mathbf{m}'} \prod_{u=1}^{|\alpha|} (1 + q_k^{\varepsilon_{k;t}\,\mathrm{sgn}(\alpha)(2u-1)} q_k^{2\varepsilon_{k;t}\alpha'} Y_{k;t}^{\varepsilon_{k;t}})^{-\mathrm{sgn}(\alpha)}$$

$$\times \prod_{u=1}^{|\alpha'|} (1 + q_k^{\varepsilon_{k;t}\,\mathrm{sgn}(\alpha')(2u-1)} Y_{k;t}^{\varepsilon_{k;t}})^{-\mathrm{sgn}(\alpha')}$$

となる. これは，左辺と等しい.

(2) 命題 8.1 と同様に示される. ■

等式 (11.27)，(11.28) は，古典的な場合のポアソン括弧の変異両立性（定理 8.14）に対応する. また，量子変異の合成に対する Fock-Goncharov 分解も古典的な場合と同様に定められるが，ここでは省略する.

11.3 変異と量子二重対数関数

8.5 節では，古典的な同型写像 $\rho_{k;t}^y$ が二重対数関数で与えられるハミルトニアンの単位時間流であることを見た. このことの量子類似として，量子的な同型写像 $\rho_{k;t}^Y$ が量子二重対数関数の随伴作用で与えられることを示そう.

変数 x の形式的べき級数

$$\Psi_q(x) = \prod_{k=0}^{\infty} (1 + q^{2k+1}x)^{-1} \tag{11.33}$$

を，**量子二重対数関数** (quantum dilogarithm) という. $\Psi_q(x)$ は，以下の漸化式で特徴づけられる.

$$\Psi_q(0) = 1, \tag{11.34}$$

$$\Psi_q(q^{\pm 2}x) = (1 + q^{\pm 1}x)^{\pm 1}\Psi_q(x). \tag{11.35}$$

(11.35) の ± の二つの式は同値であり，$\Psi_q(x)$ における x のべきの係数の間の漸化式を与える.

$\Psi_q(x)$ は，また以下の表示を持つ.

$$\Psi_q(x) = \exp\left(\sum_{j=1}^{\infty} \frac{(-1)^{j+1}}{j(q^j - q^{-j})} x^j\right). \tag{11.36}$$

実際，右辺を $f(x)$ とおくと，$f(0) = 1$ であり，また，

$$
\begin{aligned}
f(q^2 x) &= \exp\left(\sum_{j=1}^{\infty} \frac{(-1)^{j+1}}{j(q^j - q^{-j})} q^{2j} x^j\right) \\
&= \exp\left(\sum_{j=1}^{\infty} \frac{(-1)^{j+1}}{j(q^j - q^{-j})} (1 + q^{2j} - 1) x^j\right) \\
&= \Psi_q(x) \exp\left(\sum_{j=1}^{\infty} \frac{(-1)^{j+1}}{j} q^j x^j\right) \\
&= \Psi_q(x)(1 + qx)
\end{aligned}
$$

となり，(11.35) をみたす. 古典的な二重対数関数との関係を見るために，表示 (11.36) を以下のように書き直す.

$$\Psi_q(x) = \exp\left(\frac{1}{q - q^{-1}} \sum_{j=1}^{\infty} \frac{(-1)^{j+1}}{j[j]_q} x^j\right). \tag{11.37}$$

ここで，$j \in \mathbb{Z}$ に対して，

$$[j]_q = \frac{q^j - q^{-j}}{q - q^{-1}} \tag{11.38}$$

とおいた. $[j]_q$ は q 数 (q-number) と呼ばれ，$\lim_{q \to 1}[j]_q = j$ が成り立つ. これと二重対数関数のべき級数表示 (8.71) より，

$$\lim_{q \to 1}(q - q^{-1}) \log \Psi_q(x) = -\mathrm{Li}_2(-x) \tag{11.39}$$

が得られる. よって，$\Psi_q(x)$ が二重対数関数のある種の q 類似であることがわかった.

$\varepsilon \in \{1, -1\}$ として，量子二重対数関数の変数 x に非可換分数体 $\mathcal{F}_{\Omega_t}$ の元 $Y_{i;t}^{\varepsilon}$ を形式的に代入して，$\Psi_{q_k}(Y_{k;t}^{\varepsilon})$ の $\mathcal{F}_{\Omega(s)}$ 上の**随伴作用** (adjoint action)

$$
\begin{aligned}
\mathrm{Ad}[\Psi_{q_k}(Y_k(s)^{\varepsilon})]\colon \quad \mathcal{F}_{\Omega(s)} \quad &\to \quad \mathcal{F}_{\Omega(s)} \\
Y_t^{\mathbf{m}} \quad &\mapsto \quad \Psi_{q_k}(Y_{k;t}^{\varepsilon})Y_t^{\mathbf{m}}\Psi_{q_k}(Y_{k;t}^{\varepsilon})^{-1}
\end{aligned} \tag{11.40}
$$

を考える．$\Psi_{q_k}(Y_{k;s}^{\varepsilon})$ 自身は $\mathcal{F}_{\Omega(s)}$ に属さないが，写像は以下のように意味を持つ．

補題 11.7 ([7])　　以下が成り立つ．

$$
\mathrm{Ad}[\Psi_{q_k}(Y_{k;t}^{\varepsilon})^{\varepsilon}](Y_t^{\mathbf{m}}) = Y_t^{\mathbf{m}} \prod_{u=1}^{|\alpha|}(1 + q_k^{\varepsilon \mathrm{sgn}(\alpha)(2u-1)}Y_{k;t}^{\varepsilon})^{\mathrm{sgn}(\alpha)}. \tag{11.41}
$$

ただし，$\alpha = \{\delta_k \mathbf{e}_k, \mathbf{m}\}_{\Omega_t} \in \mathbb{Z}$ とする．

証明　　(11.21) より，

$$
Y_{k;t}^{\varepsilon}Y_t^{\mathbf{m}} = Y_t^{\mathbf{m}}(q_k^{2\varepsilon\alpha}Y_{k;t}^{\varepsilon}) \tag{11.42}
$$

となる．ここで，一時的に $\mathcal{F}_{\Omega(s)}$ を $Y_{k;t}^{\varepsilon}$ に関して完備化して考えると，

$$
\Psi_{q_k}(Y_{k;t}^{\varepsilon})^{\varepsilon}Y_t^{\mathbf{m}} = Y_t^{\mathbf{m}}\Psi_{q_k}(q_k^{2\varepsilon\alpha}Y_{k;t}^{\varepsilon})^{\varepsilon} \tag{11.43}
$$

となる．一方，漸化式 (11.35) を繰り返し用いて，

$$
\begin{aligned}
&\Psi_{q_k}(q_k^{2\varepsilon\alpha}Y_{k;t}^{\varepsilon})^{\varepsilon} \\
&= (1 + q_k^{\varepsilon\mathrm{sgn}(\alpha)(2|\alpha|-1)}Y_{k;t}^{\varepsilon})^{\mathrm{sgn}(\alpha)}\Psi_{q_k}(q_k^{2\varepsilon\mathrm{sgn}(\alpha)(|\alpha|-1)}Y_{k;t}^{\varepsilon})^{\varepsilon} \\
&= \left(\prod_{u=1}^{|\alpha|}(1 + q_k^{\varepsilon\mathrm{sgn}(a)(2u-1)}Y_{k;t}^{\varepsilon})^{\mathrm{sgn}(a)}\right)\Psi_{q_k}(Y_{k;t}^{\varepsilon})^{\varepsilon} \tag{11.44}
\end{aligned}
$$

となる．(11.43) と (11.44) より，等式 (11.41) が得られる．　　∎

(11.26) と (11.41) を比べて，以下を得る．

命題 11.8 ([7])　　以下の写像の等式が成り立つ．

$$
\rho_{k;t}^Y = \mathrm{Ad}[\Psi_{q_k}(Y_{k;t}^{\varepsilon_{k;t}})^{-\varepsilon_{k;t}}]. \tag{11.45}
$$

なお，[7] では右辺をはじめに考えることにより，左辺の同型写像 $\rho_{k;t}^Y$ が定められた．

11.4 両立対と Λ パターン

つぎに，団パターンの量子化を考える．この節ではそのための準備をする．なお，[1] ではより一般に幾何型団パターンの量子化が定式化されているが，ここではとくに主係数団パターンの場合を考える．

主係数団パターン Σ に対して，C_t を Σ の C 行列とする．Σ に対する拡大交換行列 $\tilde{B}_t$ は，(4.5) で与えられる．(11.1) の分解に対して，

$$D = \Delta^{-1} \tag{11.46}$$

とおく．$2n$ 次反対称有理行列 Λ_t が条件

$$-\Lambda_t \tilde{B}_t = \begin{pmatrix} D \\ O \end{pmatrix} \tag{11.47}$$

をみたすとき，$(\Lambda_t, \tilde{B}_t)$ を (分解 (11.1) に関する) t における**両立対** (compatible pair) といい，Λ_t を $\boldsymbol{\Lambda}$ **行列** (Λ-matrix) という．このとき，以下の関係が成り立つ．

$$\tilde{B}_t^T \Lambda_t \tilde{B}_t = \Omega_t. \tag{11.48}$$

以下で見るように，任意の B_t に対して両立対は存在するが，一意的とはかぎらない．

例 11.9 (1) 任意の B_t に対して，G_t を Σ の G 行列として，

$$\Lambda_t = \begin{pmatrix} O & -G_t^T D \\ DG_t & -\Omega \end{pmatrix} \tag{11.49}$$

とおくと，第一双対性 (4.17) と第二双対性 (6.21) より，(11.48) が成り立つ．とくに，両立対の存在が示された．

(2) B_t は正則とする．このとき，Ω_t も正則であり，

$$\Lambda_t = \begin{pmatrix} -D\Omega_t^{-1}D & O \\ O & O \end{pmatrix} \tag{11.50}$$

とおくと，(11.48) をみたす．よって，この場合，両立対は一意的ではない．

つぎに，行列 Λ_t の変異を定義する．$k = 1, \ldots, n$ に対して，

$$P_{k;t} = J_k + [\varepsilon_{k;t} B_t]_+^{k\bullet}, \quad Q_{k;t} = J_k + [-\varepsilon_{k;t} B_t]_+^{\bullet k} \tag{11.51}$$

とおく．このとき，(6.23) より，

$$P_{k;t}^2 = Q_{k;t}^2 = I, \quad D P_{k;t} = Q_{k;t}^T D, \quad D Q_{k;t} = P_{k;t}^T D \tag{11.52}$$

が成り立つ．また，t' を t と k 隣接な頂点とすると，

$$
\begin{aligned}
B_{t'} &= Q_{k;t} B_t P_{k;t}, \quad \Omega_{t'} = P_{k;t}^T \Omega_t P_{k;t}, \\
C_{t'} &= C_t P_{k;t}, \quad G_{t'} = G_t Q_{k;t}
\end{aligned}
\tag{11.53}
$$

が成り立つ．$2n$ 次正方行列 $\tilde{Q}_{k;t}$ を

$$\tilde{Q}_{k;t} = \begin{pmatrix} Q_{k;t} & O \\ O & I \end{pmatrix} \tag{11.54}$$

と定める．

補題 11.10 ([1])　　$(\Lambda_t, \tilde{B}_t)$ を t における両立対とする．このとき，

$$\Lambda_{t'} = \tilde{Q}_{k;t}^T \Lambda_t \tilde{Q}_{k;t} \tag{11.55}$$

と定めると，$(\Lambda_{t'}, \tilde{B}_{t'})$ は t' における両立対となる．

証明　(11.52), (11.53) より，

$$-\Lambda_{t'} \tilde{B}_{t'} = -\tilde{Q}_{k;t}^T \Lambda_t \tilde{Q}_{k;t} \tilde{Q}_{k;t} \tilde{B}_t P_{k;t} = \tilde{Q}_{k;t}^T \begin{pmatrix} D \\ O \end{pmatrix} P_{k;t} = \begin{pmatrix} D \\ O \end{pmatrix} \tag{11.56}$$

となる．■

定義 11.11 (Λ パターン)　　$t \in \mathbb{T}_n$ における Λ 行列 Λ_t に対して，(11.55) で定めた $\Lambda_{t'}$ を Λ_t の k 方向の**変異**という．また，Λ 行列の族 $\mathbf{\Lambda} = \{\Lambda_t\}_{t \in \mathbb{T}_n}$ について，k 隣接する頂点 t, t' に対して，$\Lambda_{t'}$ は Λ_t の k 方向の変異であるとき，$\mathbf{\Lambda}$ を Λ **パターン** (Λ-pattern) という．

例 11.12　　例 11.9 の (1), (2) における $\mathbf{\Lambda} = \{\Lambda_t\}$ は，それぞれ Λ パターンとなることが，(11.52), (11.53) を用いて確かめられる．

11.5　主係数団パターンの量子化

　主係数団パターンの量子化を与えるには，Fock-Goncharov 分解から出発するのが見通しがよい．ランク n の主係数団パターン $\mathbf{\Sigma}$ に対して，$\mathbf{\Lambda} = \{\Lambda_t\}$ を任意の Λ パターンとする．各 $t \in \mathbb{T}_n$ に対して，δ_0' を

$$\sum_{i,j=1}^{n} \mathbb{Z}\lambda_{ij;t} = (1/\delta_0')\mathbb{Z} \tag{11.57}$$

となる最小の正整数とする．両立性の条件 (11.47) より，δ_0' は 11.1 節の δ_0 の整数倍となる．また，$\tilde{Q}_{k;t}$ はユニモジュラーであるので，(11.55) より，δ_0' は t に依存しない．$\{\tilde{\mathbf{m}}, \tilde{\mathbf{m}}'\}_{\Lambda_t} \in (1/\delta_0')\mathbb{Z}$ を，Λ_t の定める $\mathbb{Z}^{2n}$ 上の反対称双線形形式とする．$q_0' = q^{1/\delta_0'}$ とおく．X_t を形式的なシンボルとして，X_t の非負べき $X_t^{\tilde{\mathbf{m}}}$ ($\tilde{\mathbf{m}} \in \mathbb{Z}_{\geq 0}^{2n}$) を生成元とし，

$$X_t^{\tilde{\mathbf{m}}} X_t^{\tilde{\mathbf{m}}'} = q^{\{\tilde{\mathbf{m}}, \tilde{\mathbf{m}}'\}_{\Lambda_t}} X_t^{\tilde{\mathbf{m}}+\tilde{\mathbf{m}}'} = q^{\{\tilde{\mathbf{m}}, \tilde{\mathbf{m}}'\}_{\Lambda_t}} X_t^{\tilde{\mathbf{m}}'} X_t^{\tilde{\mathbf{m}}} \tag{11.58}$$

を基本関係式に持つ $\mathbb{Q}(q_0')$ 上の非可換代数を $\mathcal{R}_{\Lambda_t}$ とする．また，$\mathcal{F}_{\Lambda_t}$ を $\mathcal{R}_{\Lambda_t}$ の分数体とする．$\mathcal{F}_{\Lambda_t}$ には，量子トーラス $\mathcal{T}_{\Lambda_t}$ も含まれる．

　$\mathcal{F}_{\Lambda_t}$ において，$X_{i;t} = X_t^{\mathbf{e}_i}$ ($i = 1, \ldots, 2n$) とおく．また，

$$\hat{Y}_{i;t} = X_t^{\sum_{j=1}^{2n} \tilde{b}_{ji;t}\mathbf{e}_j} \quad (i = 1, \ldots, n) \tag{11.59}$$

と定める．このとき，(11.47) と (11.48) より，以下の関係が成り立つ．

$$X_{i;t}\hat{Y}_{j;t} = q_j^{-2\delta_{ij}} \hat{Y}_{j;t} X_{i;t} \quad (i = 1, \ldots, 2n; \, j = 1, \ldots, n), \tag{11.60}$$

$$\hat{Y}_{i;t}\hat{Y}_{j;t} = q^{2\omega_{ij;t}} \hat{Y}_{j;t} \hat{Y}_{i;t} \quad (i, j = 1, \ldots, n). \tag{11.61}$$

とくに，関係式 (11.61) は，$Y_{i;t}$ に対する関係式 (11.21) と一致する．

　つぎに，以下の非可換体の同型写像を定める．

$$\begin{array}{rccc} \tau_{k;t}^X : & \mathcal{F}_{\Lambda_{t'}} & \to & \mathcal{F}_{\Lambda_t} \\ & X_{t'}^{\tilde{\mathbf{m}}} & \mapsto & X_t^{\tilde{Q}_{k;t}\tilde{\mathbf{m}}}, \end{array} \tag{11.62}$$

$$\rho_{k;t}^X: \quad \mathcal{F}_{\Lambda_t} \quad \to \quad \mathcal{F}_{\Lambda_t}$$
$$X_t^{\tilde{\mathbf{m}}} \quad \mapsto \quad X_t^{\tilde{\mathbf{m}}} \prod_{u=1}^{|m_k|} (1 + q_k^{\varepsilon_{k;t}\,\mathrm{sgn}(m_k)(2u-1)} \hat{Y}_{k;t}^{\varepsilon_{k;t}})^{-\mathrm{sgn}(m_k)}. \tag{11.63}$$

また, q 二項係数 (q-binomial coefficient)

$$\binom{r}{p}_q = \frac{[r]_q!}{[p]_q![r-p]_q!}, \quad [r]_q! = [r]_q[r-1]_q \cdots [1]_q, \quad [0]_q! = 1 \tag{11.64}$$

に対する q 二項展開公式

$$\prod_{p=1}^{r} (1 + q^{\pm(2p-1-r)}x) = \sum_{p=0}^{r} \binom{r}{p}_q x^p \tag{11.65}$$

を用いて, (11.63) を以下のように表すこともできる.

$$\rho_{k;t}^X(X_t^{\tilde{\mathbf{m}}}) = \left(\sum_{p=0}^{|m_k|} \binom{r}{p}_{q_k} X_t^{-\mathrm{sgn}(m_k)\tilde{\mathbf{m}} + p\varepsilon_{k;t} \sum_{j=1}^{2n} \tilde{b}_{jk;t}\mathbf{e}_j} \right)^{-\mathrm{sgn}(m_k)}. \tag{11.66}$$

これらが, 実際に非可換体の同型写像であることは以下よりわかる.

命題 11.13 ([1]) (1) $\tau_{k;t}^X, \rho_{k;t}^X$ は非可換体の準同型写像である. すなわち, 以下が成り立つ.

$$\tau_{k;t}^X(X_{t'}^{\tilde{\mathbf{m}}} X_{t'}^{\tilde{\mathbf{m}}'}) = \tau_{k;t}^X(X_{t'}^{\tilde{\mathbf{m}}})\tau_{k;t}^X(X_{t'}^{\tilde{\mathbf{m}}'}), \tag{11.67}$$

$$\rho_{k;t}^X(X_t^{\tilde{\mathbf{m}}} X_t^{\tilde{\mathbf{m}}'}) = \rho_{k;t}^X(X_t^{\tilde{\mathbf{m}}})\rho_{k;t}^X(X_t^{\tilde{\mathbf{m}}'}). \tag{11.68}$$

(2) 以下が成り立つ.

$$\mu_{k;t'}^X \circ \mu_{k;t}^X = \mathrm{id}, \tag{11.69}$$

$$\tau_{k;t'}^X \circ \tau_{k;t}^X = \mathrm{id}. \tag{11.70}$$

証明 (11.67) を示す. 主張は,

$$\{\tilde{\mathbf{m}}, \tilde{\mathbf{m}}'\}_{\Lambda_{t'}} = \{\tilde{Q}_{k;t}\tilde{\mathbf{m}}, \tilde{Q}_{k;t}\tilde{\mathbf{m}}'\}_{\Lambda_t} \tag{11.71}$$

と同値であり，さらにこれは (11.55) と同値である．残りについては，命題 11.6 の証明と同様である． ∎

そこで，変異に対応する非可換体の同型写像 $\mu_{k;t}^X$ を

$$\mu_{k;t}^X = \rho_{k;t}^X \circ \tau_{k;t}^X \colon \mathcal{F}_{\Lambda_{t'}} \to \mathcal{F}_{\Lambda_t} \tag{11.72}$$

と定める．またこれは，変異 $\mu_{k;t}^X$ の Fock-Goncharov 分解を与える．具体的には，$\tilde{\mathbf{m}}' = \tilde{Q}_{k;t}\tilde{\mathbf{m}}$ に対して，$m_k' = -m_k$ に注意すると，

$$\mu_{k;t}^X(X_{t'}^{\tilde{\mathbf{m}}}) = X_t^{\tilde{Q}_{k;t}\tilde{\mathbf{m}}} \prod_{u=1}^{|m_k|} (1 + q_k^{-\varepsilon_{k;t}\mathrm{sgn}(m_k)(2u-1)} \hat{Y}_{k;t}^{\varepsilon_{k;t}})^{\mathrm{sgn}(m_k)}$$

$$= \left(\sum_{p=0}^{|m_k|} \binom{r}{p}_{q_k} X_t^{\mathrm{sgn}(m_k)\tilde{Q}_{k;t}\tilde{\mathbf{m}}+p\varepsilon_{k;t}\sum_{j=1}^{2n}\tilde{b}_{jk;t}\mathbf{e}_j} \right)^{\mathrm{sgn}(m_k)} \tag{11.73}$$

となる．右辺の表示は，Λ パターンのとり方に依存しないことに注意する．とくに，$\tilde{\mathbf{m}} = \mathbf{e}_i$ とおくと，

$$\mu_{k;t}^X(X_{i;t'})$$

$$= \begin{cases} X_t^{-\mathbf{e}_k + \sum_{j=1}^n [-\varepsilon_{k;t}b_{jk;t}]_+ \mathbf{e}_j} (1 + q_k^{-\varepsilon_{k;t}} \hat{Y}_{k;t}^{\varepsilon_{k;t}}) & (i = k), \\ X_{k;t} & (i \neq k) \end{cases} \tag{11.74}$$

$$= \begin{cases} X_t^{-\mathbf{e}_k + \sum_{j=1}^{2n} [-\varepsilon_{k;t}\tilde{b}_{jk;t}]_+ \mathbf{e}_j} + X_t^{-\mathbf{e}_k + \sum_{j=1}^{2n} [\varepsilon_{k;t}\tilde{b}_{jk;t}]_+ \mathbf{e}_j} & (i = k), \\ X_{i;t} & (i \neq k) \end{cases} \tag{11.75}$$

となる．ここで，C 行列の符号同一性より，

$$\sum_{j=1}^{2n} [-\varepsilon_{k;t}\tilde{b}_{jk;t}]_+ \mathbf{e}_j = \sum_{j=1}^{n} [-\varepsilon_{k;t}b_{jk;t}]_+ \mathbf{e}_j \tag{11.76}$$

であることを用いた．(11.75) より，古典的な場合と同様に，変異 $\mu_{k;t}^X$ 自体はトロピカル符号 $\varepsilon_{k;t}$ に依存しないことがわかる．また，(11.53) より $\tilde{Q}_{k;t}\tilde{B}_{t'} = \tilde{B}_t P_{k;t}$ であるので，(11.73) で $\tilde{\mathbf{m}} = \tilde{B}_{t'}\mathbf{e}_i$ とおくと，

$$\mu_{k;t}^X(\hat{Y}_{i;t'})$$

$$= \begin{cases} \hat{Y}_{k;t}^{-1} & (i = k), \\ \hat{Y}_t^{\mathbf{e}_i + [\varepsilon_{k;t}b_{ki;t}]_+\mathbf{e}_k} \displaystyle\prod_{u=1}^{|\alpha|}(1 + q_k^{\varepsilon_{k;t}\mathrm{sgn}(\alpha)(2u-1)}\hat{Y}_{k;t}^{\varepsilon_{k;t}})^{-\mathrm{sgn}(\alpha)} & (i \neq k) \end{cases}$$

$$(11.77)$$

となる．ただし，$\alpha = b_{ki;t} = -b_{ki;t'}$，$\hat{Y}_t^{\mathbf{m}} := X_t^{\tilde{B}_t\mathbf{m}}$ とおいた．これは，量子 y 変数の変異 (11.22) と一致する．

ここで，ようやく量子主係数団パターンの定義を与える．

定義 11.14（量子主係数団パターン，量子団代数）　(1) 基点 t_0 の主係数団パターン $\boldsymbol{\Sigma}$ に対して，Λ パターン $\boldsymbol{\Lambda}$ を任意に一つ固定し，$\Lambda_{t_0} = \Lambda$ とおく．n 正則木 $\mathbb{T}_n$ に沿って上の $X_{i;t'}$，$\hat{Y}_{i;t'}$ に同型写像 $\mu_{k;t}^X$ を繰り返し適用し，t_0 における分数体 $\mathcal{F}_\Lambda$ の元とみなしたものを同じ記号 $X_{i;t'}$，$\hat{Y}_{i;t'}$ で表し，それぞれ**量子 x 変数** (quantum x-variable)，**量子 $\hat{y}$ 変数** (quantum $\hat{y}$-variable) という．また，$\tilde{\mathbf{X}}_t = (X_{1;t}, \ldots, X_{2n;t})$ とおき，$\boldsymbol{\Sigma}_q = \{(\tilde{\mathbf{X}}_t, B_t)\}_{t\in\mathbb{T}_n}$ を**主係数量子団パターン** (quantum cluster pattern with principal coefficients) という．

(2) $X_{i;t}$ たちの生成する $\mathcal{F}_\Lambda$ の $\mathbb{Z}[q_0'^{\pm 1}]$ 部分代数 $\mathcal{A}_q = \mathcal{A}_q(\boldsymbol{\Sigma}_q)$ を $\boldsymbol{\Sigma}_q$ に付随する**量子団代数** (quantum cluster algebra) という．

注意 11.15　量子 y 変数と比べてこのようにまわりくどい定式化をしたのは，(11.74) あるいは (11.75) で現れる $\tilde{\mathbf{X}}_t$ のべきを（Λ_t を用いて）$X_{i;t}$ の具体的な積としていきなり記述することは，複雑でかえって見通しが良くないからである．（(11.4) と比較せよ．）なお，[1] では，Fock-Goncharov 分解の代わりにトーリック枠 (toric frame) という概念による定式化を用いているが，本質的には同じことである．

例 **11.16** (A_2 型)　　例 11.2 と同じ B, Δ に対して，例 11.9 (2) の Λ パターンを考える．$X_{t_0}^{\tilde{\mathbf{m}}} = X^{\tilde{\mathbf{m}}}$ として，(11.75) にしたがって量子 x 変数を順に計算すると，以下が得られる．

$$
\begin{cases}
X_{1;1} = X^{(-1,0,0,0)} + X^{(-1,1,1,0)}, \\
X_{2;1} = X^{(0,1,0,0)},
\end{cases}
\tag{11.78}
$$

$$
\begin{cases}
X_{1;2} = X^{(-1,0,0,0)} + X^{(-1,1,1,0)}, \\
X_{2;2} = X^{(0,-1,0,0)} + X^{(-1,-1,0,1)} + X^{(-1,0,1,1)},
\end{cases}
\tag{11.79}
$$

$$
\begin{cases}
X_{1;3} = X^{(1,-1,0,0)} + X^{(0,-1,0,1)}, \\
X_{2;3} = X^{(0,-1,0,0)} + X^{(-1,-1,0,1)} + X^{(-1,0,1,1)},
\end{cases}
\tag{11.80}
$$

$$
\begin{cases}
X_{1;4} = X^{(1,-1,0,0)} + X^{(0,-1,0,1)}, \\
X_{2;4} = X^{(1,0,0,0)},
\end{cases}
\tag{11.81}
$$

$$
\begin{cases}
X_{1;5} = X^{(0,1,0,0)} = X_2, \\
X_{2;5} = X^{(1,0,0,0)} = X_1.
\end{cases}
\tag{11.82}
$$

五角周期性が量子化において再び保たれた．また，例 11.9 (1) の Λ パターンに対して同じ計算をすると，やはり上と同じ結果が得られる．なお，各単項式 $X^{\tilde{\mathbf{m}}}$ の係数がすべて 1 であるのはこの例の特殊性であり，一般には $q_0'^{\pm 1}$ の多項式となる．

　量子 y 変数と同様に，同型写像 $\rho_{k;t}^X$ を量子二重対数関数の随伴作用を用いて表すことができる．

命題 **11.17** ([8])　　以下の写像の等式が成り立つ．

$$
\rho_{k;t}^X = \mathrm{Ad}[\Psi_{q_k}(\hat{Y}_{k;t}^{\varepsilon_{k;t}})^{-\varepsilon_{k;t}}].
\tag{11.83}
$$

証明　証明は，命題 11.8 と同様である．　　　　　　　　　　　　■

11.6 量子ローラン現象

以下は，量子団パターンに対する最も基本的な事実である．

定理 11.18（**量子ローラン現象** (quantum Laurent phenomenon) [1]）
$t, t' \in \mathbb{T}_n$ を任意の頂点とする．主係数量子団パターン $\mathbf{\Sigma}_q$ の t' における量子 x 変数 $X_{i;t'}$ は，$\mathcal{F}_{\Lambda_t}$ の元として，$\tilde{\mathbf{X}}_t = (X_{1;t}, \ldots, X_{2n;t})$ の $\mathbb{Z}[q_0'^{\pm 1}]$ 上の（非可換）ローラン多項式として表せる．

[1] による証明は 5.3 節の古典的な場合の証明と同じ流れであるが，加えて非可換性に関する議論が必要になる．古典的な場合と比較しやすくするため，q_0' と凍結変数 $X_{n+1}, \ldots, X_{2n}$ により生成される $\mathbb{Z}$ 上の非可換ローラン多項式環を $\mathbb{ZP}$ と表し，$\mathbf{X}_t = (X_{1;t}, \ldots, X_{n;t})$ で生成される $\mathbb{ZP}$ 上の非可換ローラン多項式環を $\mathbb{ZP}[\mathbf{X}_t^{\pm 1}]$ と表す．（これは，Λ_t に対する $\mathbb{Z}[q_0'^{\pm 1}]$ 上の量子トーラス $\mathcal{T}_{\Lambda_t}$ に他ならない．）さらに，$\mathbb{ZP}' = \mathbb{ZP}[X_{3;t}^{\pm 1}, \ldots, X_{n;t}^{\pm 1}]$ とおく．t_i を t に i 隣接な頂点とする．すると，たとえば

$$\mathbb{ZP}[\mathbf{X}_t^{\pm 1}] = \mathbb{ZP}'[X_{1;t}^{\pm 1}, X_{2;t}^{\pm 1}], \quad \mathbb{ZP}[\mathbf{X}_{t_1}^{\pm 1}] = \mathbb{ZP}'[X_{1;t_1}^{\pm 1}, X_{2;t}^{\pm 1}] \tag{11.84}$$

となる．以下の等式は，係数環をあらかじめ拡大している点を除けば，ランク 2 に対する古典的な場合の等式 (5.15), (5.20), (5.35) と形の上では同じである．

補題 11.19 ([1]) (1) 以下が成り立つ．

$$\mathbb{ZP}[\mathbf{X}_t^{\pm 1}] \cap \mathbb{ZP}[\mathbf{X}_{t_1}^{\pm 1}] = \mathbb{ZP}'[X_{1;t}, X_{1;t_1}, X_{2;t}^{\pm 1}]. \tag{11.85}$$

(2) 以下が成り立つ．

$$\mathbb{ZP}'[X_{1;t}, X_{1;t_1}, X_{2;t}^{\pm 1}] \cap \mathbb{ZP}'[X_{2;t}, X_{2;t_2}, X_{1;t}^{\pm 1}]$$
$$= \mathbb{ZP}'[X_{1;t}, X_{2;t}, X_{1;t_1}, X_{2;t_2}]. \tag{11.86}$$

(3) t_2' を t_1 に 2 隣接する頂点として，$X_2'' = X_{2;t_2'}$ とおくと，以下が成り立つ．

$$\mathbb{ZP}'[X_{1;t}, X_{2;t}, X_{1;t_1}, X_{2;t_2}] = \mathbb{ZP}'[X_{1;t}, X_{2;t}, X_{1;t_1}, X_2'']. \tag{11.87}$$

この補題の証明は技術的でやや長いので，11.8 節に後回しする．

定義 5.2 と同様に，量子団代数 $\mathcal{A}_q$ の $t \in \mathbb{T}_n$ における上界と下界を，それぞれ

$$\mathcal{U}_t = \mathbb{Z}\mathbb{P}[\mathbf{X}_t^{\pm 1}] \cap \bigcap_{i=1}^{n} \mathbb{Z}\mathbb{P}[\mathbf{X}_{t_i}^{\pm 1}], \tag{11.88}$$

$$\mathcal{L}_t = \mathbb{Z}\mathbb{P}[\mathbf{X}_t^{\pm 1}, \mathbf{X}_{t_1}^{\pm 1}, \ldots, \mathbf{X}_{t_n}^{\pm 1}] \tag{11.89}$$

と定める．

定理 11.18 の証明　まず，主係数量子団パターン $\mathbf{\Sigma}_q$ の 1, 2 方向への制限で得られる量子団パターン $\mathbf{\Sigma}_q^{\mathrm{res}}$ に対して，補題 11.19 (1)，(2) より，命題 5.6 と同様にして，$\mathcal{L}_{t_0}^{\mathrm{res}} = \mathcal{U}_{t_0}^{\mathrm{res}}$ を得る．さらに，補題 11.19 (3) より，命題 5.10 と同様にして，$\mathcal{U}_t^{\mathrm{res}}$ は $t \in \mathbb{T}_2$ によらないことが示される．すると，命題 5.11 と同様にして，$\mathcal{U}_t$ は $t \in \mathbb{T}_n$ によらないことがわかる．よって，5.3 節における定理 3.1 の証明と同様にして，定理 11.18 が得られる．　∎

定理 11.18 におけるローラン多項式を

$$X_{i;t'} = \sum_{\tilde{\mathbf{m}}} c_{\tilde{\mathbf{m}}} X_t^{\tilde{\mathbf{m}}} \quad (c_{\tilde{\mathbf{m}}} \in \mathbb{Z}[q_0'^{\pm 1}]) \tag{11.90}$$

とする．このとき，係数 $c_{\tilde{\mathbf{m}}}$ に対して，以下が成り立つ．

命題 11.20　(1)（バー不変性 (bar invariance) [1]）$c_{\tilde{\mathbf{m}}}$ は，q と q^{-1} のとり替えに関して対称である．

(2)（**一意性**）B パターンの反対称化子分解 (11.1) を固定したとき，$c_{\tilde{\mathbf{m}}}$ は，Λ パターン $\mathbf{\Lambda}$ のとり方によらない．

証明　(1) 定理 11.18 の t, t' に対して，$\mathbb{T}_n$ における距離 $d(t', t)$ に関する帰納法で示す．$t' = t$ に対しては，明らかに主張が成り立つ．$d(t', t) = d$ として，t_k を t に k 隣接で $d(t', t_k) = d + 1$ となる頂点とする．主張が d まで成り立つとする．定理 11.18 より，

$$X_{i;t'} \in \mathbb{Z}\mathbb{P}[\mathbf{X}_t^{\pm 1}] \cap \mathbb{Z}\mathbb{P}[\mathbf{X}_{t_k}^{\pm 1}] \tag{11.91}$$

である. よって, (11.85) より,

$$X_{i;t'} = \sum_{m_k \geq 0} X_t^{\tilde{\mathbf{m}}} c_{\tilde{\mathbf{m}}} + \sum_{m_k > 0} X_{t_k}^{\tilde{\mathbf{m}}} c'_{\tilde{\mathbf{m}}} \tag{11.92}$$

と一意的に表せる. 帰納法の仮定により, $c_{\tilde{\mathbf{m}}}$ はバー不変である. また, (11.73) の二番目の表示より, $\mu_{k;t}^X(X_{t_k}^{\tilde{\mathbf{m}}})$ は $\tilde{\mathbf{X}}_t$ のローラン多項式であり, その各単項式 $X_t^{\tilde{\mathbf{m}}'}$ の係数はバー不変である. これと帰納法の仮定により, $c'_{\tilde{\mathbf{m}}}$ はバー不変である. 同様に, $\mu_{k;t_k}^X(X_t^{\tilde{\mathbf{m}}})$ は $\tilde{\mathbf{X}}_{t_k}$ のローラン多項式であり, その各単項式 $X_{t_k}^{\tilde{\mathbf{m}}'}$ の係数はバー不変である. よって, (11.92) の右辺を $\tilde{\mathbf{X}}_{t_k}$ のローラン多項式で表したとき, その各単項式 $X_{t_k}^{\tilde{\mathbf{m}}'}$ の係数はバー不変である. 以上で主張が示された.

(2) (11.73) の二番目の表示が $\mathbf{\Lambda}$ に依存しないことに注意すると, 証明は (1) とまったく同様である. ∎

11.7 量子同期性

古典的な団パターンと Y パターンの周期が量子化でも保たれることを示す.

まず, 主係数団パターンの場合を考える. 定理 9.19 (1) より, 古典的な主係数団パターンに対して種子の周期と団の周期は一致する. そこで, 以下の周期を考える.

$$\tilde{\mathbf{x}}_{t'} = \nu \tilde{\mathbf{x}}_t. \tag{11.93}$$

ここで, 置換 $\nu \in S_n$ は, 凍結変数 $\mathbf{x}_{n+1}, \ldots, \mathbf{x}_{2n}$ には自明に作用する.

定理 11.21 (**量子同期性** (quantum synchronicity) [1])　　主係数団パターンの量子化に対して, 以下が成り立つ.

$$\tilde{\mathbf{x}}_{t'} = \nu \tilde{\mathbf{x}}_t \iff \tilde{\mathbf{X}}_{t'} = \nu \tilde{\mathbf{X}}_t. \tag{11.94}$$

証明　(⟸) 右の等式において $q = 1$ とおくと, 左の等式が得られる.

($\Longrightarrow$) こちらが非自明な主張である. 左の等式を仮定する. 量子変異 (11.74) と q 可換関係式 (11.58) は引き算を含まないので, $X_{i;t'}$ は

$$X_{i;t'} = K(\tilde{\mathbf{X}}_t)L(\tilde{\mathbf{X}}_t)^{-1} \tag{11.95}$$

と表される. ここで, $K(\tilde{\mathbf{X}}_t)$ と $L(\tilde{\mathbf{X}}_t)$ は $\tilde{\mathbf{X}}_t$ の非可換多項式で, それらに含まれる任意の単項式 $cX_t^{\tilde{\mathbf{m}}}$ の係数 c は $\mathbb{Q}(q_0')$ において非負表示を持つ. 定理 11.18 より, さらにこれは $\mathbb{Z}[q_0'^{\pm 1}]$ 係数の $\tilde{\mathbf{X}}_t$ のローラン多項式 $M(\tilde{\mathbf{X}}_t)$ に等しい. したがって,

$$K(\tilde{\mathbf{X}}_t) = M(\tilde{\mathbf{X}}_t)L(\tilde{\mathbf{X}}_t) \tag{11.96}$$

となる.

ローラン多項式 $M(\tilde{\mathbf{X}}_t)$ に対して, $M(\tilde{\mathbf{X}}_t)$ に含まれるすべての単項式 $cX_t^{\tilde{\mathbf{m}}}$ の指数 $\tilde{\mathbf{m}}$ の $\mathbb{R}^{2n}$ における凸閉包 (すなわち, それらを含む最小の凸多面体) を $M(\tilde{\mathbf{X}}_t)$ のニュートン多面体といい, $\mathrm{NP}(M(\tilde{\mathbf{X}}_t))$ と表す. 凸閉包の定義より, $\mathrm{NP}(M(\tilde{\mathbf{X}}_t))$ の任意の頂点 $\mathbf{v}$ に対して, $M(\tilde{\mathbf{X}}_t)$ に含まれる単項式 $a_1 = c_1 X_t^{\tilde{\mathbf{m}}_1}$ が存在して, $\tilde{\mathbf{m}}_1 = \mathbf{v}$ となる. また, (11.96) より,

$$\mathrm{NP}(K(\tilde{\mathbf{X}}_t)) = \mathrm{NP}(M(\tilde{\mathbf{X}}_t)) + \mathrm{NP}(L(\tilde{\mathbf{X}}_t)) \tag{11.97}$$

である. よって, $L(\tilde{\mathbf{X}}_t)$ に含まれる単項式 $a_2 = c_2 X^{\tilde{\mathbf{m}}_2}$ と, $K(\tilde{\mathbf{X}}_t)$ に含まれる単項式 $a_3 = c_3 X^{\tilde{\mathbf{m}}_3}$ が存在して, $a_3 = a_1 a_2$ となる. ここで, $\tilde{\mathbf{m}}_2, \tilde{\mathbf{m}}_3$ は, それぞれ $\mathrm{NP}(L(\tilde{\mathbf{X}}_t))$, $\mathrm{NP}(K(\tilde{\mathbf{X}}_t))$ の頂点である. したがって, $c_1 = c_3/c_2$ は $\mathbb{Q}(q_0')$ における非負表示を持つ. とくに, $\lim_{q \to 1} c_1 \neq 0$ となる. これは, $\mathrm{NP}(M(\tilde{\mathbf{X}}_t))$ が極限 $q \to 1$ によって収縮しないことを意味する. 一方, 仮定より, $\lim_{q \to 1} M(\tilde{\mathbf{X}}_t) = x_{\nu^{-1}(i);t}$ である. よって, ある $c \in \mathbb{Z}[q_0'^{\pm 1}]$ に対して, $X_{i;t'} = M(\tilde{\mathbf{X}}_t) = cx_{\nu^{-1}(i);t}$ となる.

最後に, $c = 1$ であることを示す. t を初期頂点にとり直し, 上と逆向きの変異列に同じ議論を適用すると, ある $c' \in \mathbb{Z}[q_0'^{\pm 1}]$ に対して, $X_{\nu^{-1}(i);t} = c'X_{i;t'}$ となる. よって, $cc' = 1$ であり, c は $\mathbb{Z}[q_0'^{\pm 1}]$ の可逆元となる. したがって, ある $a \in \mathbb{Z}$ に対して, $c = (q_0')^a$ となる. すると, 命題 11.20 (1) のバー不変性より, $c = 1$ となる. ∎

つぎに，Y パターンの場合を考える．定理 9.19 (2) より，古典的な自由 Y パターンに対して種子の周期と係数組の周期は一致する．そこで，以下の周期を考える．

$$\mathbf{y}_{t'} = \nu \mathbf{y}_t. \tag{11.98}$$

定理 11.22（量子同期性 [8]）　自由 Y パターンの量子化に対して，以下が成り立つ．

$$\mathbf{y}_{t'} = \nu \mathbf{y}_t \iff \mathbf{Y}_{t'} = \nu \mathbf{Y}_t. \tag{11.99}$$

証明　$\Longrightarrow$ のみを示せばよい．仮定と定理 9.15 より，同じ B パターンを持つ主係数団パターンに対して，$\tilde{\mathbf{x}}_{t'} = \nu \tilde{\mathbf{x}}_t$ となる．また，その量子化に対して，定理 11.21 より，$\tilde{\mathbf{X}}_{t'} = \nu \tilde{\mathbf{X}}_t$ となる．よって，量子 $\hat{y}$ 変数に対して，$\hat{\mathbf{Y}}_{t'} = \nu \hat{\mathbf{Y}}_t$ となる．一方，(11.61), (11.77) より，$\hat{\mathbf{Y}}_t$ と $\mathbf{Y}_t$ は，同じ q 可換関係式をみたし，同じ変異にしたがう．また，$\hat{Y}_t^{\mathbf{m}} = \hat{Y}_t^{\mathbf{m}'}$ とすると，$X_t^{\tilde{B}\mathbf{m}} = X_t^{\tilde{B}\mathbf{m}'}$ である．すると，$\tilde{B}\mathbf{m} = \tilde{B}\mathbf{m}'$ であり，$\tilde{B}$ の（行列としての）ランクは n であるので，$\mathbf{m} = \mathbf{m}'$ である．よって，$\hat{Y}_t^{\mathbf{m}}$ の関係式は，(11.61) で生成されるものにかぎられる．したがって，$\mathbf{Y}_{t'} = \nu \mathbf{Y}_t$ が成り立つ．　■

11.8　補題 11.19 の証明

[1] にしたがい，補題 11.19 を証明する．証明の流れは古典的な場合と同じであるので，異なる点，注意すべき点を中心に述べる．はじめに，(11.73) より，$i = 1, \ldots, n$ に対して，

$$X_{i;t_i}^m = X_t^{m\mathbf{v}_{i;t}} M_{i;t}^{(m)}, \quad X_{i;t}^m = X_{t_i}^{m\mathbf{v}_{i;t_i}} M_{i;t_i}^{(m)}, \tag{11.100}$$

$$\mathbf{v}_{i;t} := -\mathbf{e}_i + \sum_{j=1}^{2n} [-\tilde{b}_{ji;t}]_+ \mathbf{e}_j, \tag{11.101}$$

$$M_{i;t}^{(m)} := \prod_{u=1}^{|m|} (1 + q_i^{-\mathrm{sgn}(m)(2u-1)} \hat{Y}_{i;t})^{\mathrm{sgn}(m)} \tag{11.102}$$

と表せる．ただし，以下ではトロピカル符号は必要ない（Fock-Goncharov 分解を行わない）ので，ε 表示の不変性を用いてそれらをすべて 1 とおいた．

(1) (5.15) の証明と基本的に同じである．包含 $\subset$ を示せばよい．$L \in \mathbb{Z}\mathbb{P}[\mathbf{X}_t^{\pm 1}]$ とすると，

$$L = \sum_{m \in \mathbb{Z}} X_{1;t}^m c_m \quad (c_m \in \mathbb{Z}\mathbb{P}'[X_{2;t}^{\pm 1}]) \tag{11.103}$$

と表せる．ここで，和は有限である．さらに，$L \in \mathbb{Z}\mathbb{P}[\mathbf{X}_{t_1}^{\pm 1}]$ とする．すると $X_{1;t}^m = X_{t_1}^{m\mathbf{v}_{i;t_1}} M_{1;t_1}^{(m)}$ より，$M_{1;t_1}^{(m)} c_m \in \mathbb{Z}\mathbb{P}'[X_{2;t}^{\pm 1}]$ となる．よって，

$$L = \sum_{m \geq 0} X_{1;t}^m c_m + \sum_{m < 0} X_{t_1}^{m\mathbf{v}_{i;t_1}} M_{1;t_1}^{(m)} c_m \tag{11.104}$$

と表せ，$L \in \mathbb{Z}\mathbb{P}'[X_{1;t}, X_{1;t_1}, X_{2;t}^{\pm 1}]$ となる．

(2) (5.20) の証明と基本的に同じである．

場合 1：$b_{12;t} \neq 0$ のとき．まず，(5.21) に対応する以下の等式を示す．

$$\mathbb{Z}\mathbb{P}'[X_{1;t}, X_{1;t_1}, X_{2;t}^{\pm 1}] = \mathbb{Z}\mathbb{P}'[X_{1;t}, X_{2;t}, X_{1;t_1}, X_{2;t_2}] + \mathbb{Z}\mathbb{P}'[X_{1;t}, X_{2;t}^{\pm 1}].$$
$$\tag{11.105}$$

包含 $\subset$ のみ示せばよい．すなわち，任意の $k, \ell > 0$ に対して，

$$X_{1;t_1}^k X_{2;t}^{-\ell} \in \mathbb{Z}\mathbb{P}'[X_{1;t}, X_{1;t_1}, X_{2;t_2}] + \mathbb{Z}\mathbb{P}'[X_{1;t}, X_{2;t}^{\pm 1}] \tag{11.106}$$

を示せばよい．(11.100) より，

$$X_{2;t_2} = X_t^{\mathbf{v}_{2;t}}(1 + q_2^{-1}\hat{Y}_{2;t}) \tag{11.107}$$

である．$b = |b_{12;t}| > 0$ とおくと，

$$X_{2;t}^{-1} \equiv r X_{1;t}^b X_{2;t}^{-1} \mod \mathbb{Z}\mathbb{P}'[X_{2;t_2}] \quad (r \in \mathbb{Z}\mathbb{P}') \tag{11.108}$$

となる．あとは古典的な場合と同様にして，(11.106) が得られる．つぎに，(5.26) に対応する以下の等式を示す．

$$\mathbb{Z}\mathbb{P}'[X_{1;t}, X_{2;t}^{\pm 1}] \cap \mathbb{Z}\mathbb{P}'[X_{2;t}, X_{2;t_2}, X_{1;t}^{\pm 1}] = \mathbb{Z}\mathbb{P}'[X_{1;t}, X_{2;t}, X_{2;t_2}]. \tag{11.109}$$

包含 ⊂ を示せばよい. $L \in \mathbb{Z}\mathbb{P}'[X_{2;t}, X_{2;t_2}, X_{1;t}^{\pm 1}]$ とする. このとき,

$$L = \sum_{m,k,\ell} X_{1;t}^m X_{2;t}^k X_{2;t_2}^\ell c_{mk\ell} \quad (m \in \mathbb{Z},\ k,\ \ell \geq 0,\ c_{mk\ell} \in \mathbb{Z}\mathbb{P}')$$

$$= \sum_{m,k,\ell} X_{1;t}^m X_{2;t}^k X_t^{\ell \mathbf{v}_{2;t}} M_{2;t}^{(\ell)} c_{mk\ell}$$

となる. ここで, $X_t^{\ell \mathbf{v}_{2;t}} M_{2;t}^{(\ell)}$ は, $X_{1;t}$ に関して 0 でない定数項を持つ多項式である. よって, L をまた $\mathbb{Z}\mathbb{P}'[X_{1;t}, X_{2;t}^{\pm 1}]$ の元とすると, 上の指数 m は非負でなければならない. これより (11.109) が得られ, (11.86) が示された.

場合 2: $b_{12;t} = 0$ のとき. (11.86) を古典的な場合と同じ方法で示す. 任意の $m,\ k > 0$ に対して以下が成り立つ.

- 仮定と (11.60) より, $M_{1;t}^{(m)}$ と $M_{2;t}^{(k)}$ は, $\mathbb{Z}\mathbb{P}'$ の中心に属する.

- (11.60) より, $M_{1;t}^{(m)}$ は $X_{2;t}$ と可換であり, $M_{2;t}^{(k)}$ は $X_{1;t}$ と可換である.

- $M_{1;t}^{(m)}$ と $M_{2;t}^{(k)}$ は, $\mathbb{Z}\mathbb{P}'$ の中心において互いに素である. なぜなら, もしそうでないとすると $\hat{Y}_{1;t}$ と $\hat{Y}_{2;t}$ はある共通の元のべきとなり, $\tilde{B}_t$ のランクが n であることと矛盾する.

一方, 量子トーラス $\mathcal{T}$ について以下の事実が知られている.（証明は [1] を参照.）

命題 11.23　Z を量子トーラス $\mathcal{T}$ の中心とすると, Z の元 z_1, z_2 が Z において互いに素であるならば, $\mathcal{T}z_1 \cap \mathcal{T}z_2 = \mathcal{T}z_1 z_2$ となる.

そこで, (5.29) にならって,

$$L = \sum_{m,k} X_{1;t}^m X_{2;t}^k c_{mk} \in \mathbb{Z}\mathbb{P}'[X_{1;t}^{\pm 1}, X_{2;t}^{\pm 1}] \quad (c_{mk} \in \mathbb{Z}\mathbb{P}') \tag{11.110}$$

に対して, 条件

(i) $m < 0$ に対して, c_{mk} は $M_{1;t}^{(m)}$ で割り切れる.

(ii) $k < 0$ に対して, c_{mk} は $M_{2;t}^{(k)}$ で割り切れる.

を仮定する．すると，命題 11.23 を $\mathcal{T} = \mathbb{ZP}'$, $z_1 = M_{1;t}^{(m)}$, $z_2 = M_{2;t}^{(m)}$ に適用して，

(iii) $m, k < 0$ に対して，c_{mk} は $M_{1;t}^{(m)} M_{2;t}^{(k)}$ で割り切れる．

が得られる．よって，$L \in \mathbb{ZP}'[X_{1;t}, X_{2;t}, X_{1;t_1}, X_{2;t_2}]$ となる．

(3) (5.35) の証明と基本的に同じである．$b_{12;t} \leq 0$ とする．（そうでない場合は，以下の議論で $X_{2;t_2}$ と X_2'' の役割を入れ替える．）(5.37) に対応する以下の主張を示す．

$$X_2'' \in \mathbb{ZP}'[X_{1;t}, X_{2;t}, X_{1;t_1}, X_{2;t_2}]. \tag{11.111}$$

$b = -b_{12;t} = b_{12;t_1} \geq 0$ とおくと，

$$X_2'' = X_{t_1}^{\mathbf{v}_{2;t_1}}(1 + q_2^{-1}\hat{Y}_{2;t_1}), \tag{11.112}$$

$$\hat{Y}_{2;t_1} = \hat{Y}_t^{\mathbf{e}_2 + [b_{12;t}]_+\mathbf{e}_1} M_{1;t}^{(b)}, \tag{11.113}$$

$$X_{1;t_1}^b = X_t^{b\mathbf{v}_{1;t}} M_{1;t}^{(b)}, \tag{11.114}$$

$$X_{2;t_2} = X_t^{\mathbf{v}_{2;t}}(1 + q_2^{-1}\hat{Y}_{2;t}) \tag{11.115}$$

である．また，仮定 $b \geq 0$ より $[-b_{12;t_1}]_+ = [b_{12;t}]_+ = 0$ であるので，

$$X_{t_1}^{\mathbf{v}_{2;t_1}} = X_t^{\mathbf{v}_{2;t_1}}, \quad \hat{Y}_t^{\mathbf{e}_2 + [b_{12;t}]_+\mathbf{e}_1} = \hat{Y}_{2;t} \tag{11.116}$$

となる．よって，(11.112), (11.113) より，

$$X_2'' = X_t^{\mathbf{v}_{2;t_1}} + q_2^{-1} X_t^{\mathbf{v}_{2;t_1}} \hat{Y}_{2;t} M_{1;t}^{(b)} \tag{11.117}$$

となる．一方，(11.115) に $X_{2;t}$ を右からかけて移項すると，

$$q_2^{-1} X_t^{\mathbf{v}_{2;t}} \hat{Y}_{2;t} X_{2;t} = X_{2;t_2} X_{2;t} - X_t^{\mathbf{v}_{2;t}} X_{2;t} \tag{11.118}$$

となる．ここで，

$$K := q_2^{-1} X_t^{\mathbf{v}_{2;t}} \hat{Y}_{2;t} X_{2;t} \in \mathbb{ZP}' \tag{11.119}$$

とおく. K を X_t のべきにまとめると, その指数ベクトルは $\mathbf{v}_{2;t} + \tilde{B}_t \mathbf{e}_2 + \mathbf{e}_2$ であり, 仮定 $b \geq 0$ のもとで, その第 1, 第 2 成分はともに 0 となる. よって, K は $\mathbb{Z}\mathbb{P}'$ の単元である. したがって, (11.111) の代わりに

$$KX_2'' \in \mathbb{Z}\mathbb{P}'[X_{1;t}, X_{2;t}, X_{1;t_1}, X_{2;t_2}] \tag{11.120}$$

を示せばよい. (11.117) の左辺と右辺の第一項に (11.118) の左辺を左からかけ, (11.117) の右辺の第二項に (11.118) の右辺を左からかけると,

$$KX_2'' = q_2^{-1} X_{2;t_2} X_{2;t} X_t^{\mathbf{v}_{2;t_1}} \hat{Y}_{2;t} M_{1;t}^{(b)} + q_2^{-1} X_t^{\mathbf{v}_{2;t}} X_{2;t} X_t^{\mathbf{v}_{2;t_1}} \hat{Y}_{2;t} (1 - M_{1;t}^{(b)}) \tag{11.121}$$

となる. ここで, (11.60) を用いた. これは, (5.44) の類似である. (11.118) の第一項を S_1, 第二項を S_2 とおく. (11.114) より, $M_{1;t}^{(b)} = X_t^{-b\mathbf{v}_{1;t}} X_{1;t_1}^b$ であるので,

$$S_1 = q_2^{-1} X_{2;t_2} X_{2;t} X_t^{\mathbf{v}_{2;t_1}} \hat{Y}_{2;t} X_t^{-b\mathbf{v}_{1;t}} X_{1;t_1}^b \tag{11.122}$$

となる. ここで, $T_1 = X_{2;t} X_t^{\mathbf{v}_{2;t_1}} \hat{Y}_{2;t} X_t^{-b\mathbf{v}_{1;t}}$ を X_t のべきにまとめると, その指数ベクトルは $\mathbf{e}_2 + \mathbf{v}_{2;t_1} + \tilde{B}_t \mathbf{e}_2 - b\mathbf{v}_{1;t}$ であり, 仮定 $b \geq 0$ のもとで, その第 1, 第 2 成分はともに 0 となる. よって, $T_1 \in \mathbb{Z}\mathbb{P}'$ であり, $S_1 \in \mathbb{Z}\mathbb{P}'[X_{1;t}, X_{2;t}, X_{1;t_1}, X_{2;t_2}]$ となる. つぎに, S_2 を考える. $b = 0$ のときは $S_2 = 0$ であるので, $b > 0$ とする. $T_2 = X_t^{\mathbf{v}_{2;t}} X_{2;t} X_t^{\mathbf{v}_{2;t_1}} \hat{Y}_{2;t}$ について上と同じ考察を行うと, 指数ベクトルの第 1, 第 2 成分は $(0, -1)$ となる. 一方, $1 - M_{1;t}^{(b)}$ は定数項を持たない $\hat{Y}_{1;t}$ の多項式であり, また $\hat{Y}_{1;t}$ の指数ベクトルの第 1, 第 2 成分は $(0, b_{21;t})$ $(b_{21;t} > 0)$ である. よって, $S_2 \in \mathbb{Z}\mathbb{P}'[X_{1;t}, X_{2;t}, X_{1;t_1}, X_{2;t_2}]$ となる.

以上で, 補題 11.19 が示された.

文献ノート

y 変数の量子化は Fock-Goncharov 分解 ($\varepsilon = 1$ の場合) とともに [8] で導入され, 量子二重対数関数との関係も同時に明らかにされた. 量子二重対数関数自体は昔から知られていたが, 二重対数関数の量子化としての認識は

[6] による．また，x 変数の量子化は [1] による．さらに，量子 x 変数の F 多項式が [47] で調べられた．量子 x 変数と量子 y 変数の関係は [8] で論じられた．ここでは，C 行列の符号同一性の結果を用いて，主係数量子 x 変数を量子 y 変数とよりパラレルとなるように再構成した．命題 11.20 (2) は本書による．これは，量子 F 多項式の同様の一意性 [47] と同値である．

参考文献

[CA1] Fomin, S. and Zelevinsky, A. Cluster algebras I. Foundations. *J. Amer. Math. Soc.* **15** (2002), 497–529 (electronic); arXiv:math/0104151 [math.RT].

[CA2] Fomin, S. and Zelevinsky, A. Cluster algebras II. Finite type classification. *Invent. Math.* **154** (2003), 63–121; arXiv:math/0208229 [math.RA].

[CA3] Berenstein, A., Fomin, S., and Zelevinsky, A. Cluster algebras III. Upper bounds and double Bruhat cells. *Duke Math. J.* **126** (2005), 1–52; arXiv:math/0305434 [math.RT].

[CA4] Fomin, S. and Zelevinsky, A. Cluster algebras IV. Coefficients. *Compositio Mathematica* **143** (2007), 112–164; arXiv:math/0602259 [math.RA].

[1] Berenstein, A. and Zelevinsky, A. Quantum cluster algebras. *Adv. in Math.* **195** (2005), 405–455; arXiv:math.QA/0404446 [math.QA].

[2] Bourbaki, N. *Lie groups and Lie algebras: Chapters 4–6.* Springer-Verlag, 2002.

[3] Buan, A. B., Marsh, R. J., and Reiten, I. Cluster mutation via quiver representations. *Comment. Math. Helv.* **83** (2008), 143–177; arXiv:math/0412077 [math.RT].

[4] Cao, P., Huang, M., and Li, F. A conjecture on C-matrices of cluster algebras. *Nagoya Math. J.* **238** (2020), 37–46; arXiv:1702.01221 [math.RA].

[5] Cao, P. and Li, F. The enough g-pairs property and denominator vectors of cluster algebras. *Math. Ann.* **377** (2020), 1547–1572; arXiv:1803.05281 [math.RT].

[6] Faddeev, L. D. and Kashaev, R. M. Quantum dilogarithm. *Mod. Phys. Lett.* **A9** (1994), 427–434; arXiv:hep–th/9310070.

[7] Fock, V. V. and Goncharov, A. B. Cluster ensembles, quantization and the dilogarithm. *Ann. Sci. de l'École Norm. Sup.* **42** (2009), 865–930; arXiv:math/0311245 [math.AG].

[8] Fock, V. V. and Goncharov, A. B. The quantum dilogarithm and representations of quantum cluster varieties. *Invent. Math.* **172** (2009), 223–286; arXiv:math/0702397 [math.QA].

[9] Fomin, S., Shapiro, M., and Thurston, D. Cluster algebras and triangulated surfaces. Part I: Cluster complexes. *Acta Math.* **201** (2008), 83–146; arXiv:math/0608367 [math.RA].

[10] Fomin, S., Williams, L., and Zelevinsky, A. Introduction to cluster algebras, Chapters 4–5, 2017. arXiv:1707.07190 [math.CO].

[11] Fomin, S. and Zelevinsky, A. Double Bruhat cells and total positivity. *J. Amer. Math. Soc.* **12** (1999), 335–380; arXiv:math/9802056 [math.RT].

[12] Fomin, S. and Zelevinsky, A. Y-systems and generalized associahedra. *Ann. of Math.* **158** (2003), 977–1018; arXiv:hep–th/0111053.

[13] Fomin, S. and Zelevinsky, A. Cluster algebras: Notes for the CDM-03 conference. In *Current developments in mathematics, 2003* (2004), International Press of Boston, pp. 1–34; arXiv:math/0311493 [math.RT].

[14] Fujiwara, S. and Gyoda, Y. Duality between final-seed and initial-seed mutations in cluster algebras. *SIGMA* **15** (2019), 040, 24 pages; arXiv:1808.02156 [math.RA].

[15] Fulton, W. *Young Tableaux*. No. 35 in London Mathematical Society Student Texts. Cambridge University Press, 1996.

[16] Gekhtman, M. and Nakanishi, T. Asymptotic sign coherence conjecture. *Experimental Mathematics* **31** (2022), 497–505; arXiv:1904.00971 [math.CO].

[17] Gekhtman, M., Nakanishi, T., and Rupel, D. Hamiltonian and Lagrangian formalisms of mutations in cluster algebras and application to dilogarithm identities. *J. Integrable Syst.* **2** (2017), 1–35; arXiv:1611.02813 [math.RA].

[18] Gekhtman, M., Shapiro, M., and Vainshtein, A. Cluster algebras and Poisson geometry. *Mosc. Math. J.* **3** (2003), 899–934; arXiv:math/0208033 [math.QA].

[19] Gekhtman, M., Shapiro, M., and Vainshtein, A. *Cluster algebras and Poisson geometry.* No. 167 in Mathematical Surveys and Monographs. American Mathematical Society, 2010.

[20] Gross, M., Hacking, P., Keel, S., and Kontsevich, M. Canonical bases for cluster algebras. *J. Amer. Math. Soc.* **31** (2018), 497–608; arXiv:1411.1394 [math.AG].

[21] Humphreys, J. E. *Reflection groups and Coxeter groups.* Cambridge University Press, 1990.

[22] Inoue, R., Iyama, O., Keller, B., Kuniba, A., and Nakanishi, T. Periodicities of T and Y-systems, dilogarithm identities, and cluster algebras I: Type B_r. *Publ. RIMS* **49** (2013), 1–42; arXiv:1001.1880 [math.QA].

[23] Kac, V. G. *Infinite dimensional Lie algebras*, 3rd ed. Cambridge University Press, 1990.

[24] Keller, B. Quiver Mutation in Java. https://webusers.imj-prg.fr/%7ebernhard.keller/quivermutation/

[25] Keller, B. On cluster theory and quantum dilogarithm identities. In *Representations of algebras and related topics* (2011), A. Skowroński and K. Yamagata, Eds., EMS Series of Congress Reports, European Mathematical Society, pp. 85–116; arXiv:1102.4148 [math.RT].

[26] Kirillov, A. N. Dilogarithm identities. *Prog. Theor. Phys. Suppl.* **118** (1995), 61–142; arXiv:hep–th/9408113.

[27] Kontsevich, M. and Soibelman, Y. Wall-crossing structures in Donaldson-Thomas invariants, integrable systems and mirror symmetry. In *Homological mirror symmetry and tropical geometry*, vol. 15 of *Lect. Notes Unione Ital.* Springer-Verlag, 2014, pp. 197–308; arXiv:1303.3253 [math.AG].

[28] Lee, K. and Schiffler, R. Positivity for cluster algebras. *Ann. of Math.* **182** (2015), 72–125; arXiv:1306.2415 [math.CO].

[29] Lewin, L. *Polylogarithms and associated functions*. North-Holland, 1981.

[30] Lusztig, G. Total positivity in reductive groups. *Prog. Math.* **123** (1994), 531–568.

[31] May, W. Commutative group algebras. *Trans. Amer. Math. Soc.* **136** (1969), 139–149.

[32] Nagao, K. Donaldson-Thomas theory and cluster algebras. *Duke Math. J.* **162** (2013), 1313–1367; arXiv:1002.4884 [math.AG].

[33] Nakanishi, T. Periodicities in cluster algebras and dilogarithm identities. In *Representations of algebras and related topics* (2011), A. Skowroński and K. Yamagata, Eds., EMS Series of Congress Reports, European Mathematical Society, pp. 407–444; arXiv:1006.0632 [math.QA].

[34] Nakanishi, T. Synchronicity phenomenon in cluster patterns. *J. London Math. Soc.* **103** (2021), 1120–1152; arXiv:1906.12036 [math.RA].

[35] Nakanishi, T. *Cluster algebras and scattering diagrams*, vol. 41 of *MSJ Mem.* Mathematical Society of Japan, 2023. Part I. arXiv:2201.11371 [math.CO], Part II. arXiv:2103.16309 [math.CO], Part III. arXiv:2111.00800 [math.CO].

[36] Nakanishi, T. Dilogarithm identities in cluster scattering diagrams. *Nagoya Math. J.* **253** (2024), 1–22; arXiv:2111.09555 [math.CO].

[37] Nakanishi, T. and Zelevinsky, A. On tropical dualities in cluster algebras. *Contemp. Math.* **565** (2012), 217–226. arXiv:1101.3736 [math.RA].

[38] Pin, J.-E. Tropical semirings. In *Idempotency* (1998), J. Gunawardena, Ed., vol. 11 of *Publ. Newton Inst.*, Cambridge University Press, pp. 50–69.

[39] Plamondon, P.-G. Cluster algebras via cluster categories with infinite-dimensional morphism spaces. *Compos. Math.* **147** (2011), 1921–1954; arXiv:1004.0830 [math.RT].

[40] Plamondon, P.-G. Cluster characters. In *Homological methods, representation theory, and cluster algebras* (2018), CRM Short Courses, Springer-Verlag, pp. 101–125; arXiv:1610.07546 [math.RT].

[41] Reading, N. Universal geometric cluster algebras. *Mathematische Zeitschrift* **277** (2014), 499–547; arXiv:1209.3987 [math.RA].

[42] Reading, N. A combinatorial approach to scattering diagrams. *Algebraic Combinatorics* **3** (2020), 603–636; arXiv:1806.05094 [math.CO].

[43] Reading, N. Scattering fans. *Int. Math. Res. Notices* **23** (2020), 9640–9673; arXiv:1712.06968 [math.CO].

[44] Reineke, M. Poisson automorphisms and quiver moduli. *J. Inst. Math. Jussieu* **9** (2009), 653–667; arXiv:0804.3214 [math.RT].

[45] Scott, J. S. Grassmannians and cluster algebras. *Proc. London Math. Soc.* **92** (2006), 345–380; arXiv:math/0311148 [math.CO].

[46] Simon, I. Limited subsets of a free monoid. In *Proc. 19th Annual Symposium on Foundations of Computer Science* (sfcs 1978) (1978), IEEE, pp. 143–150.

[47] Tran, T. F-polynomials in quantum cluster algebras. *Algebras and Representation Theory* **14** (2011), 1025–1061; arXiv:0904.3291 [math.RA].

[48] Weinstein, A. The local structure of Poisson manifolds. *J. Differential Geom.* **18** (1983), 523–557.

[49] Zagier, D. The dilogarithm function. In *Frontiers in number theory, physics, and geometry II* (2007), Springer-Verlag, pp. 3–65.

[50] Zamolodchikov, A. B. Thermodynamic Bethe ansatz for RSOS scattering theories. *Nucl. Phys.* **B358** (1991), 497–523.

索 引

著者略歴

中西知樹（なかにし・ともき）
1990年　東京大学大学院理学系研究科博士課程修了.
現　　在　名古屋大学大学院多元数理科学研究科教授.
　　　　　理学博士.

団代数論の基礎

2024 年 11 月 14 日　初　版

[検印廃止]

著　　者　中西知樹
発行所　　一般財団法人 東京大学出版会
　　　　　代表者 吉見俊哉
　　　　　153-0041　東京都目黒区駒場 4-5-29
　　　　　電話 03-6407-1069　　Fax 03-6407-1991
　　　　　振替 00160-6-59964
　　　　　URL https://www.utp.or.jp/
印刷所　　三美印刷株式会社
製本所　　牧製本印刷株式会社

数え上げ幾何学講義 シューベルト・カルキュラス入門	池田　岳	A5/4200 円
テンソル代数と表現論 線型代数続論	池田　岳	A5/3200 円
数学原論	斎藤　毅	A5/3300 円
大学数学の入門 1 代数学 I　群と環	桂　利行	A5/1600 円
大学数学の入門 2 代数学 II　環上の加群	桂　利行	A5/2400 円
大学数学の入門 3 代数学 III　体とガロア理論	桂　利行	A5/2400 円
大学数学の入門 4 幾何学 I　多様体入門	坪井　俊	A5/2600 円
大学数学の入門 5 幾何学 II　ホモロジー入門	坪井　俊	A5/3500 円
大学数学の入門 6 幾何学 III　微分形式	坪井　俊	A5/2600 円
大学数学の入門 7 線形代数の世界 抽象数学の入り口	斎藤　毅	A5/2800 円
大学数学の入門 8 集合と位相	斎藤　毅	A5/2800 円
大学数学の入門 9 数値解析入門	齊藤宣一	A5/3000 円
大学数学の入門 10 常微分方程式	坂井秀隆	A5/3400 円

ここに表示された価格は本体価格です．御購入の
際には消費税が加算されますので御了承下さい．